Alois Spanblöchl

# Imker-Praxis

stv

Alois Spanblöchl

# Imker-Praxis

## Grundwissen für die Bienenwirtschaft

Leopold Stocker Verlag
Graz – Stuttgart

**Umschlaggestaltung:**
DSR Werbeagentur Rypka GmbH, 8143 Dobl/Graz, www.rypka.at
Titelbild: Karl Stückler

**Bildnachweis**:
Nö Imkerschule Warth: 12 li, 12 re, 13, 17, 19, 20, 21, 22, 23, 25, 26, 27, 28 o, 28 u, 29 o, 29 m, 29 u, 30 m, 30 u, 31 o, 55 o, 56, 57, 59, 61li o, 61 re o, 61 li u, 61 re u, 66 o, 69 li o, 69 li u, 69 re u, 84, 88, 90 alle, 93 li, 93 re, 94, 96, 97, 98 o, 98 u, 99 li, 99 re, 100, 101, 110 li, 110 re, 113 re, 115 li, 115 re, 117, 118, 121, 126,127, 128 li, 128 re, 129 li, 129 re, 130 li, 130 re, 131, 145,146,158 o, 158 u, 159, 160, 161, 169 u
Müllner Hans Peter: 55 u, 66 u, 69 re o, 77 li, 77 re, 92, 134, 152, 153 o, 153 u, 155, 162, 165, 169 o
Institut für Bienenkunde Lunz am See: 113 li, 167
Ehrenwirth Verlag München: 132
Karl Stückler: Titelbild
Stocker Verlag: 30 o, 60

**Grafiken:**
Autor: 54,58, 83, 91, 92, 95, 99, 100, 102, 103, 104, 105, 106, 107, 108, 109, 111, 112, 113, 114, 116, 117, 118, 122, 123, 124, 125, 141, 143, 149, 150, 156, 157, 158, 159, 160, 163, 164
Magret Zitterbayer: 36 o, 37, 41, 42 o, 42 m, 46 u, 47 o, 47 m, 47 u, 49, 52
Verlag Sauerländer / Aarau, Der Schweizerische Bienenvater, 1981: 34 u, 35, 38, 39, 40, 42 u, 44, 46 o, 51, 71, 72, 74
Österreichischer Imkerverband: 43, 45, 48
Karl Stückler: 36 u, 53
Ehrenwirth Verlag München: 151



**Bibliografische Information der Deutschen Nationalbibliothek**
Die Deutsche Nationalbibliothek verzeichnet diese Publikation in der Deutschen Nationalbibliografie; detaillierte bibliografische Daten sind im Internet unter http://dnb.d-nb.de abrufbar.

Hinweis: Dieses Buch wurde auf chlorfrei gebleichtem Papier gedruckt. Die zum Schutz vor Verschmutzung verwendete Einschweißfolie ist aus Polyethylen chlor- und schwefelfrei hergestellt. Diese umweltfreundliche Folie verhält sich grundwasserneutral, ist voll recyclingfähig und verbrennt in Müllverbrennungsanlagen völlig ungiftig.

**Auf Wunsch senden wir Ihnen gerne kostenlos unser Verlagsverzeichnis zu:**
Leopold Stocker Verlag GmbH
Hofgasse 5/Postfach 438
A-8011 Graz
Tel.: +43 (0)316/82 16 36
Fax: +43 (0)316/83 56 12
E-Mail: stocker-verlag@stocker-verlag.com
www.stocker-verlag.com

ISBN 978-3-7020-1628-9

Layout und Repro: DSR Werbeagentur Rypka GmbH, 8143 Dobl/Graz
Druck und Bindung: Christian Theiss GmbH, 9431 St. Stefan
Printed in AUSTRIA

# Inhalt

# Vorwort

In der Praxis zeigt sich immer wieder, dass die Imkerei nicht zielführend ist und nur wenig Erfolg bringt, wenn sie nach unflexiblen, eingefahrenen Rezepten betrieben wird. Das Buch „Imker-Praxis" vermittelt aus diesem Grund umfassend das für die Praxis der Imker notwendige Grundwissen. Nicht nur für den Anfänger, auch der fortgeschrittene Imker wird durch diese Lektüre einen Überblick über die zeitgemäße Magazinimkerei gewinnen.

Im Mittelpunkt der Tätigkeit des Imkers muss das Bienenvolk stehen. Nur das umfassende Wissen um die Lebensweise und Bedürfnisse desselben ermöglicht den erfolgreichen Betrieb einer Imkerei. Es ist daher verständlich, dass die „Bienenkunde" ein wesentlicher Schwerpunkt dieses Buches ist.

Aufbauend auf das unbedingt nötige Grundwissen über das Bienenleben, werden die Kapitel „Bienenpflege" (Völkerführung) und „Königinnenzucht" behandelt. Um dem Anfänger besonders entgegenzukommen, sind darin die wichtigsten Grundsätze in ausführlicher und leicht verständlicher Form zusammengefasst.

Basierend auf den Kenntnissen über das Bienenleben und den daraus abgeleiteten „Grundsätzen der Völkerführung", wird die Pflege der Völker im Jahresablauf erläutert.

Bei der Völkerführung im Jahresablauf wurde bewusst auf die Magazinbeute in Form der Flachzargenbetriebsweise eingegangen, da sie sehr gut geeignet ist, in jeder Situation auf die Bedürfnisse des Bienenvolkes einzugehen. Zusätzlich werden Vergleiche mit Ganzzargen und kombinierten Systemen gezeigt.

Da die Königinnenzucht nicht nur für den Verkaufszüchter wichtig ist, sondern für jeden Imker eine wesentliche Voraussetzung für den wirtschaftlichen Erfolg darstellt, wird auch dieses Thema eingehend behandelt. Neben der guten Ausbildung des Imkers bestimmt vor allem die Qualität des Bienenmaterials den Ertrag der Imkerei. Für jeden Imker ist daher die Leistungsprüfung und die Selektion sowie die Aufzucht von Königinnen eine unbedingte Notwendigkeit.

Ich bin zutiefst davon überzeugt, dass nur die moderne Magazinimkerei in der Lage ist, Bienenvölker unter Beachtung all ihrer Lebensbedürfnisse optimal zu betreuen.

*IM Alois Spanblöchl*
*Warth, 2016*

# Voraussetzungen für die Bienenwirtschaft

Die klimatischen und pflanzenbaulichen Voraussetzungen für die Bienenhaltung sind in Mitteleuropa weit schlechter als in tropischen oder subtropischen Klimagebieten. Aus diesem Grund wird der Preisdruck durch ausländische Honige aus bienengemäßeren Weltgegenden immer sehr groß sein. In unserem Klimagebiet können wir dieser Konkurrenz nur durch Produktion von qualitativ hochwertigen Honigen begegnen. Die Voraussetzungen für die Erzeugung von Qualitätshonig sind bei uns sehr gut, da sich der Honig in Mitteleuropa – im Gegensatz zum einseitigen Monokulturhonig – aus einer Vielzahl von Trachtquellen zusammensetzt.

Um aus der Bienenhaltung den größtmöglichen wirtschaftlichen Nutzen zu ziehen, müssen wir die Imkerei systematisch betreiben und vor allem alle zur Verfügung stehenden Trachtquellen durch intensive Bienenwanderung nutzen. Bedingt durch den zunehmenden Rückgang der Pflanzenarten gibt es nur mehr sehr wenige Gebiete, in denen eine Erwerbsimkerei ohne Wanderung wirtschaften kann.

Grundsätzlich wird die Bedeutung der Nebenerwerbsimkerei auch in Zukunft größer sein als jene der Erwerbsimkerei. Hinsichtlich der Wirtschaftlichkeit gelten für alle Imker aber die gleichen Grundsätze. Die wesentlichen Voraussetzungen für eine erfolgreiche Bienenwirtschaft sind:

## Persönliche Eignung

Bei kaum einem anderen Beruf spielt die persönliche Eignung eine so entscheidende Rolle wie bei der Imkerei. Wer nicht bereit ist, natürliche Gegebenheiten anzuerkennen, oder wer gewohnt ist, immer seinen Willen durchzusetzen, wird mit der Imkerei nicht viel Freude haben. Wenn

*Persönliche Eignung*

*Praxistag*

man erkennt, dass man sich weitgehend an den Bedingungen der Natur orientieren muss, bietet die Imkerei wie kein anderer Beruf Einblicke in die Tier- und Pflanzenwelt, die anderen verborgen bleiben.

Der einzige Grund, der die Ausübung der Imkerei unmöglich macht, ist die Bienengiftallergie.

Die Bienenstiche muss man in Kauf nehmen – man kann sich zwar schützen, es wird aber nie ganz ohne Stiche abgehen. Obwohl die Schmerzempfindung immer bleibt, tritt doch nach einiger Zeit eine gewisse Gewöhnung (kein Anschwellen) ein.

Die körperlichen Anforderungen sind in der Imkerei nicht höher als in anderen handwerklichen Berufen. Größere Anforderungen an die Körperkraft werden nur bei der Honigernte (Abnahme voller Honigräume) und bei der Bienenwanderung gestellt. Personen, die zu Nervosität oder Ungeduld neigen, werden am Beginn Probleme haben, da die Arbeit mit den Bienen vor allem ruhiges und überlegtes Handeln erfordert.

Die wichtigste Voraussetzung aber ist, dass man bereit ist, sich vor allem theoretisch umfassend auszubilden. Entsprechende Lehrgänge bzw. Kurse werden von Landwirtschaftsschulen und Imkerverbänden angeboten. Darüber hinaus ist eine ständige Fortbildung notwendig. Bevor man mit der Imkerei beginnt, sollte man zumindest über die Lebensvorgänge im Bienenvolk Bescheid wissen.

## Umwelt- und Trachtsituation

In einem Umkreis von etwa zwei Kilometern vom Bienenstand müssen die Ernährungsverhältnisse optimal sein. Die Mindestanforderungen an einen Bienenstandort sind: ausreichendes Pollen- und Nektarangebot zur Entwicklung der Völker, vor allem im Herbst und im Frühjahr! Ein Standort, der diese Mindestanforderungen nicht erfüllt, ist für die Bienenhaltung sicher ungeeignet. Wenn darüber hinaus im näheren Umkreis eine schleuderbare Tracht vorhanden ist, so erleichtert dies den Betrieb der Imkerei wesentlich. Wenn das nicht der Fall ist, muss man sich mit der Anwanderung ergiebiger Trachtquellen behelfen. Jeder Imker sollte danach trachten, die Ernährungsgrundlage seiner Bienenvölker durch aktive Bienenweideverbesserung zu gewährleisten. Vor allem der gezielte Anbau von Pollentrachtpflanzen sollte verstärkt werden. Im Bereich der Bienenweideverbesserung ist der Imker alleine jedoch überfordert. Die enge Zusammenarbeit mit den Landwirten und den für die Flurbereinigung zuständigen amtlichen Stellen kann hier Abhilfe schaffen. Vor allem der in jüngster Zeit wieder forcierte Zwischenfruchtfutterbau bzw. die Begrünung (Phazelia, Senf, Buchweizen) bietet für den Imker eine Verbesserung der Trachtsituation.

## Betriebsgröße

Bei der Wahl der Betriebsgröße ist entscheidend, ob man die Imkerei als Freizeitbeschäftigung betrachtet oder sie zu Erwerbszwecken betreiben will. Wenn die sinnvolle Nutzung der Freizeit im Vordergrund steht, wird sich die Betriebsgröße vor allem nach der Arbeitszeit richten, die man aufwenden will.

Betrachtet man die Imkerei als Erwerbsbetrieb, so muss man zwischen Nebenerwerbs- und Vollerwerbsimkereien unterscheiden. Unter der Voraussetzung günstiger Trachtbedingungen wird eine Imkerei im Nebenerwerb ab ca. 50 Völkern interessant. Die Obergrenze für Nebenerwerbsbetriebe liegt bei etwa 200 Völkern. Wie viele

*Bienenstand mit guter Tracht*

Völker neben einem Hauptberuf betreut werden können, hängt von der Betriebsorganisation und vom Können des Imkers ab. Ein Vollerwerb aus der Imkerei wird ab 300 bis 400 Völkern möglich.

Die Entscheidung zur Nebenerwerbs- bzw. Erwerbsimkerei bringt viele Risiken mit sich. Man kann viel Geld verlieren, wenn der Ausbildung und dem Studium des eigenen Trachtgebietes zu wenig Aufmerksamkeit gewidmet wird. Wer sich die Imkerei ohne Schulung selbst beibringen will, wird häufig Fehlentscheidungen treffen. Die heute erfolgreichen Erwerbsbetriebe haben durchwegs eine lange Entwicklungszeit hinter sich. Wer glaubt, mit der Imkerei in kurzer Zeit viel Geld verdienen zu können, sollte sich besser um einen anderen Erwerb umsehen. Als Anfänger darf man sich nicht überstürzt für die Erwerbsimkerei entscheiden, sondern sollte langfristig den Aufbau des Imkereibetriebes planen.

Die Imkerei ist nicht mit anderen Sparten der Tierhaltung zu vergleichen. Wesentliche Ertragsfaktoren, wie Tracht und Wetter, können vom Imker nicht beeinflusst werden. Die große Abhängigkeit von Umwelteinflüssen macht die Imkerei etwas risikoreicher als andere Tierhaltungsbetriebe. Durch eine fundierte Ausbildung und durch entsprechende Erfahrung kann der Imker ungünstige Witterungseinflüsse durch gezielte Eingriffe bis zu einem gewissen Grad ausgleichen. Der erwerbsorientierte Imker muss daher fähig sein, in der jeweiligen Situation rasch die richtige Entscheidung zu treffen. Gut geführte Betriebe zeigen uns, dass die Imkerei unter allen wirtschaftlichen Bedingungen ein entsprechendes Einkommen ermöglicht. Bei kaum einem anderen Beruf hängt aber der wirtschaftliche Erfolg in so hohem Maße vom Können des Betriebsleiters ab. Sind die persönlichen Fähigkeiten gegeben, so bietet die Erwerbsimkerei ein Höchstmaß an persönlicher Erfüllung.

**Ertragsstatistik in 10 Jahren**

- 2 Rekordernten
- 6 Durchschnittsernten
- 2 Missernten

Mit der Ertragsstatistik gewinnt für den erwerbsorientierten Imker die Anlage von Honigvorräten an Bedeutung. Nur wer ständig seine Honigkunden beliefern kann, wird seinen Honigabsatz sichern. Die vorhin angesprochene Ertragsstatistik gilt allerdings nur, wenn man die Bienenvölker optimal betreut. Wer glaubt, seine Arbeit bei den Bienen auf das Schleudern und Auffüttern im Herbst reduzieren zu können, wird nur in Rekordjahren etwas ernten. Leider dienen solche Imkereien oft als Vorbild für den Anfänger; deshalb haben junge Leute oft Bedenken, einen Nebenerwerbs- oder Erwerbsbetrieb aufzubauen.

## Arbeitsaufwand

In der Imkerei unterscheiden wir termingebundene und nicht termingebundene Arbeiten. Für die Wahl der Betriebsgröße sind die termingebundenen Arbeitsspitzen maßgeblich. Diese Spitzenbelastung konzentriert sich auf die Monate Mai, Juni, Juli und August – dies ist vor allem von bäuerlichen Nebenerwerbsimkereien besonders zu beachten. In den Monaten Dezember bis Februar werden alle Reparaturen an den Magazinen sowie die Herstellung von Rähmchen und neuen Magazinen durchgeführt – dieser Arbeitsaufwand ist in der Tabelle nicht berücksichtigt. Dazu kommt noch der Zeitaufwand für die Honigabfüllung, der Verkauf und die Durchführung der

Zuchtarbeit. Rechnet man alle Arbeitszeiten zusammen, so kann man etwa 5 bis 7 Stunden pro Volk und Jahr veranschlagen. Wesentlich für die Minimierung des Arbeitsaufwandes bei Betrieben über 100 Völkern ist die genaue Einhaltung der termingebundenen Arbeiten.

**Arbeitsaufwand für 200 Bienenvölker pro Jahr**

*(Fahrzeiten und Zeitaufwand für Schleuderung nicht berücksichtigt)*

| Monat | Stunden | Tätigkeit |
|---|---|---|
| Jänner | 10 | Kontrollfahrten |
| Februar | 20 | Kontrollfahrten, Futterrevision |
| März | 40 | Frühjahrsrevision, Futterausgleich |
| April | 60 | Erweiterung bzw. Zargenwechsel |
| Mai | 190 | Erweiterungen, Ableger |
| Juni | 190 | Schleuderung, Ableger |
| Juli | 100 | Honigernte, Sommerrevision |
| August | 100 | Varroabehandlung, Fütterung |
| September | 80 | Fütterung, Varroakontrolle/Nachbehandlung |
| Oktober | 20 | Einwinterung |
| November | 20 | Kontrollfahrten, Restentmilbung |
| Dezember | 10 | Kontrollfahrten |

# Die Errichtung eines eigenen Imkereibetriebes

Bevor man an die Errichtung eines eigenen Imkereibetriebes denkt, sollte man sich über die Zukunftsaussichten der Bienenwirtschaft informieren. Vor allem für Besitzer klein- und mittelbäuerlicher Betriebe kann die Imkerei ein zusätzlicher, wirtschaftlich interessanter Betriebszweig sein. Speziell für kleine Bergbauernbetriebe kann sich der Betriebszweig Imkerei existenzsichernd auswirken. Der wirtschaftliche Wert der Imkerei setzt sich aus dem ideellen Wert und dem realen Wert zusammen.

Der **ideelle** (finanziell nicht messbare) **Wert der Imkerei** besteht vor allem darin, dass

- Bienenprodukte (Honig, Pollen, Kittharz) positiv auf die Gesundheit der Konsumenten wirken. Bienenprodukte haben zwar keine wissenschaftlich nachgewiesene Heilwirkung, sie tragen aber zu einem höheren Wohlbefinden und zu einer geringeren Krankheitsanfälligkeit bei;
- für den Städter, der die Imkerei als Freizeitbeschäftigung betreibt, eine Verbindung zur Landwirtschaft hergestellt wird. Durch den engen Kontakt mit der Natur erlernt der Städter wieder echtes Naturbewusstsein;
- Bienen für die Bestäubung vieler Wildpflanzen sorgen. Bei fehlender Bienenbestäubung würden viele Wildpflanzen verschwinden. Darüber hinaus würden jene Tierarten aussterben, die sich von den Früchten dieser Wildpflanzen ernähren. Würden Bienen vollständig fehlen, käme es zu einer dramatischen Verarmung der Natur. Der ökologische Wert der Imkerei ist in seinem Ausmaß nicht abzusehen.

Der **reale Wert der Imkerei** besteht aus den **Bienenprodukten** und der **Bestäubung** landwirtschaftlich genutzter Pflanzen.

## Imkerliche Produktion

- Honig (rund 5.000 t/Jahr in Österreich)
- Wachs
- Pollen
- Propolis (Kittharz)
- Gelée Royale (Weiselfuttersaft)
- Met (Honigwein)
- Zuchtköniginnen (Österreich ist das führende Exportland für die Carnica-Rasse)

**Der wirtschaftliche Wert der Bestäubung übertrifft den Wert der Honigproduktion um ein Vielfaches!**

Für die Beurteilung des wirtschaftlichen Wertes der Bienenhaltung für den Einzelbetrieb sind die Produktionskosten und die Einkommenssituation entscheidend.

Die Produktionskosten betragen im Durchschnitt etwa € 100 pro Volk und Jahr (ohne Berücksichtigung der Kosten für die aufgewendete Arbeitszeit).

## Produktionskosten-Senkung durch

- Selbstbau der Beuten und Rähmchen
- Königinnenproduktion
- ausreichende Reservevolkbildung
- Nutzung vorhandener Gebäude und Fahrzeuge

## Produktionskosten-Steigerung durch

- Bau eines Bienenhauses
- Wanderung
- Königinnenzukauf
- Fernstände (Fahrtkosten)

## Der Rohertrag hängt ab von

- Möglichkeiten der Honigvermarktung (großer Unterschied zwischen Engrospreis und Detailpreis)
- Honigertrag pro Volk

Generell muss festgestellt werden, dass ein zufriedenstellendes Einkommen aus der Imkerei bei einem durchschnittlichen Honigertrag von 30 kg pro Volk und Jahr zu erzielen ist.

Die österreichischen Bergbauerngebiete sind fast durchwegs für die Errichtung von landwirtschaftlichen Nebenerwerbsimkereien geeignet, da in den meisten Bergbauernregionen auch ohne Wanderung ein Durchschnittsertrag von 20 bis 30 kg Honig pro Volk möglich ist.

Der dort gewonnene Honig (Gebirgshonig, Waldhonig) ist von hoher Qualität und leicht zu verkaufen. Vor allem in Fremdenverkehrsgebieten ist der Honigabsatz gesichert.

Die Honigproduktion ist nicht abhängig vom Grundeigentum – das ist vor allem für kleine Betriebe wichtig. Für die Errichtung einer landwirtschaftlichen Imkerei ist außerdem ein relativ geringer Kapitaleinsatz nötig.

Vor allem für kleinere landwirtschaftliche Betriebe bietet die Imkerei einen Nebenerwerb,

*Sortenvielfalt*

der eine zusätzliche nichtlandwirtschaftliche Tätigkeit überflüssig macht. In der heutigen Zeit erscheint es besonders wichtig, der bäuerlichen Jugend im ländlichen Raum Erwerbsmöglichkeiten zu bieten, die durch eine Nebenerwerbsimkerei gegeben sind.

Die Imkerei hat als Erwerbs- und Nebenerwerbszweig gute Zukunftsaussichten. Wesentlich für den Erfolg ist eine fundierte Ausbildung des Imkers und ein gutes Bienenmaterial. Nur eine moderne Magazinimkerei bringt hohen Ertrag bei möglichst geringem Aufwand. Falls man schon seit einiger Zeit in kleinem Umfang Bienen hält, sollte man sich mit einem Bienenzuchtberater über die notwendige Planung ins Einvernehmen setzen. Die Umstellung eines Kleinbetriebes zu einem Erwerbsbetrieb muss mit einer entsprechenden Schulung verbunden werden. In der Praxis besteht ein großer Unterschied zwischen der Betreuung von 20 oder 200 Völkern. Als Vorbild sollte man sich grundsätzlich nur einen Betrieb wählen, für den der wirtschaftliche Erfolg entscheidend ist. Dies ist umso wichtiger, als heute noch immer sehr viele unwirtschaftliche Maßnahmen empfohlen werden. Wer sich für den Aufbau einer Erwerbsimkerei entscheidet, sollte nicht älter als 40 Jahre sein. Man muss mit einer Aufbauzeit von mindestens 5 Jahren, meist aber von 10 Jahren rechnen. Wer also erst mit 40 oder 50 Jahren den Aufbau beginnt, kommt oft nicht mehr in den Genuss seiner strapaziösen Aufbauarbeit.

**Vorentscheidungen**

**Wer sich zum Aufbau einer Neben- bzw. Vollerwerbsimkerei entschlossen hat, muss folgende Vorentscheidungen treffen:**

- **Überprüfung der Standortfrage**
- **Erkundung der Trachtsituation**
- **Welche Räumlichkeiten sind vorhanden**
- **Handwerkliche Fähigkeiten (Selbstbau der Magazine)**
- **Möglichkeiten der Honigvermarktung**
- **Überprüfung der Eingliederung in den landwirtschaftlichen Betrieb (Arbeitsspitzen)**
- **Möglichkeiten der Finanzierung**
- **Überprüfung der persönlichen Eignung**

## Überprüfung der Standortfrage

Mit Ausnahme intensiv ackerbaulich genutzter Flächen sind alle übrigen Areale mehr oder weniger zur Bienenhaltung geeignet. In der Praxis erweisen sich Höhenlagen zwischen 500 und 1.000 Metern als besonders günstig. Der Besitz von eigenen Grundstücken ist nicht unbedingt erforderlich. Von der Organisation her unterscheiden wir die Standimkerei, die Wanderimkerei und die Fernimkerei.

Die **Standimkerei** ist nur in besonders bienengemäßen Gegenden möglich. In diesem Fall befinden sich alle Bienenstände eines Betriebes in einem Umkreis von ca. 20 km. Vom Kostenaufwand ist diese Form der Imkerei die günstigste.

Die **Wanderimkerei** dient der Nutzung möglichst einträglicher Trachtquellen. Die Überwinterung erfolgt in den Niederungen und nach der Nutzung der Blütentracht erfolgt die Wanderung in höher gelegene Waldtrachtgebiete.

Die Errichtung von **Fernbienenständen**, die 20 bis 100 km vom Wohnort entfernt sind,

*Sonniger und windgeschützter Standort*

wird immer mehr bevorzugt. Geeignet für die Errichtung von Fernbienenständen sind Waldtrachtgebiete zwischen 500 und 1.000 Metern Seehöhe. Ein entsprechendes Frühjahrs- und Herbstpollenangebot sowie Naturwiesen müssen vorhanden sein. Günstige Aufstellungsplätze sind Waldränder, die gegen Südosten offen sind. Eine entsprechende Frühjahrstracht zur Völkerentwicklung muss vorhanden sein. Wichtig ist außerdem die Zufahrtsmöglichkeit. Ein Standort verträgt höchstens 40 Magazinvölker. Ein Bienenvolk benötigt außerhalb der Haupttrachtzeit ca. 1 ha Weidefläche. Die Wahl des Standortes ist demnach mitentscheidend für die Rentabilität der Imkerei. Während der Aufbauphase sollen möglichst verschiedene Standorte gleichzeitig erprobt werden. Es ist besser, nicht gleich an einem Standort 40 Völker aufzustellen, sondern auf 4 Standorte je 10 Völker zu verteilen. Innerhalb von einigen Jahren weiß man dann, welcher Standort am besten geeignet ist. Bergbauerngebiete sind in der Regel für die Bienenhaltung ohne Wanderung geeignet.

## Wirtschaftliche Voraussetzungen

Die Bienenvölker sollen im Herbst und im Frühjahr reichlich Blütenstaub vorfinden. Der Zwischenfruchtfutteranbau verbessert wesentlich die Ernährungsgrundlage für den Aufbau gesunder Wintervölker. Im September liefern vor allem Kugeldistel, Goldrute, Springkraut, Katzenminze, Bergminze, Weißklee und Ehrenpreis viel Pollen. Von den Zwischenfrüchten sind vor allem Phazelia (Büschelschön) und Buchweizen wertvoll. Im Frühjahr bietet eine Aulandschaft beste Entwicklungsmöglichkeiten. Wesentlich ist ein großer Bestand an verschiedenen Weidenarten. Hier kann der Imker leicht nachhelfen, da Weiden problemlos durch Stecklinge zu vermehren sind. Weiters sind wichtig: Hasel, Ahorn, Erlen, Espen und Wildkirschen. Natürlicher Artenreichtum in einer intakten Landschaft ist die beste Gewähr für eine optimale Volksentwicklung. Besonders der Imker merkt, ob eine Landschaft noch in Ordnung ist.

Durch Qualitätssteigerung der Bienenweide sollte jeder Imker die Lebensbedingungen der Bienenvölker verbessern. Zur Aussaat von Samen eignen sich nichtlandwirtschaftlich genutzte Flächen, wie Bachränder, Waldlichtungen, Böschungen, Schutthalden und Bahndämme. Mischwälder mit Weiden und Ahorn sind ausgezeichnete Trachtgebiete. Der Löwenzahn sorgt erst ab 500 m Seehöhe für Honigertrag, darunter liefert er nur Blütenstaub. Der Fichtenwald ist unsere Haupttrachtquelle. Sichere Waldhonigerträge aus der Fichte sind vor allem über 500 m Seehöhe zu erwarten. In den Niederungen muss man mit größeren Ertragsschwankungen rechnen. In vielen Gebieten ist auch die Tanne eine verlässliche Trachtquelle. Im pannonischen Raum ist die Robinie die Haupttrachtquelle; vor allem bei hohen Temperaturen und hoher relativer Luftfeuchtigkeit sind hier Spitzenerträge möglich.

## Räumlichkeiten

Die für eine Magazinimkerei notwendigen Betriebsräumlichkeiten sind in einem bäuerlichen Betrieb oft bereits vorhanden. Diese Art der Imkerei ist vom Bienenhaus unabhängig. Lediglich für die Unterbringung von Reservemagazinen und Honig sind Räume nötig.

Falls man die Absicht hat, die Magazine selbst herzustellen, benötigt man außerdem noch einen Raum für die Herstellung (Holzbearbeitungswerkstätte).

**Notwendiger Raumbedarf**

Für einen Betrieb mit 200 Bienenvölkern sind folgende Räume erforderlich:

- Schleuderraum (20 bis 25 m²)
- Honiglager (16 bis 20 m²)
- Produktverarbeitung (16 bis 20 m²)
- Wabenlagerraum zum Abstellen der Reservemagazine (ca. 40 m²)

*Gut ausgestatteter Schleuderraum*

## Ausstattung

Grundsätzlich soll man am Beginn keine bevölkerten Bienenstöcke von einem anderen Imker übernehmen. Oft passt das so erworbene Magazin nicht in den späteren Betrieb. Sinnvollerweise beginnt man mit neuen Magazinstöcken.

Hat man handwerkliche Fähigkeiten und steht ein entsprechend ausgerüsteter Arbeitsraum zur Verfügung, so ist die Selbstherstellung der Magazine die billigste Möglichkeit. Wer sich die Selbstherstellung nicht zutraut, sollte sich die

*Grundausstattung für die Völkerbetreuung*

Magazinstöcke im Baukastensystem (Einzelteile) besorgen oder die Einzelteile von einem Tischler nach Plan herstellen lassen und die Magazinstöcke dann selbst zusammenbauen. Bei dieser Möglichkeit fällt auch die Anschaffung von Holzbearbeitungsmaschinen weg. Der Ankauf von fertigen Magazinstöcken kommt am teuersten und kann nur Kleinimkern empfohlen werden.

**Notwendige Maschinen & Geräte**

- Honigschleuder
- Entdeckelungsgeräte (Entdeckelungsgabel, -messer, -gestell)
- Honigsieb
- Lagergefäße
- Auftaugeräte (Schrank, Melitherm)
- Abfülltopf
- Wachsverarbeitungsgräte (Wachsschmelzer, Mittelwandpresse)
- Stockwaage
- Einlöttrafo
- Geeichte Waage

## Marktchancen

Bei der Honigvermarktung soll man prüfen, ob man in der Lage ist, große Honigmengen im Wege der Selbstvermarktung abzusetzen. Für die Direktvermarktung des Honigs im Glas eignen sich vor allem Betriebe, die in Fremdenverkehrsgebieten liegen und unter Umständen sogar selbst Urlaubsgäste aufnehmen. Für den Aufbau eines eigenen Kundenkreises ist neben der gleichbleibend hohen Qualität des Honigs die ständige Lieferfähigkeit entscheidend. Imker, die im Direktverkauf ihren Honig absetzen wollen, müssen daher immer über ein entsprechendes Honiglager verfügen.

Wenn man in schlechten Honigjahren nicht in der Lage ist, seine Kunden zu beliefern, wird es schwer möglich sein, den Kundenstock zu halten. Aufgrund des großen Preisunterschiedes zwischen Großhandel und Detailvermarktung ist die Selbstvermarktung entscheidend für die Rentabilität.

**Aufbau der Erwerbsimkerei**

Beim Aufbau der Erwerbsimkerei sind folgende konkrete Schritte zu unternehmen:

- Ausbildung
- Erstellung eines Aufbauplanes
- Anfertigung der Magazinstöcke
- Errichtung von Aufstellungsplätzen
- Ankauf von Ablegern oder Kunstschwärmen

# Ausbildung

Dem Aufbau eines Nebenerwerbs oder Erwerbsbetriebes muss unbedingt eine gründliche Schulung vorangehen. Wer noch keine Bienenvölker hat, sollte parallel zur Ausbildung einen Probebetrieb mit etwa 10 Bienenvölkern betreiben, um seine Eignung zu testen. Während dieser Zeit sollen alle Lehrgänge der Landwirtschaftsschulen (Imkerschulen) sowie Kurse der Bienenzuchtverbände und der Landwirtschaftskammern besucht werden. Gleichzeitig sollte man sich um Möglichkeiten der Mitarbeit in einem erfolgreichen Erwerbsbetrieb bemühen. Praktische Erfahrungen in einem Erwerbsbetrieb führen in kurzer Zeit zur Aneignung des erforderlichen Grundwissens.

Dazu gibt es in der Imkerei **zwei Ausbildungsmöglichkeiten**:

1. Besuch einer landwirtschaftlichen Berufsschule – Fachrichtung Bienenwirtschaft. Gleichzeitige Absolvierung einer 3-jährigen Lehrzeit.
2. Ausbildung im zweiten Bildungsweg. Die Landeslandwirtschaftskammern (Ländl. Fortbildungsinstitut, LFI) veranstalten jährlich an der Niederösterreichischen Landesimkerschule an der landwirtschaftlichen Fachschule Warth und an der Steirischen Imkerschule in Graz Vorbereitungskurse zur Imkerfacharbeiterprüfung.

Diese Vorbereitungskurse dauern mindestens fünf Wochen und schließen mit der Facharbeiterprüfung Bienenwirtschaft ab. Bevor man sich zu diesem Kurs anmeldet, ist es sinnvoll, alle von den Imkerschulen angebotenen Einführungskurse zu besuchen. Für die Zulassung zur Prüfung sind 4 Jahre Bienenhaltung Voraussetzung.

Daneben sind das intensive Studium empfohlener Fachliteratur sowie die Teilnahme an Lehrfahrten und Standbesichtigungen unumgänglich.

*Theoretische Ausbildung*

## Erstellung eines Aufbauplanes

Die Erstellung eines Aufbau- und Finanzierungsplanes muss individuell erfolgen. Grundsätzlich ist ein mehrjähriger Plan notwendig, nach welchem der Aufbau erfolgen soll. Nach erfolgter Ausbildung ist es nicht ratsam, mit mehr als 20 Bienenvölkern zu beginnen. Betreuungsfehler mangels praktischer Erfahrung sind im ersten Jahr unvermeidlich. Beginnt man mit mehr Völkern, so ist das Risiko, einen wirtschaftlichen Schaden zu erleiden, relativ groß. Als Norm kann man annehmen, dass man für den Aufbau eines Betriebes mit 100 Völkern ca. drei Jahre, für einen Betrieb mit 200 Völkern ca. fünf Jahre benötigt.

## Ankauf von Ablegern oder Kunstschwärmen

Grundsätzlich sollte man keine Bienenvölker erwerben, da in diesem Fall meist der Bienenstock mitgekauft werden muss, wodurch man unter Umständen eine ungenormte Magazinbeute oder gar alte Hinterbehandlungsbeuten erhält. Außerdem weiß man nie, ob man beim Ankauf von Bienenvölkern nicht eine Krankheit einschleppt.

Beim Kauf von Ablegern oder Kunstschwärmen sollte man sich nur an anerkannte Zuchtbetriebe wenden. Auch wenn die Kosten höher sind, macht sich dies schnell bezahlt. Da die anerkannten Züchter Leistungsprüfung betreiben, hat man die Gewähr, qualitativ hochwertiges Bienenmaterial zu erwerben. Zu beachten ist, dass Ableger oder Kunstschwärme bis Ende März bestellt werden müssen.

*Man beginnt mit Kunstschwärmen in neuen Beuten.*

## Bienenwohnungen

Das Magazin stellt heute das einzig zu empfehlende Betriebsmittel in der modernen bienengemäßen Imkerei dar.

Die wesentlichen Vorteile sind die leichtere Bearbeitung der Völker sowie die Tatsache, dass mit dem Magazin der Raum an die Volksstärke jederzeit angepasst werden kann. Nur mit dem Magazin ist es möglich, auf alle Bedürfnisse des Bienenvolkes einzugehen!

### Rähmchen und Stockmaße

Die historische Entwicklung im deutschsprachigen Raum brachte eine Vielzahl von Rähmchen- und Stockmaßen hervor. Für die Magazinimkerei im Kaltbau eignen sich grundsätzlich nur Rähmchen von über 40 cm. Bei geringerer Rähmchenlänge ist die optimale Anordnung der Futtervorräte hinter dem Bienensitz im Winter nicht möglich.

| Rähmchenmaß | Länge | Höhe |
|---|---|---|
| Dadant | 448 | 286 |
| Langstroth | 448 | 220 |
| Breitwabe | 426 | 255 |
| Zander | 420 | 220 |
| Flachzarge | 448/426/420 | 160 |

Die vorgenannten Rähmchenmaße können ohne Einschränkung für jeden Magazinbetrieb empfohlen werden. Die Flachzarge nimmt aufgrund ihrer Vorteile in Bezug auf Sortenhoniggewinnung und das geringere Gewicht an Bedeutung immer mehr zu. Langstroth und Dadant sind weltweit am meisten verbreitet und werden in Kombination mit der Flachzarge hauptsächlich für den Honigraum verwendet.

Grundsätzlich ist zu empfehlen, im Brutraum und im Honigraum dasselbe Rähmchenmaß zu verwenden. Bei Kombination zweier Rähmchenmaße wird die Arbeit im Bienenstand komplizierter, da Brut- und Honigraum nicht beliebig austauschbar sind. Diese Möglichkeit besteht durch die Verwendung von einem doppelten Flachzargenrähmchen (Höhe 328 mm) als Brutraum in Kombination mit Flachzargen, was in Österreich von einigen Imkern gerne verwendet wird. Bei Magazinbeuten sind Zargen für 9, 10, 11 oder 12 Rähmchen gebräuchlich. Grundsätzlich muss festgestellt werden, dass Zargen, die 8 oder weniger Rähmchen fassen, nicht bienengemäß sind.

## Brauchbare Beute

Eine brauchbare Beute weist folgende **Eigenschaften** auf:

- Verwendung von Rähmchen mit einer Länge von über 40 cm.
- Die Rähmchen sollen im Kaltbau angeordnet sein.
- Alle Zubehörteile, wie Futtereinrichtung, Zwischenboden, müssen ständige Einrichtung der Beute sein.
- Der hohe Boden muss als Aufkettungsraum bei der Wanderung dienen.
- Die Beute muss zu jeder Jahreszeit ohne zusätzlichen Schutz im Freien stehen können.
- Die Beute muss so konstruiert sei, dass die Herstellung und Handhabung einfach ist.
- Alle unnötigen und die Beute verteuernden Details sind zu vermeiden.

Die Beutenwände sind aus Massivholz (Kiefer oder Fichte) mit einer Wandstärke von 25 mm. Die Zargen haben einen umlaufenden Falz von 15 mm Tiefe. In eine Zarge mit einer Innenbreite

**Bestandteile einer Magazinbeute**

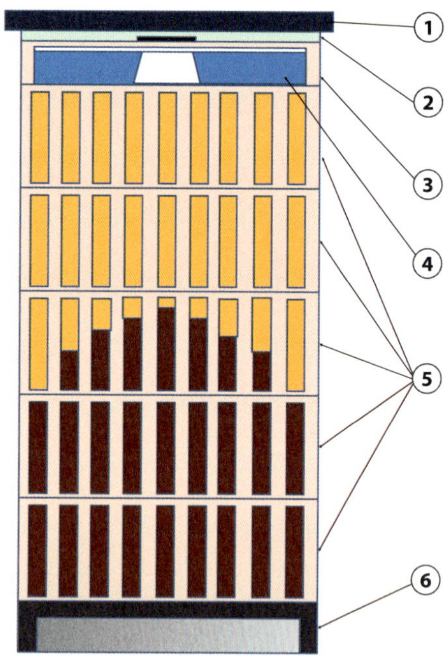


**1** Dach
**2** Zwischenboden
**3** Futterzarge
**4** Futtertasse
**5** Zargen
**6** Bodenbrett

*Waldtrachtstand*

von 33 cm und einer Innenlänge von 43,7 cm passen neun Flachzargenrähmchen. Der hohe Boden ist 8 cm hoch. Er ist hinten mit einem Putzkeil ausgestattet. Auf der Vorderseite ist ein Fluglochgitter, das auch als Wandergitter verwendet wird. Die Futterzarge (Obenfütterung) ist 9 cm hoch. Oberhalb des Spundlochs befindet sich ein Kunststofffuttertrog. Im Winter wird anstelle des Futtertrogs eine Wärmeisolierung in die Futterzarge gegeben. Über der Futterzarge befinden sich der Zwischenboden und eine 2 cm dicke Weichfaserplatte, die zur Isolierung nach oben dient. Der Zwischenboden ist 2,5 cm hoch und hat einen umlaufenden Falz wie die Zargen. Das Flugloch des Zwischenbodens ist 7 mm hoch. Darüber befindet sich das wetterfeste Schachteldach. Alle Holzteile werden mit wasserfestem Holzleim verleimt und mit 50 mm langen Klammern mittels Druckluftnagler verbunden. Alle Bestandteile, ausgenommen die jeweils aufzusetzenden Zargen, sind also ständig beim Bienenvolk und bei Bedarf jederzeit greifbar. Die Verwendung des Absperrgitters ist bei der Flachzargenbetriebsweise nicht notwendig.

## Aufstellung der Bienenvölker

### Gesetzliche Vorschriften

Die gesetzlichen Vorschriften über die Bienenwirtschaft sind in Österreich durch Landesgesetze geregelt. Die jeweils gültigen Bestimmungen in den einzelnen Bundesländern sind bei den zuständigen Landesverbänden für Bienenzucht oder bei Biene Österreich zu erfahren.

Grundsätzlich steht es in Österreich jedermann frei, die Bienenzucht zu betreiben (Freiheit der Bienenzucht). Bei der Errichtung eines Bienenstandes sind lediglich gewisse Mindestabstände zur Grundstücksgrenze einzuhalten. Befindet sich der Bienenstand nicht auf Eigengrund, ist das Einverständnis des Grundeigentümers einzuholen.

Die gesetzlichen Bestimmungen bezüglich der Bienenwanderung sind in den Bundesländern unterschiedlich geregelt. Allen Regelungen gemeinsam ist die Verpflichtung zur Bienenuntersuchung (Gesundheitszeugnis), das Einverständnis des Grundeigentümers sowie der Schutz der ortsansässigen Imker. Aufgrund des Tierseuchengesetzes kann die Veterinärbehörde Wanderungen in und aus gesperrten Befallsgebieten untersagen.

**WICHTIG** **VIS**

**Um ansteckende Bienenkrankheiten bekämpfen zu können, müssen in Österreich sämtliche Bienenstände bei der zuständigen Bezirksveterinärbehörde gemeldet werden (VIS – Veterinärinformationssystem).**

## Der bienengemäße Standort

Grundsätzlich sollte ein Standort, der für die Errichtung eines Bienenstandes geeignet ist, folgende Merkmale aufweisen:

- **Sonnige Lage, warm, trocken und windgeschützt**
  An sonnigen, warmen und trockenen Standorten werden die Bienen frühzeitig zum Reinigungsflug veranlasst, wodurch sie sich von vielen Krankheitserregern befreien (vor allem Nosema). Außerdem wird der Putztrieb gesteigert und der Bautrieb günstig beeinflusst. Im Frühjahr ist auf solchen Ständen ein deutlich stärkerer Bruteinschlag zu beobachten. Weiters zeichnen sich sonnige Standorte dadurch aus, dass der Bienenflug am Morgen früher beginnt und am Abend später eingestellt wird. Die windgeschützte Lage erleichtert im Frühjahr den Pollenbienen die Rückkehr zum Stock. Bei Temperaturen um 10 °C erstarren

*Stand mit guter Blütentracht*

*Pollenfalle*

oft viele Bienen vor dem Bienenstand, wenn sie infolge des Windes das Flugloch verfehlen.

- **Ausreichendes Pollen- und Nektarangebot**
  Vor allem das Frühjahrs- und Herbstpollenangebot muss in nächster Nähe ausreichend sein. Außerdem soll im Frühjahr in unmittelbarer Umgebung ausreichend Nektar für die Entwicklung der Bienenvölker vorhanden sein. Das Nahrungsangebot im Frühjahr schafft die Grundlage für die Honigernte, da Rückschläge in der Volksentwicklung später nicht mehr aufgeholt werden können.
- **Flugrichtung und Völkerzahl pro Stand**
  Grundsätzlich muss in unseren Breiten getrachtet werden, die Flugfront nach Osten, Südosten, Süden oder Südwesten auszurichten. Dadurch sollen vor dem Bienenstand möglichst hohe Umgebungstemperaturen erreicht werden.
  Die Völkerzahl pro Bienenstand richtet sich grundsätzlich nach dem Nahrungsangebot in nächster Umgebung. Dabei kommt es vor allem auf das Frühjahrs- und Herbstpollenangebot an. Erfüllt ein Bienenstand alle Anforderungen, so können bis zu 40 Völker pro Stand aufgestellt werden. In der Praxis sollte man allerdings danach trachten, Bienenstände mit etwa 20 Bienenvölkern zu errichten. Da im Frühjahr der Flugradius relativ gering ist (rund 500 m), erscheint es vorteilhaft, zweimal 20 Völker im Abstand von 500 bis 1.000 Metern aufzustellen, anstatt an einem Standort 40 Völker unterzubringen.
- **Erreichbarkeit des Bienenstandes**
  Für den Imker ist außerdem wichtig, dass er den Bienenstand bequem mit dem Pkw oder dem Transporter erreichen kann. Anfänger in der Bienenwirtschaft neigen immer dazu, den Bienenstand in unmittelbarer Nähe des Wohnhauses aufzustellen. Vor allem müssen sie darauf hingewiesen werden, dass der Wohnort des Imkers zumeist nicht oder nur bedingt für die Bienenhaltung geeignet ist.

Aufgrund der Anforderungen, die an einen bienengemäßen Standort gestellt werden, könnte man diesen wie folgt beschreiben:

Der Standort ist eine Wiese mit Obstbäumen an einem leicht nach Süd oder Südost abfallenden Hang. Das Grundstück grenzt an einen Wald (Nadel- oder Mischwald). Am Waldrand wachsen verschiedene Sträucher und Stauden, wie Salweiden, Hasel, Himbeeren und Brombeeren. In der Nähe befindet sich eine Wasserstelle (natürliche Tränke).

Die Aufstellung der Bienenvölker sollte beim Magazinbetrieb unbedingt im Freien erfolgen. Die Verwendung von Freiständern oder Bienenhäusern sollte aus Kostengründen und aus Gründen der Arbeitserleichterung vermieden werden. Für das Bienenvolk ist die Aufstellung im Freiständer oder im Bienenhaus kein Vorteil. Die von vielen Imkern geschätzte wärmere Aufstellung der Völker im Bienenhaus bringt für das Bienenvolk keine nachweisbare Erleichterung.

# Bienenwanderung

Wie schon vorher erwähnt, sind die gesetzlichen Grundlagen bezüglich Wanderung den jeweiligen Landesbienenzuchtgesetzen zu entnehmen.

In der Praxis sehen wir, dass sich wohl viele bienengemäße Standorte anbieten. Allerdings ist meist nur die erforderliche Frühjahrsentwicklung durch ein entsprechendes Pollen- und Nektarangebot gewährleistet.

Bedingt durch die fortschreitende Verarmung der Landschaft an Blumen, Stauden, Sträuchern und Bäumen kommt es immer häufiger zu Trachtlücken. Bienenstände, die mehr als eine schleuderbare Tracht in ihrer nächsten Umgebung finden, sind äußerst selten geworden. Um eine zufriedenstellende Honigernte zu erzielen, müssen ergiebige Trachtquellen angewandert werden. Die Bienenwanderung ist für den erwerbsorientierten Imker heute eine Notwendigkeit. Da mit der Wanderung Kosten verbunden sind, ist das jeweilige Wanderziel und die Trachtsituation vorher genau zu prüfen.

*Honigraumgabe nach der Wanderung*

## Tracht und Wanderziele

### Obstblüte

Die „Frühtracht", zu der die Obstblüte (Kirsche, Birne, Apfel) zählt, liefert den ersten Honig. Sind die Völker nicht stark genug, wird man kaum aus der Obstblüte schleudern können. Allerdings darf nicht vergessen werden, dass die Wanderung in die Obstblüte eine ausgezeichnete Entwicklungstracht darstellt und wesentlich zum Erstarken der Völker beiträgt. Bei vielen Imkern steht daher gar nicht der Wunsch nach Gewinnung von Obstblütenhonig im Vordergrund. Grundsätzlich sollte man den Obstblütenhonig nicht extra, sondern später gemeinsam mit dem übrigen Blütenhonig schleudern. Daher ist es empfehlenswert, das Wanderziel so zu wählen, dass ausreichend Löwenzahn oder Raps in unmittelbarer Umgebung vorhanden ist. Jede Wanderung in Obstanbaugebiete ist stets mit dem Risiko einer Bienenvergiftung durch Pflanzenschutzmittel verbunden. Um nicht den Verlust der Flugbienen zu riskieren, sollte man mit den Obstbauern in der Umgebung einen guten Kontakt pflegen.

*Obstblüte*

### Raps

Der Winterraps ist unter Berücksichtigung der Sorte eine gute Trachtquelle. In manchen Jahren können allerdings Wetterrückschläge (Anfang Mai) eine ausgiebige Ernte verhindern. Durch seine unwiderstehliche Anziehungskraft kann es bei Schlechtwetter zu wetterbedingten Flugbienenverlusten kommen. Deshalb sollte man trachten, nur mit starken Völkern die Rapsblüte anzuwandern. Starke Völker werden durch den gewaltigen Bruteinschlag die Flugbienenverluste sehr rasch wieder ausgleichen. Durch den starken Polleneintrag wird es verstärkt zur Schwarmstimmung kommen, wenn man die Erweiterung und die Ablegerbildungen nicht planmäßig durchführt. Da der Rapshonig durch seinen hohen Gehalt an Traubenzucker sehr rasch kristallisiert, sollte man ihn durch Rühren zu Cremehonig verarbeiten.

*Rapsblüte*

## Robinie (Akazie)

Die Robinie ist im pannonischen Klimagebiet die wichtigste Trachtquelle. Sie blüht Mitte Mai bis Anfang Juni. Durch die kurze Blühdauer von ca. 10 bis 12 Tagen sollte die Wanderung rechtzeitig erfolgen. Die besten Wanderplätze liegen in hügeligen Gebieten. Dadurch wird die Gesamtblütezeit verlängert. Die Tageszunahmen können mehrere Kilo erreichen. Durch das geringe Pollenangebot erlischt bei guter Robinientracht die Schwarmlust der Völker. Durch den höheren Fruchtzuckergehalt bleibt der Robinienhonig sehr lange flüssig.

*Akazienblüte*

## Linde

Vor allem in Stadtgebieten ist die Lindentracht sehr ergiebig und meist auch sicher. An die Blütezeit (Juni bis Juli) schließt eine oft ergiebige Honigtautracht an. Es gibt zwei Hauptlindenarten, die Sommer- und die Winterlinde, wobei die Winterlinde die weitaus ergiebigere ist. Die Lindentracht gibt den Völkern noch einmal einen gewaltigen Aufschwung und es können Schwärme auftreten.

*Lindenblüte*

*Alpenrose*

*Sonnenblumen*

*Honigtau bei der Waldtracht*

## Alpenrose

Die Alpenrose stellt in den Alpenregionen Österreichs für die Imker eine lohnende Tracht dar. Sie ist durch zwei Arten vertreten: Die rostblättrige Alpenrose, welche auf Urgestein oberhalb der Baumgrenze vorkommt, und die raublättrige Alpenrose, die auf Kalkgestein beheimatet ist.

Es ist bei der Wanderung darauf zu achten, dass die Völker ausreichend mit Futter versorgt sind, da es durch Schlechtwetterperioden zu Völkerverlusten kommen kann. Bei schönem Wetter und guter Tracht kann man mit Tageszunahmen von bis zu 4 Kilo rechnen. Durch den reichlichen Bruteinschlag kann es neuerlich zum Aufkeimen der Schwarmstimmung kommen.

## Sonnenblume

Aufgrund der Ölgewinnung ist im Osten Österreichs die Sonnenblume eine gute Trachtquelle für die Imkerei geworden. Sie blüht Anfang bis Mitte Juli. Sehr wichtig für einen hohen Ertrag sind ein guter tiefgründiger Boden, ausreichende Niederschläge und die richtigen Sorten. Die Anwanderung sollte erfolgen, sobald sich die ersten Blütenkörbe öffnen. Um einen hohen Ertrag zu erzielen, müssen die Völker noch stark sein. Da die Blühdauer oft bis in die erste Augustwoche dauert, muss nach der Ernte sehr rasch die Varroabekämpfung durchgeführt werden. Der Sonnenblumenhonig sollte als Cremehonig verkauft werden, da er sehr rasch kristallisiert.

## Wald

Die Waldtracht (Honigtautracht) ist unumstritten die wichtigste Trachtquelle. Unter Honigtautracht versteht man das Honigtauangebot aus Laub- und Nadelbäumen unter Mitwirkung von honigtauerzeugenden Pflanzensaugern. Am häufigsten wird die Fichten- und die Tannentracht angewandert. Die wichtigsten Honigtauerzeuger sind bei der Fichte die Fichtenquirlschildlaus, die rotbraune Fichtenrindenlaus und bei der Tanne die Grüne Tannenhoniglaus. Da der Waldhonig beim Konsumenten am begehrtesten ist, sollte jeder Imker, der am Heimstand keinen Waldhonig ernten kann, die Waldtracht anwandern.

### Honigertrag und Trachtentfernung – Waldtracht

| Entfernung der Völker von der Trachtquelle | Honigertrag kg/Volk |
|---|---|
| 0 m | 55,9 |
| 500 m | 41,9 |
| 1.000 m | 26,9 |
| 1.500 m | 18,6 |
| 2.000 m | 3,0 |
| 2.500 m | Waagstockabnahme |

**Voraussetzungen Waldtrachtnutzung**

- Massenauftreten der Honigtauerzeuger
- Kenntnisse der wichtigsten Honigtauerzeuger
- Intensive Waldtrachtbeobachtung
- Tägliche Waagstockzunahme mind. ½ kg dunkler Honig

## Vorbereitung der Wanderung

### Ortswahl

Der Wanderplatz soll möglichst nahe an der Trachtquelle liegen. In einer Entfernung von 500 bis 1.000 Metern ist schon mit einem wesentlich schlechteren Ertrag zu rechnen. Das Einverständnis des Grundeigentümers ist rechtzeitig einzuholen. Der Wanderplatz sollte bequem mit dem Transportfahrzeug erreichbar sein. Die Wanderung ist vorher dem zuständigen Gemeindeamt zu melden (siehe Bienenzuchtgesetz).

*Elektronische Stockwaage*

*Aufstellung der Völker nach der Wanderung*

### Völker

Der Zustand der Völker soll so sein, dass aufgrund der Volksstärke ein möglichst hoher Ertrag erwartet werden kann. Die Anzahl der Völker am Wanderbienenstand muss auf die Trachtquelle abgestimmt werden. Folgende Völkerzahlen pro Hektar haben sich als optimal erwiesen:

- Obst: 10 bis 15
- Raps: 10 bis 20
- Wald: 100 und mehr

Besonders wichtig ist, dass die Wandervölker über entsprechende Honigvorräte verfügen. Der Honigvorrat bei der Anwanderung sollte für zwei Wochen reichen. Grundsätzlich gilt, dass ein Bienenvolk ständig über einen Vorrat von mindestens 5 kg, besser jedoch 10 kg verfügen muss.

## Durchführung der Wanderung

### Vorbereitung der Völker

Bei einer modernen Magazinbeute sind in der Regel keine besonderen Vorbereitungen für die Wanderung nötig. Der hohe Boden steht als Aufkettungsraum zur Verfügung. Das Flugloch wird bei der Magazinbeute der Niederösterreichischen Imkerschule durch das Umdrehen des Fluglochgitters verschlossen. Danach wird der Wandergurt angebracht und die Beute ist zur Wanderung fertig. Um Flugbienenverluste zu vermeiden, sollte man grundsätzlich am Abend oder in den Morgenstunden wandern.

### Der Transport

Der Transport sollte zweckmäßigerweise zu zweit erfolgen. Als Transportfahrzeug dienen ein Kombi-Pkw, ein Pkw mit Anhänger oder ein Lkw. Die Größe des Transportmittels hängt von der Anzahl der Wandervölker ab. Der Transport der Bienenvölker sollte möglichst schonend und rasch erfolgen. Wichtig ist, dass für eine entsprechende Belüftung und für einen festen Sitz der Waben gesorgt wird. Der Transport muss unmittelbar nach der Vorbereitung der Völker erfolgen; Wartezeiten sind zu vermeiden. Außer Raucher und Schleier sollte man sich durch die Mitnahme von Klebeband, Hammer, Nägel und Wasser gegen alle möglichen Pannen wappnen. Treten unvorhergesehene Verzögerungen auf (Pannen am Fahrzeug), so muss man die Völker abladen und fliegen lassen. Die Wanderung kann erst am Abend fortgesetzt werden. Bei kurzen Verzögerungen sollte man den Motor weiterlaufen lassen, um das Verbrausen der Völker zu vermeiden.

Verbrausen bedeutet, dass sich die Bienen so sehr erhitzen, dass die Körperflüssigkeit von innen nach außen tritt und die Bienen sterben.

### Aufstellung am Wanderplatz

Erst wenn alle Völker aufgestellt sind, werden die Wandergitter entfernt. Raucher und Schleier zu verwenden, ist empfehlenswert. Die herausquellenden Bienen beruhigen sich aber relativ rasch.

## Zusammenfassung

Mit der Aufnahme der Imkerei als Erwerb- bzw. Nebenerwerb ist eine Reihe von Investitionen verbunden, deren Höhe von der Betriebsgröße abhängt. Die höchsten Kosten verursacht die Anschaffung der Magazinstöcke. Durch die Selbstherstellung können diese Kosten auf etwa die Hälfte reduziert werden. Neben den Bienenwohnungen sind viele Maschinen und Geräte unbedingt notwendig. Für die Bienenwanderung genügt bei 100 Völkern ein Kleinlastkraftwagen. Größere Betriebe benötigen spezielle Transportfahrzeuge. Wenn genügend Räumlichkeiten vorhanden sind, wird es in der Regel nicht notwendig sein, neue Gebäude zu errichten. Allerdings muss man die Umbaukosten berücksichtigen.

Die Rentabilität der Imkerei ist abhängig von den Betriebsmittelpreisen, vom Erlös pro kg Honig (Selbstvermarktung!) und vor allem vom jährlichen Honigertrag pro Volk. Der österreichische Durchschnittsertrag liegt bei ca. 12 kg Honig pro Volk, was jedoch nicht kostendeckend ist. Für die Nebenerwerbs- und Erwerbsimkerei sind 30 kg pro Volk und Jahr unbedingt erforderlich. Diese Menge ist bei guter Ausbildung des Imkers und mit gutem Bienenmaterial in günstigen Gebieten ohne Weiteres zu erreichen.

Sind die fachlichen Voraussetzungen gegeben, so ist die Imkerei durchaus gewinnbringend zu betreiben.

# Bienenkunde

## Anatomie der Honigbiene

Die Honigbiene gehört zur Gruppe der Insekten und gliedert sich in drei Abschnitte: **Kopf**, **Brust** und **Hinterleib**. Der gesamte Bienenkörper ist von einem Chitinpanzer umhüllt, der zwei Funktionen erfüllt: Zum einen ist er ein Schutzpanzer, der äußerst widerstandsfähig gegen mechanische Einwirkungen und schädliche Chemikalien ist. Außerdem bietet er eine gute Isolation gegenüber Abkühlung und Erhitzung. Die zweite Funktion lässt sich mit dem Begriff „Exoskelett" beschreiben. Der Chitinpanzer stützt den Körper, umhüllt alle seine inneren Organe und dient als Ansatzstelle für die Flügel und Gliedmaßen. Was in unserem Körper die Knochen als Innenskelett und als Stütz- und Bewegungsapparat sind, ist der Chitinpanzer in gleicher Weise für die Insekten, jedoch mit dem Vorteil, dass er viel leichter ist. Der elegante Flug der Biene macht dies deutlich.

### Die Made

Da der Chitinpanzer einer erwachsenen Biene nicht mehr wächst, beschränkt sich das Bienenwachstum auf das Larvenstadium. Die insgesamt fünf Häutungen während des Larvenstadiums dienen dem schubweisen Wachstum der Made.

Charakteristisch für den Bauplan der Insekten ist die auffallende äußere Segmentierung. Bei der Larve ist die Gliederung noch recht unscheinbar; sie besteht aus einer Kopfkapsel und 13 Segmenten. Beine und Flügel fehlen, jedoch kann man in späteren Larvenstadien an den ersten drei Segmenten, die später die Brustsegmente bilden, die Anlagen für Beine und Flügel erkennen. Die Sinnesorgane sind nur kümmerlich ausgebildet, immerhin finden sich Geschmacks- und Tastsinneszellen. Die Hauptfunktion

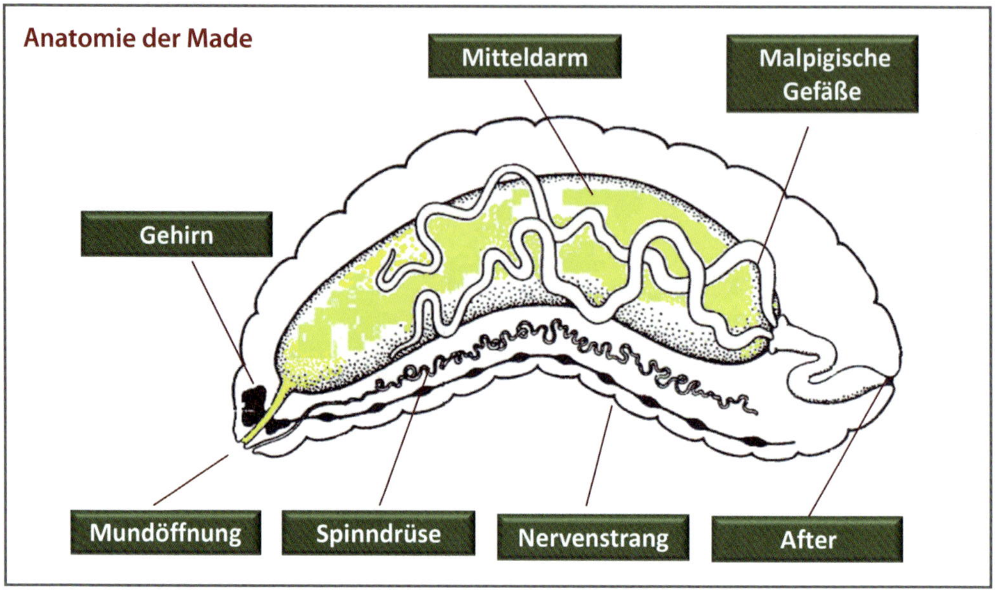


der Larve ist die Nahrungsaufnahme. Ein enorm großer Magen nimmt als zylindrischer Sack beinahe die ganze Körperlänge ein. Blutkreislauf, Atmungsorgane und Nervensystem sind ebenfalls funktionsfähig. Eine Spinndrüse, die den Speicheldrüsen der übrigen Insekten entspricht, bildet bei der Verpuppung den Puppenkokon.

Während der Verpuppung, die bei der Arbeiterin neun Tage, bei der Königin sechs, bei der Drohne zehn bis vierzehn Tage dauert, erfolgt eine Umwandlung aller inneren und äußeren Organe in die so genannte Imago, d. h. in eine erwachsene Biene. An ihr erkennt man deutlich Kopf, Brust und Hinterleib.

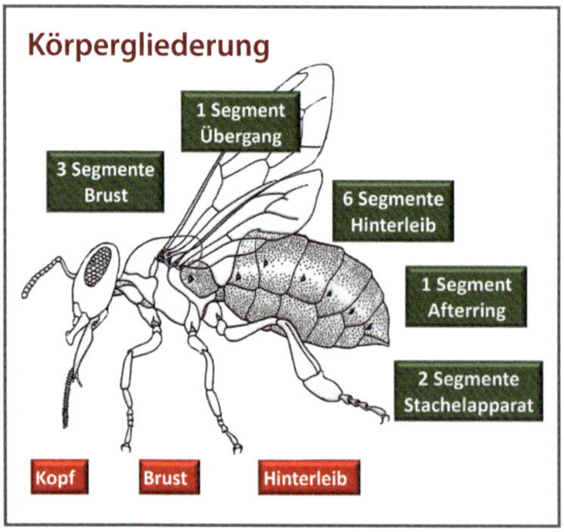


## Körpergliederung

### Der Kopf

**Wir finden am Kopf, neben den Mundwerkzeugen, lebenswichtige Sinnesorgane, nämlich die beiden Fühler, die paarigen Facettenaugen und drei Punktaugen. Im Inneren der Kopfkapsel der Arbeitsbiene findet sich neben dem Gehirn die Futtersaftdrüse. Diese ist vergleichbar mit der Brustdrüse bei Säugetieren.**

Der **Kopf** der Biene ist mit der Brust durch einen schmalen, häutigen Hals verbunden. Gestützt wird die Kopfkapsel durch zwei Chitinspangen, die von der Brust in das Hinterhauptsloch hineinragen. Diese Chitinspangen sind außerdem mit hochempfindlichen Sinneshaaren besetzt, welche die Verlagerung des Kopfes im Schwerefeld registrieren und somit als ein Schweresinnesorgan bezeichnet werden können.

### Kopfformen

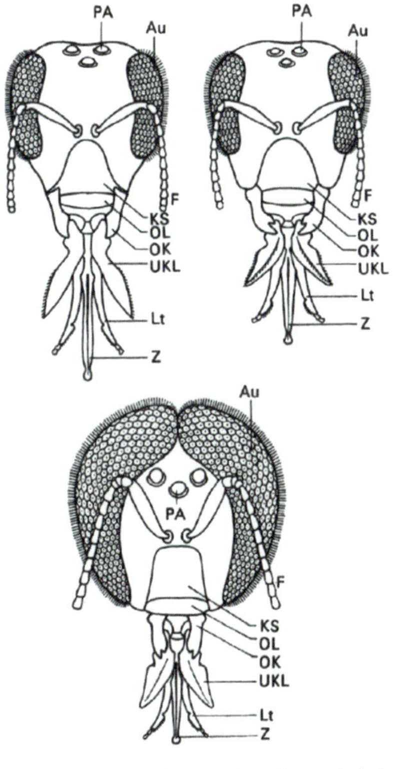


Frontalansicht der Köpfe von Arbeitsbiene (links), Königin (rechts) und Drohne (unten) mit den charakteristischen morphologischen Unterschieden bei den Facettenaugen, Punktaugen, Fühlern und Mundgliedmaßen.
**Au** Facettenauge, **PA** Punktauge, **F** Fühler, **KS** Kopfschild, **OL** Oberlippe, **UKL** Unterkieferladen, **Lt** Lippentaster, **Z** Zunge

## Fühler (Antennen)

**Die Fühler sind freibewegliche Geißeln, die bei den Drohnen aus zwölf Gliedern, bei der Arbeiterin und der Königin aus elf Gliedern zusammengesetzt sind. Sie bestehen aus einer Chitinröhre, die im Inneren vom Antennennerv durchzogen ist und deren Wand zahlreiche dünnhäutige Poren (Riechplatten) und dünnhäutige Ausstülpungen (Riechkegel) besitzt. Außerdem sind sie mit vielen Tasthaaren besetzt, zusätzlich noch mit Sinneszellen, die der Temperaturwahrnehmung dienen.**

Wenn man die Fühler einer Biene unter dem Mikroskop betrachtet, findet man neben den erwähnten Tasthaaren dünnhäutige Vorwölbungen, so genannte Riechkegel, an anderer Stelle dünnhäutige runde Porenplatten, dazwischen flaschenförmige Einstülpungen. Es sind Sinnesorgane, die durch Düfte oder Geschmacksstoffe erregbar sind. Geschmackssinneszellen sind auch um die Mundöffnung herum verteilt. Dadurch, dass der Chitinpanzer an diesen Stellen durchbohrt und mit einer dünnhäutigen Membran bezogen ist, können die Duftmoleküle durch diese dünne Membran durchdringen. An sie stoßen die Sinneszellen an, die über ein Enzym das Duftmolekül abbauen und so einen Nervenimpuls auslösen. Die verschiedene Ausstattung der Sinnesorgane als Riechkegel, als Porenplatte und als Flaschenorgan hat sicher für die Sinneswahrnehmung wichtige Bedeutung. Riechkegel und Porenplatten nehmen mehr oberflächlich und schnell vorbeiziehende Duftmoleküle wahr, die Flaschenorgane dienen der langanhaltenden Verarbeitung der Duftinformation. Die Leistung

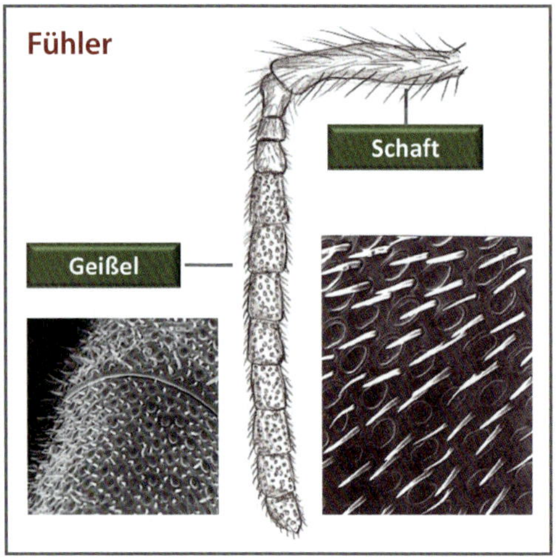


Quelle: www.webmuseum.ch/natur/bienen

des Geruchssinnes der Bienen ist der unserer Nase weit überlegen: Schon wenige Moleküle des Blütenduftes, des Stockduftes oder des Köniinduftes genügen, um eine Sinneszelle zu erregen. Beim Menschen müsste die Konzentration des Duftstoffes um das Hunderttausendfache erhöht werden. Die Wahrnehmung eines Duftes ist stets aufs Engste mit einer Tastempfindung verbunden. Tasthaare und Riechzellen sind ja auf dem Fühler anatomisch miteinander verbunden und vermischt. Die abziehenden Nervenfasern vereinigen sich zu einem gemeinsamen Antennennerv. Man darf also der Biene mit Sicherheit ein so genanntes „plastisches Riechen" zuerkennen; wenn sie in eine Blütenröhre kriecht und sich dort mit ihren Antennen zu den Nektarien vortastet, bietet sich ihr beispielsweise ein „röhrchenförmiger" Lavendelduft an.

Der Geschmackssinn der Bienen ist im Vergleich zum Menschen für Süßgeschmack sehr unempfindlich. Bienen sind extreme Süßschmecker; nur hochkonzentrierter Nektar veranlasst sie, ihn einzusammeln. Das ist sinnvoll, damit den Stockbienen das Eindicken des Honigs erleichtert wird. Im Vergleich zum menschlichen Geschmackssinn muss eine Zuckerlösung für die Bienen etwa hundertmal stärker konzentriert sein, um Süßgeschmack hervorzurufen.

## Mundwerkzeuge

**Die wichtigsten Bestandteile der Mundgliedmaßen sind die Oberkiefer, Mittelkiefer und Unterkiefer sowie der Rüssel. Die Form der Oberkiefer ist bei den drei Bienenwesen unterschiedlich. Während sie bei der Arbeiterin ungezahnt sind, sind sie bei der Königin und beim Drohn gezahnt.**

Die Oberkiefer dienen vor allem der Aufnahme und Umarbeitung von Pollen, dem Kneten von Wachsplättchen sowie der Beseitigung von toten Bienen. Vor dem Schlüpfen schabt die Arbeitsbiene mit ihrem stumpfen Oberkiefer den Zelldeckel so weit ab, bis er durchbricht. Die Königin schneidet mit ihrem gezahnten Oberkiefer die Spitze der Weiselzelle ab und klappt sie beim Schlüpfen zur Seite.

Für den Nahrungserwerb am wichtigsten ist der Rüssel. Er ist ein Saugorgan, das aus mehreren freien Einzelteilen besteht, die bei Bedarf vorübergehend zu einer Röhre zusammengefügt werden; nur dann ist die Biene imstande,

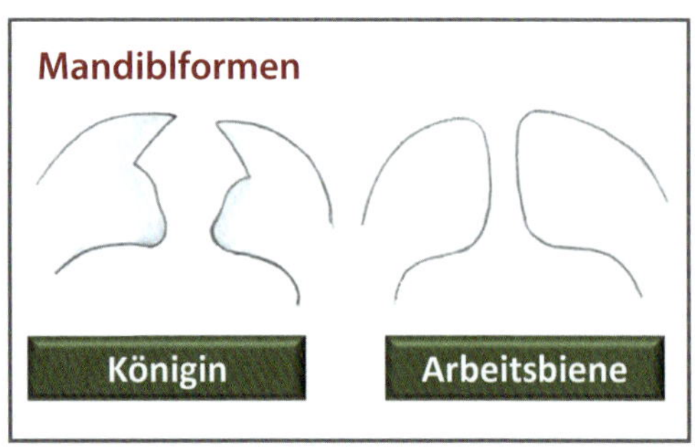

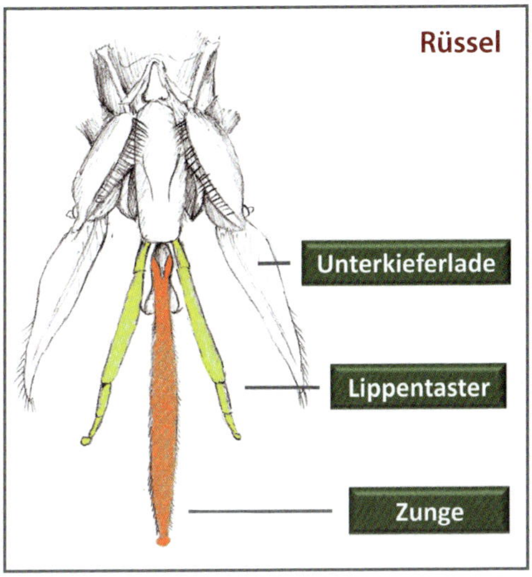


Flüssigkeiten aufzusaugen, nämlich Nektar, Honig oder Wasser. Die wichtigsten Einzelteile sind der Hinterkiefer (Labium), der aus der weichen, behaarten Zunge und den beiden Labialtastern besteht, und die Saugröhre. Diese wird durch die beiden Mittelkiefer (Maxillen) gebildet. Alle Teile sind mit Geschmackssinneszellen belegt. Beim Saugen bewegt sich die Zunge mit Hilfe der Schlundmuskulatur auf- und abwärts, dadurch kommt eine Saugwirkung zustande und der Nektar kann über den Schlund und die Speiseröhre in die Honigblase gepumpt werden. In Ruhestellung ist der Rüssel eingezogen und von außen nicht sichtbar. Die Rüssellänge variiert je nach Bienenrasse sehr stark. Bei *Apis mellifera mellifera* ist er 5,9 bis 6,5 mm, bei *Apis mellifera carnica* 6,4 bis 7,6 mm lang. Bei der Königin misst der Rüssel nur 3,5 mm, beim Drohn 4,0 mm.

Die Kopfkapsel birgt auch die wichtigsten Drüsen der Honigbiene, die Mandibeldrüse und die Futtersaftdrüse (Hypopharynxdrüse). Die Mandibeldrüse mündet an der Basis der Kauladen, die Futtersaftdrüse an der Mundbodenplatte, d. h. an der Basis des Rüssels.

## Augen

**Leicht zu erkennen sind die beiden großen Facettenaugen. Die drei Punktaugen auf der Oberseite des Kopfes sind durch den Haarbewuchs schwerer zu finden. Mit den Punktaugen kann die Biene Hell und Dunkel erkennen, ein klares Bild wird nicht wahrgenommen. Ihre Aufgabe besteht darin, das Gleichgewicht während des Fluges der Biene zu erhalten.**

## Der optische Sinn

**Optische Wahrnehmung**

- hohes zeitliches Auflösungsvermögen
- schlechtes räumliches Auflösungsvermögen
- Farb- und Formsehen
- polarisiertes Licht
- ultraviolettes Licht

Die Augen der Bienen sind im Vergleich zum menschlichen Auge an besondere Sehleistungen angepasst, die für die Biene selbst und für das Bienenvolk von lebenswichtiger Bedeutung sind.

Honigbienen weisen ein schlechtes räumliches Auflösungsvermögen auf, d. h., sie erkennen ihre Umwelt erst auf kurzer Entfernung in scharfen Umrissen. Das zeitliche Auflösungsvermögen ist hingegen äußerst gut ausgeprägt. Beim Flug muss die Biene imstande sein, Hindernisse und das Muster des Untergrundes scharf zu erkennen; d. h. schnelle Bewegungen erkennen Bienen deutlich. Als Blütenbesucher müssen die Bienen die Nektarblüten nach ihrer Farbe und ihrem Blütenmuster als Bienenblumen erkennen. Honigbienen können im Gegensatz zu Säugetieren das kurzwellige ultraviolette Licht wahrnehmen, dafür erkennen sie das langwellige rote Licht nicht. Für Bienen erscheint eine rote Blume in grauer Farbe. Manche Blütenpflanzen reflektieren das ultraviolette Licht, wodurch diese für die Bienen leichter auffindbar werden. Da für die Orientierung und für die Verständigung der jeweilige Sonnenstand als Bezugspunkt dient, muss dieser Sonnenstand auch bei bewölktem Himmel, wenn die Sonne verdeckt ist, an einem blauen Himmelsfleck ausgemacht werden. Dies ist möglich durch die Wahrnehmung des polarisierten Lichtes.

Die **paarigen Facettenaugen** setzen sich aus etwa 5.000 Einzelaugen, den so genannten Ommatidien, zusammen – bei der Königin sind es 4.000 und bei der Drohne 8.000 Ommatidien. Jedes dieser Einzelaugen stellt einen vollständigen Sehapparat dar – mit Linse, Kristallkegel, 8 Sehzellen – und liefert auf dem Augenhintergrund der Netzhaut jeweils einen Lichtpunkt. Somit erscheint auf der Netzhaut ein aufrechtes Rasterbild, das natürlich im Vergleich zur menschlichen Netzhaut äußerst primitiv ist, wenn man bedenkt, dass beim Menschen diese Lichtpunkte von 170 Millionen Sehzellen, den Stäbchen und

**Facettenauge**

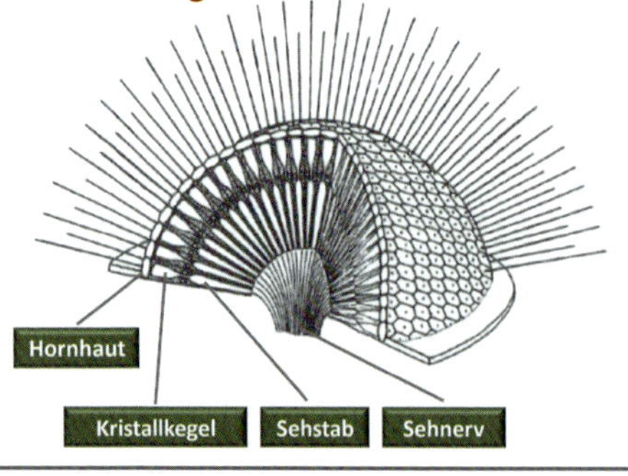


Zapfen, geliefert werden. Für die Bienen ist es aber nicht wichtig, im Stand Gegenstände scharf abbilden zu können. Der grobe Raster ist vorzüglich geeignet, um im Flug ein Verschwimmen der einzelnen Konturen zu verhindern. In der Tat hat die Biene ein zehnmal höheres zeitliches Auflösungsvermögen für Lichtwechsel, d. h., ein Film müsste für eine Biene mit 200 Bildern pro Sekunde ablaufen, um ein verschmolzenes Bild zu zeigen. Da die Biene die starr eingekeilten Facettenaugen nicht bewegen kann, erfasst sie mit ihren Ommatidien, die auch nach unten, oben, seitwärts und sogar rückwärts gerichtet sind, ein sehr weites Gesichtsfeld auch ohne aktive Augenbewegung.

Lange Zeit war strittig, ob Bienen überhaupt Farben unterscheiden können. Karl von Frisch hat dies in seinen klassischen Versuchen im Jahr 1912 eindeutig nachgewiesen. Allerdings ist zu betonen, dass das Farbspektrum der Biene nicht dem des Menschen entspricht: Bienen sind rotblind, dafür können sie bis in den ultravioletten Bereich sehen, dies ist wiederum eine Anpassung an die Blütenfarben. Viele Bienenblumen reflektieren an ihrem Rande oder als Saftmal ultraviolette Lichtstrahlen. Selbst der rote Mohn erscheint den Bienen nicht rot, sondern als Purpur, weil die Blütenblätter UV-Wellen reflektieren. Allgemein lässt sich sagen, dass die Bienen viel weniger Farbabstufungen von Mischfarben unterscheiden können als der Mensch, wobei besonders interessant ist, dass die Mischung von Gelb und Ultraviolett, also den beiden Enden des Farbspektrums, den so genannten „Bienenpurpur" ergibt.

Man hat in eigenen Versuchen nachweisen können, dass neben dem Duft und der Farbe auch die Musterung der Blüte anlockend wirkt. Die sternförmigen oder anderweitig aufgelösten Muster der Bienenblumen sind besonders anziehend, während geschlossene Formen untereinander nicht unterschieden werden: ein geschlossenes Dreieck wird mit einem geschlossenen Quadrat verwechselt, während aufgelöste Sternfiguren oder Kreise und Streifenmuster deutlich unterschieden werden.

Eine erstaunliche Entdeckung hat Karl von Frisch im Jahr 1949 über eine besondere Leistung des Bienenauges gemacht: Die Bienen sind für die Schwingungsrichtung polarisierten Lichtes empfindlich. Sie nutzen diese Fähigkeit, um sich nach dem Sonnenkompass zu orientieren, auch wenn die Sonne selbst mit Wolken verdeckt ist. Es genügt, wenn irgendwo ein blauer Himmelsfleck freibleibt, um den jeweiligen Sonnenstand festzulegen, denn das Licht, das vom blauen Himmel auf die Erde reflektiert wird, ist polarisiert. Da Polarisationsrichtung und Intensität des polarisierten Lichtes gesetzmäßig um den jeweiligen Sonnenstand angeordnet sind, lässt sich von jedem Stück blauen Himmels aus der Sonnenstand anpeilen. Mit anderen Worten: Für die Bienen erscheint die blaue Himmelsglocke als ein eindrucksvolles und kontrastreiches Polarisationsmuster, das ihnen vor allem im Ultraviolettbereich auch noch farbig erscheinen muss.

Hier tut sich also eine Welt für die Bienen auf, die für sie die Möglichkeit eröffnet, auch bei verdeckter Sonne ihre Trachtflüge fortzusetzen und die Stockgenossinnen über ihr Futterziel informieren zu können. Man hat fieberhaft nach einem Analysator für polarisiertes Licht im Bienenauge gesucht. Am inneren Rand der Sehzellen der Biene sind feinste Kapillaren, so genannte Microvilli, eingebaut, in denen die Sehpigmentmoleküle parallel angeordnet sind. Ähnlich sind auch die Sehzellen im menschlichen Auge gebaut, jedoch mit einem wesentlichen Unterschied: Die Sehpigmentmoleküle sind in den feinen Membranspalten nicht parallel, sondern völlig zufallsmäßig in jeder Richtung eingebaut. Da im Bienenauge die acht Sehzellen radiär angeordnet sind, ergibt sich somit die Möglichkeit, die Schwingungsrichtung der einfallenden Lichtstrahlen zu analysieren.

## Brust und Hinterleib

Die **Brust (Thorax)** besteht aus drei Brustsegmenten. Das erste Hinterleibsegment ist mit dem dritten Brustsegment verschmolzen und bildet die Verbindung zum Hinterleib. Die Brust trägt die drei Beinpaare und die vier Flügel und ist für deren Bewegung mit einem mächtigen Muskelapparat ausgestattet. Der Hinterleib zeigt deutlich sechs Segmente, das achte und neunte Segment werden zum Stachelapparat umgebildet, das zehnte bildet den Afterring. Jedes Segment der Brust und des Hinterleibes setzt sich aus einer großen Rückenschuppe (Tergit) und einer kleineren Bauchschuppe (Sternit) zusammen.

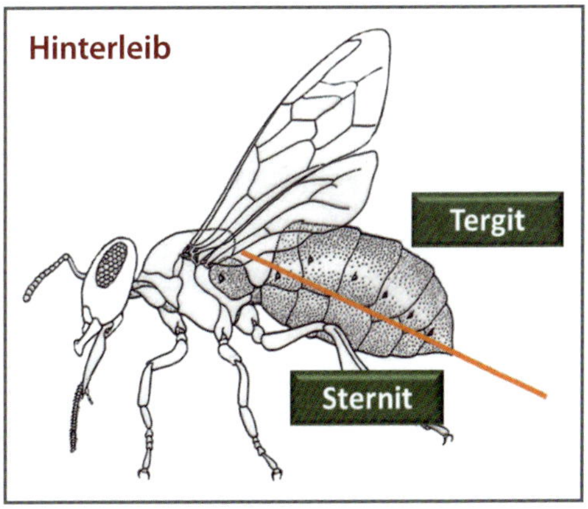


Im **Hinterleib** sind Rücken- und Bauchschuppen durch Intersegmentalmembranen so verbunden, dass die einzelnen Segmente sowohl in der Längs- wie in der Querrichtung zueinander gedehnt und wieder eingezogen werden können. Dies ist für den Mechanismus der Atembewegung sehr wichtig. Nebenbei sei bemerkt, dass Insektizide durch diese weichen, dünnen

Intersegmentalhäute eindringen können und damit für die Biene tödlich wirken. Bei der Füllung der Honigblase und des Enddarms ist mit Hilfe dieser Intersegmentalmembranen der Hinterleib ebenfalls dehnbar.

Zu erwähnen ist noch die Pigmentierung des Hautpanzers. Die genetisch bedingte Färbung, verbunden mit der Haarlängenmessung und dem Cubitalindex (siehe Kapitel Flügel) dienen unter anderem zur Rassenbestimmung.

Der gesamte Bienenkörper ist dicht mit Haaren besetzt. Sie schützen vor Staub und Nässe, dienen der Regulation des Wasserhaushaltes und verhindern eine zu starke Wärmeabstrahlung.

Eine besondere Spezialisierung hat das Haarkleid an den Hinterbeinen der Arbeitsbiene erfahren: sie sind zu einem hochkomplizierten Pollensammelapparat umgebildet. Mit zunehmendem Alter verliert die Biene einen Teil ihres Haarkleides, wodurch sich vor allem das Erscheinungsbild des Hinterleibes ändert. Dieser ist dann schwarz, während er bei der Jungbiene – bedingt durch die Haarfarbe z. B. bei *Apis mellifera carnica* – auch grau erscheint.

Für den Menschen liefern Auge und Ohr die wichtigsten Sinneseindrücke. Für die Biene haben Geruchsstoffe einen höheren Rang als optische Signale. Sie dienen vornehmlich dazu, das soziale Zusammenleben in einer Volksgemeinschaft zu regeln und zu sichern. Daneben hilft der Tastsinn, sich untereinander zu verständigen und vor Gefahren zu warnen. Der Temperatursinn gibt die Voraussetzung, dass das Klima im Stock mustergültig reguliert werden kann. Um sich im Dunkel des Stockes zurechtzufinden, sind jene Sinnesorgane besonders gut entwickelt, die wir Menschen den „niederen Sinnen" zuschreiben: der Tast- und der Geruchssinn.

Der ganze Körper der Bienen ist mehr oder weniger dicht behaart. Viele dieser Haare sind

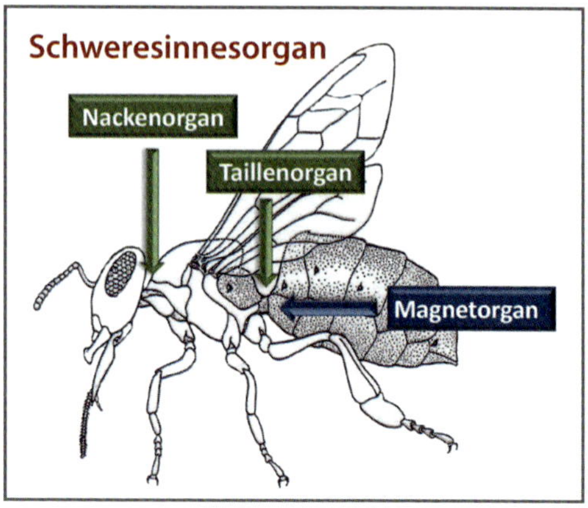


als Tasthaare gelenkig an einer Durchbohrung des Chitinpanzers befestigt. Bei Berührung durch ein Hindernis oder durch eine andere Biene, aber auch wenn sie durch einen Luftstrom abgebogen werden, entsenden sie einen Nervenimpuls. Besonders zahlreich sind diese Tasthaare an den Fühlern zu finden; beim gegenseitigen Betrillern, beim Futterbetteln, beim Wabenbau, beim Reinigungsdienst orientieren sich die Bienen durch die bekannten Fühlerbewegungen über die Beschaffenheit der Umgebung. Besonders wichtig sind Haarpolster an den Gelenken zwischen Kopf und Brust, zwischen Brust und Hinterleib sowie an allen Beingliedern. Man bezeichnet diese Gelenkpolster als „Schweresinnesorgane".

Durch die Verlagerung des Körpergewichtes im Schwerefeld erfolgt auch auf diese Gelenkpolster unterschiedliche Belastung, und die Tasthaare werden in verschiedene Richtungen abgebogen. Das gibt dem Gehirn genaue Information über die Lage des Körpers im Schwerefeld. Außerdem informieren sie über die gegenseitige Stellung der Körperteile zueinander, wozu auch noch eigene Tastsinnesorgane zwischen den beweglichen Segmenten, die so genannten Streckrezeptoren, dienen. Für unsere menschliche Vorstellungswelt völlig unzugänglich ist jener Sinnesbereich, der durch den Vibrationssinn erfasst wird. Über die Beinspitzen werden feinste Erschütterungen des Untergrundes an das Subgenualorgan in den Vorderschienen weitergegeben, das in der Blutlymphe zwischen den Chitinwänden wie ein Segel ausgespannt ist und geringste Erschütterungen wahrnehmen kann. Ein leises Klopfen auf den Stock, das Herumkrabbeln einer Maus am Boden, aber auch das Tüten und Quaken der Königinnen, wahrscheinlich auch die Tanzlaute, die später beschrieben werden sollen, werden über Vibrationswellen durch den festen Untergrund an das Subgenualorgan weitergegeben. Auch wenn Bienen kein Gehörorgan haben, so können sie sicherlich bestimmte Schallwellen als Erschütterungen des Untergrundes wahrnehmen.

## Fortbewegungsorgane

Die Brust ist das Zentrum des Bewegungsapparates. Mächtige Muskelpakete dienen als Motor für die Bewegung der Beine und der Flügel. Honigbienen besitzen drei Beinpaare sowie vier Flügel, welche mit der Muskulatur des Brustabschnittes bewegt werden. Aber auch die Beweglichkeit des Kopfes und des Hinterleibes ist von diesem Zentralmuskelapparat abhängig. Am 1. Segment setzen die Vorderbeine, am 2. Segment die Mittelbeine und am 3. Segment die Hinterbeine an.

### Beine

Jedes Bein setzt sich aus sechs Einzelsegmenten zusammen, die durch Scharniergelenke miteinander verbunden sind. Jedes Beinpaar ist durch seine Bewegungsweise und seine Struktur speziellen Aufgaben zugeordnet. Sie dienen nicht nur dem Laufen, sondern auch dem Einsammeln und dem Transport von Pollen sowie der Sauberhaltung des eigenen Körpers. Die Fußspitze ist mit Krallen und einem Haftlappen ausgestattet, wodurch sich die Bienen am Untergrund – auch an glatten Flächen – festhalten können. An der Innenseite des vorderen Fersengliedes finden wir steife Haarbürsten, die zum Auskämmen von Pollen und Staub von Kopf, Augen und Mund benutzt werden. Die Brustsegmente werden im Wesentlichen durch steife Haarbüschel an den Mittelbeinen gereinigt. Für die Reinigung der Fühler benutzt die Biene eine eigene Putzscharte am Innenrand der Vorderbeine. Der Fühler wird zwischen der scharfen Kante der Putzscharte und einem darüberliegenden Dornenkamm durchgezogen; dabei sollen vor allem die Sinnesorgane der Fühler sauber gehalten werden.

Am hinteren Beinpaar finden wir den Pollensammelapparat. Er besteht aus Pollenkörbchen, Pollenbürste, Pollenkamm und Pollenschieber. Dadurch wird es möglich, Pollen aber auch Propolis zu sammeln und diese Stoffe in das Bienenvolk zu transportieren. Das Sammeln von Pollen läuft wie folgt ab: Zunächst wird der Blütenstaub mit Vorder- und Mittelbeinen aus dem Haarkleid der Bauchseite abgebürstet, wo er beim Blütenbesuch kleben bleibt. Die Biene fliegt dann auf und reibt die Innenseiten der linken und rechten Hinterbeine so gegeneinander, dass der Pollenkamm den Pollen aus der Bürs-

**Vorderbein**

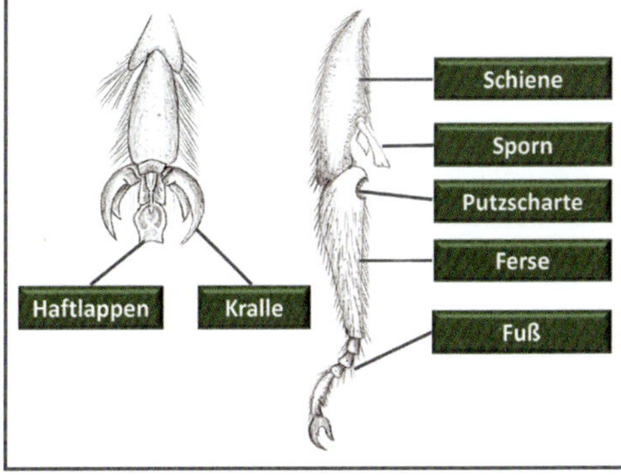

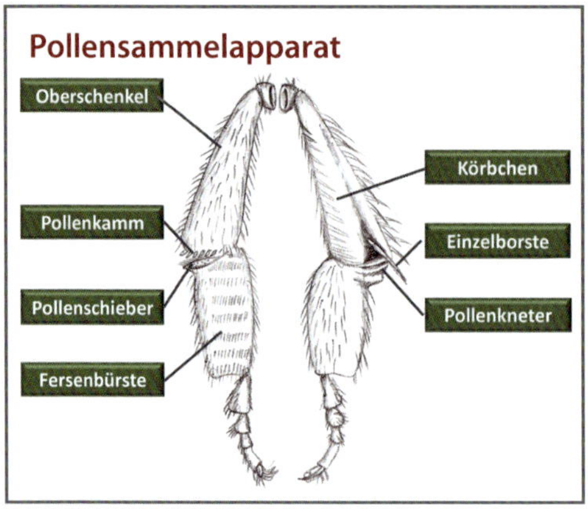


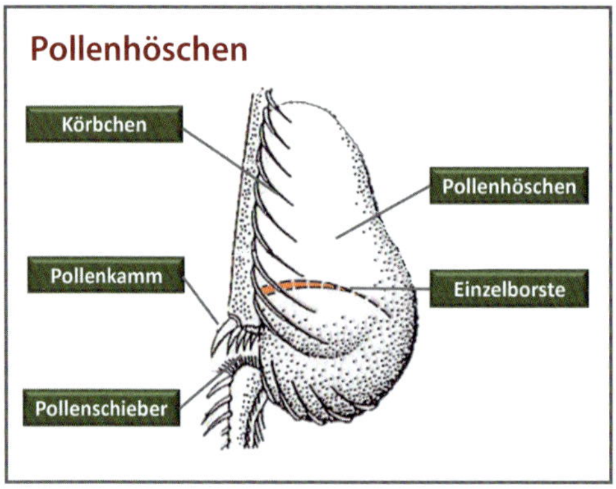


Quelle: Schweizer Bienenvater

te des gegenüberliegenden Beines auskämmt. Gleichzeitig wird dabei der Pollen mit etwas Honig aus der Mundöffnung vermischt, sodass er noch klebriger wird. Der Pollenkneter schiebt nun stufenweise durch viele Wiederholungen den Pollen in die Körbchen, in denen dann der Blütenstaub in den Stock transportiert wird. Auch Propolis, das zum Abdichten von Fugen dient und dessen Grundsubstanz mit den Mandibeln von Baumknospen abgenagt wird, wird in diesen Körbchen in den Stock gebracht. Mit den steifen Borsten an der Unterkante des Fersengliedes des Hinterbeines werden die Wachsplättchen von den Wachsspiegeln abgenommen und den Mandibeln zugeführt. Hier werden sie dann für den Wabenbau entsprechend verarbeitet.

Königin und Drohn besitzen keinen Pollensammelapparat. Die Putzscharte ist aber auch bei ihnen deutlich ausgebildet.

## Flügel

Die Biene besitzt je zwei große Vorder- und zwei kleinere Hinterflügel. Der Vorderflügel ist wesentlich größer und sitzt am zweiten Brustsegment. Der kleinere Hinterflügel befindet sich am dritten Brustsegment. Die häutigen Flügel werden durch die Flügeladern gestützt, in denen sich eine Tracheenröhre, eine Nervenfaser und auch Blutlymphen befinden. Die Flügeladern unterteilen den Flügel in Felder (Zellen). Die Cubitalzelle III dient als wichtiges Unterscheidungsmerkmal der Bienenrassen, womit man die Reinrassigkeit eindeutig feststellen kann. Bei der Körung wird der Cubitalindex ermittelt, der sich aus dem Verhältnis der Strecken A und B ergibt.

Um eine möglichst große und einheitliche Flügelfläche zu erreichen, sind beim Flug Vorder- und Hinterflügel durch eine Häckchenreihe miteinander verzahnt. Den Flugmotor bilden sehr kräftige Flügelmuskeln, die aber nicht direkt an den Flügelwurzeln ansetzen, sondern

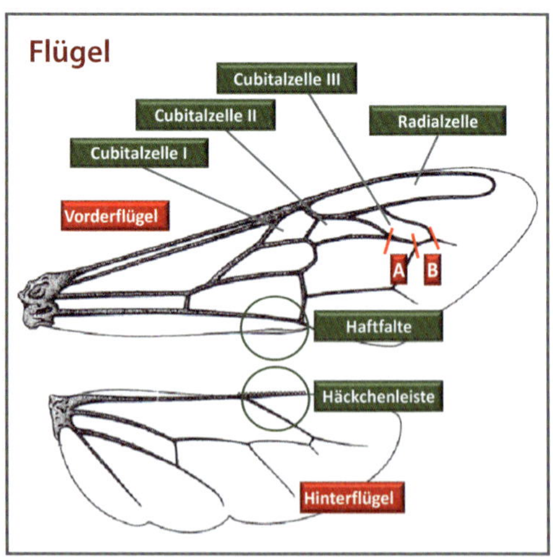

indirekte Flugmuskeln darstellen, da sie die Chitinplatten der Brust auf und ab sowie vor- und rückwärts bewegen. Durch eine komplizierte Gelenkbildung der Flügel mit der Brust wird die Flugbewegung gesteuert. Dabei sollten wir uns bewusst machen, dass nicht nur eine Auf- und Abbewegung der Flügel mit etwa 150 Flügelschlägen pro Sekunde möglich ist, sondern durch Rotation der Flügelspitzen während des Auf- und Abschlages erst die Vorwärtsbewegung bewirkt wird. Dazu kommen noch Wendemanöver, kompensatorische Flugbewegungen bei Seitenwind, Steuerungen beim Starten und beim Landen. Bei Windstille erreicht eine Sammelbiene eine Fluggeschwindigkeit von etwa 22 bis 29 km/h.

Große Bedeutung haben die Flügel auch für die Regulierung des Stockklimas. Durch das Fächeln wird die Stockluft umgewälzt und erneuert. Diese Tätigkeit trägt wesentlich zur Regulation der Temperatur, der Luftfeuchtigkeit und des $CO_2$-Gehaltes im Bienenstock bei.

## Innere Organe

Der Hinterleib der Biene besteht aus zehn Segmenten, wovon nur sechs deutlich sichtbar sind. Er beherbergt als der größte Körperabschnitt sämtliche Verdauungsorgane, die Exkretionsorgane, das Atmungssystem, das Herz, die Geschlechtsorgane, außerdem die Wachsdrüsen, den Stachelapparat und die Sterzeldrüse, die so genannte Nassanoffsche Drüse.

## Verdauungsorgane

Die Nahrung der Bienen besteht hauptsächlich aus Nektar bzw. Honigtau, Pollen und Wasser. Die Verdauungsorgane haben die Aufgabe, die mit der Nahrung aufgenommenen Nährstoffe in eine für den Körper resorbierbare (aufnehmbare) Form zu verwandeln sowie Stoffwechselprodukte aus dem Körper auszuscheiden.

Der **Darmkanal** der Biene gliedert sich in drei Abschnitte: Vorderdarm, Mitteldarm und Hinterdarm.

Der **Vorderdarm** besteht aus dem Schlund, der Speiseröhre und der Honigblase mit dem Ventiltrichter. Die Aufgaben des Vorderdarms sind die Nahrungsaufnahme, die Speicherung, die teilweise Verdauung und der Weitertransport in den Mitteldarm. Die Honigblase ist eine drüsenlose Erweiterung der Speiseröhre, welche etwa

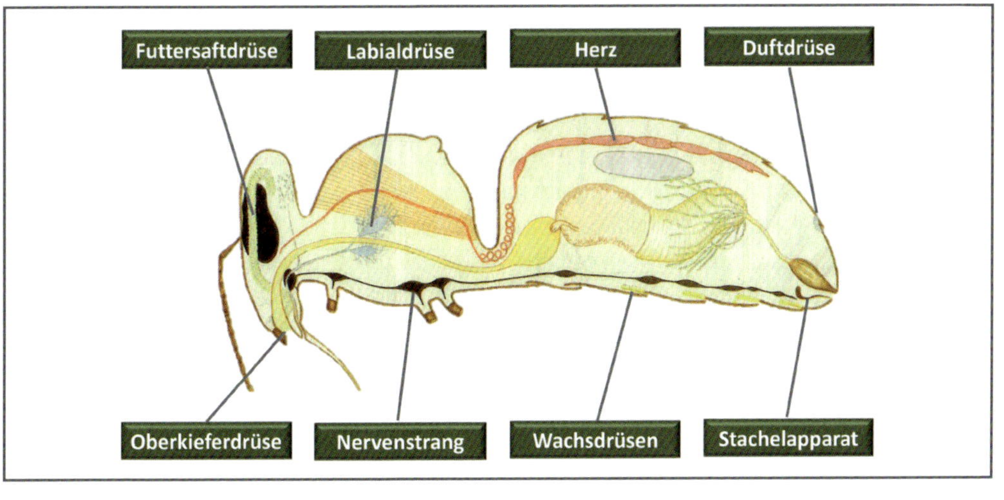

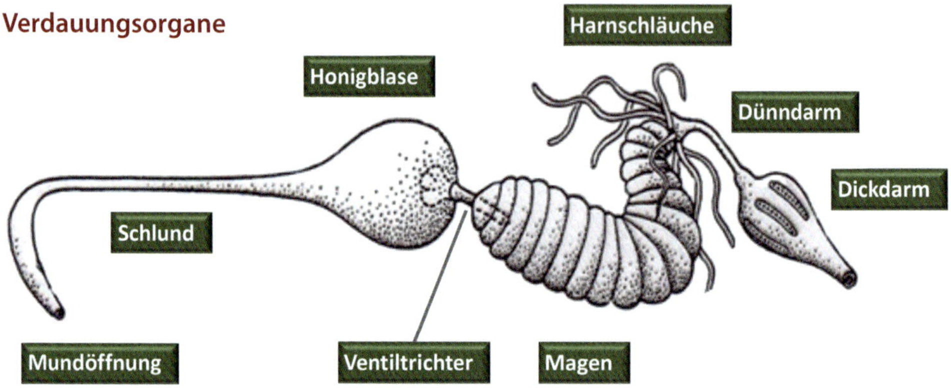


40 bis 70 mg Nektar aufnehmen kann. Die Größe der Honigblase hängt von der Bienengröße und diese wieder von der Zellgröße (Bauerneuerung) ab. So kann die täglich eingetragene Nektarmenge durch zu alten Wabenbau wesentlich beeinträchtigt werden. Da die Honigblase keine Drüsen besitzt, findet in ihr keine Verdauung des Nektars statt. Die Honigblase ist also ein reines Transportorgan. Gegen die Speiseröhre ist die Honigblase offen, gegen den Mitteldarm ist sie durch den Ventiltrichter geschlossen. Der Ventiltrichter ist ein kugelförmiges Gebilde, das aus vier beweglichen Klappen besteht.

Ist der Ventiltrichter geschlossen, können geringe Mengen Nektar in den Mitteldarm durchfiltriert werden.

Eine Vermengung des Honigblaseninhaltes mit dem Mitteldarminhalt wird jedoch verhindert. Pollenkörner können nur bei geöffnetem Ventiltrichter in den Mitteldarm eindringen.

Der **Mitteldarm** ist der Magen der Biene und dient dem Aufschluss von Eiweiß und Kohlenhydraten. Er ist von Luftschläuchen umgeben und wird intensiv mit Blut umspült. Von den insgesamt fünf Schichten der Mitteldarmwand sind vor allem die Drüsen, die Schleimhaut (Bildung der Verdauungssäfte) und die peritrophische Membran (Schutz der Drüsenschleimhaut) von Bedeutung. Durch die chemische Umwandlung der Nährstoffe können diese die Darmwand passieren, um ins Blut zu gelangen. Mit dem Blut werden die Nährstoffe im ganzen Körper verteilt und den einzelnen Organen zugeführt. Durch den Befall mit Nosemaerregern kann die Drüsenschleimhaut so stark geschädigt werden, dass der Eiweiß-Stoffwechsel stark beeinträchtigt wird.

Der **Hinterdarm** besteht aus dem Pylorus (Abschluss zum Mitteldarm), dem Dünndarm und dem Enddarm (Kotblase). Die am Übergang vom Mitteldarm zum Dünndarm einmündenden malpighischen Gefäße bestehen aus etwa 100 dünnwandigen Schläuchen und haben die Aufgabe, aus dem Bienenblut Stoffwechselprodukte (vor allem Harnsäure) herauszufiltrieren und dem Dünndarm zuzuführen. Amöben können die Harnorgane befallen und die Entgiftung des Körpers beeinträchtigen (Amöbenkrankheit). Der Enddarm dient der Aufnahme und Eindickung des Kots. Vor allem im Winter muss die dehnbare Kotblase große Mengen von unverdauten Nahrungsresten und Stoffwechselprodukten aufnehmen können. Die Entleerung der Kotblase erfolgt bei gesunden Bienen ausschließlich außerhalb des Stockes.

## Blutkreislauf

In der Zusammensetzung des Blutes und der Funktion des Blutkreislaufes ergeben sich große Unterschiede zu den von den Wirbeltieren bekannten Verhältnissen.

Das Blut (Hämolymphe) der Bienen ist im Gegensatz zum roten Blut der Wirbeltiere farblos. Es enthält keine roten Blutkörperchen, da der Sauerstofftransport bei der Biene nicht über das Blut, sondern über ein spezielles Atmungssystem erfolgt. Das Blut der Biene dient dem Transport der Nährstoffe vom Verdauungsapparat zu den Organen sowie dem Abtransport der Stoffwechselendprodukte von den Organen zu den malpighischen Gefäßen. Um dieser Aufgabe gerecht zu werden, muss das Blut im Körper in Umlauf gebracht werden – man spricht vom Blutkreislauf.

Im Gegensatz zum geschlossenen Blutkreislauf der Wirbeltiere, bei dem das Blut in Arterien und Venen durch den Körper zirkuliert, hat die Biene einen offenen Blutkreislauf. Die Blutkreislauforgane der Biene bestehen aus dem Herz, den Herzschlingen und der Schlagader. Das Herz befindet sich an der Rückenseite des Hinterleibes über dem oberen Zwerchfell und besteht aus fünf Kammern. Das Blut gelangt über Klappventile zwischen den einzelnen Kammern in das Herz. In raschen, vom geschlossenen Ende nach vorne fortgesetzten Pulsschlägen gelangt das Blut über die Herzschlingen und die Schlagader in den Kopf. Dort tritt das Blut aus der Öffnung der Schlagader und fließt frei im Körper in den Hinterleib zurück, wobei es alle Gewebe und Organe umspült. Die Zirkulation des Blutes erfolgt durch die Saugwirkung des Herzens.

## Atmungsorgane

Die Aufgabe der Atmungsorgane besteht in der Versorgung des Körpers mit Sauerstoff sowie in der Entsorgung von Kohlendioxid ($CO_2$).

**Blutkreislauf**

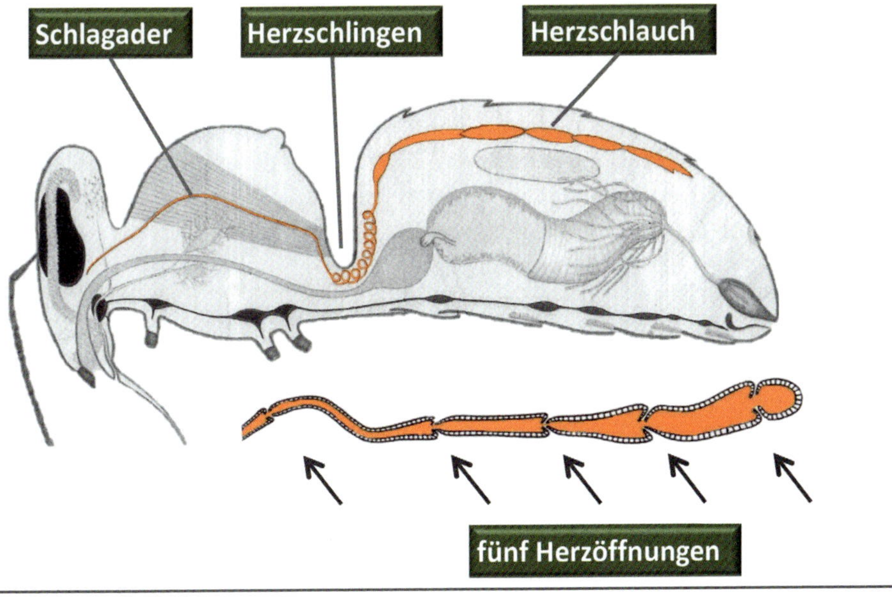

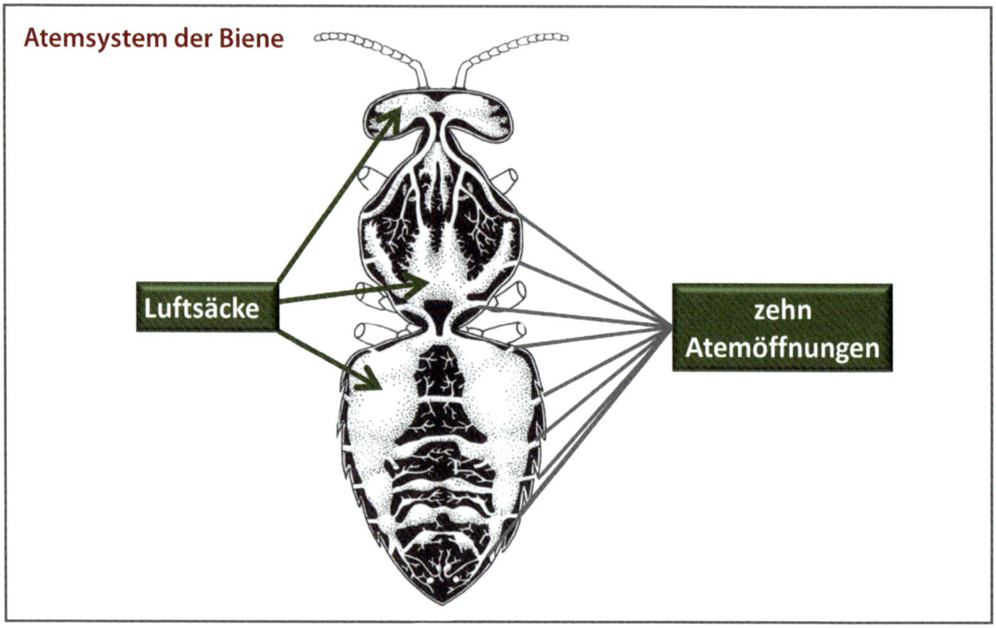


Die Bienen haben keine Lungen; an deren Stelle haben sie in den Körperhöhlen am Kopf, in der Brust und am Hinterleib große Luftsäcke, von denen ein weitverzweigtes Röhrensystem, die so genannten Tracheen, abgeht. Diese Verzweigungen enden in feinsten Röhrchen, den so genannten Tracheolen, die bis in die Gewebszellen eindringen und dort den Gasaustausch, d. h. die Abgabe von Sauerstoff, vollziehen. Die Luft wird durch die Atemöffnungen (Stigmen) von außen zunächst in die Luftsäcke gesaugt. Durch intensive Atembewegungen, die an dem „Pumpen" des Hinterleibes zu erkennen sind, wird die Luft bis in die Tracheolen gepresst. Insgesamt besitzt die erwachsene Biene drei Stigmenpaare an der Brust und sieben Paare am Hinterleib. Durch einen eigenen Schließmechanismus oder einen dichten Haarkranz sind die Stigmenöffnungen gegen Verstopfung durch Staub usw. geschützt. Die beiden Stigmen des ersten Brustsegmentes sind auffallend groß; das macht sich die Tracheenmilbe (*Acarapis woodi*) zunutze, indem sie hier eindringt und sich in dem großen Tracheenstamm der Brust ansiedelt. Die Tracheolen sind an ihren Enden mit Flüssigkeit gefüllt, wodurch die Sauerstoffabgabe erleichtert wird. Das Kohlendioxid wird nicht auf dem Rückweg über die Tracheolen zu den Tracheen abgegeben, es gelangt zunächst in das umgebende Blut, von dort durch Diffusion in die Tracheen, an die Hautoberfläche und in die malpighischen Gefäße.

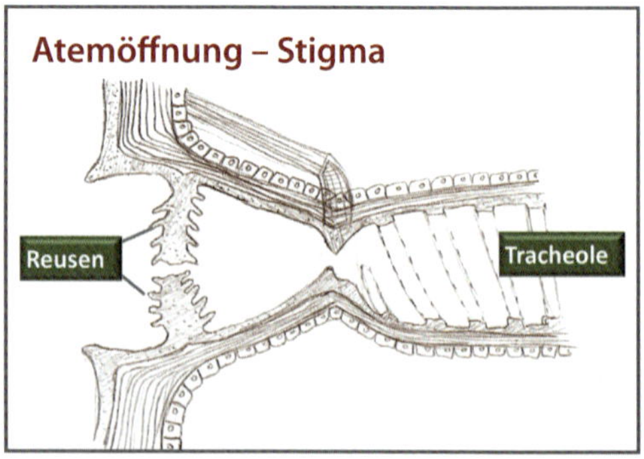

## Tracheolen

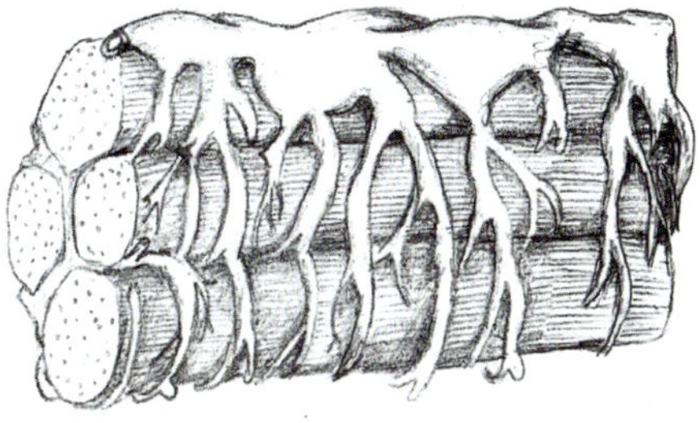

## Sauerstoffversorgung der Muskeln

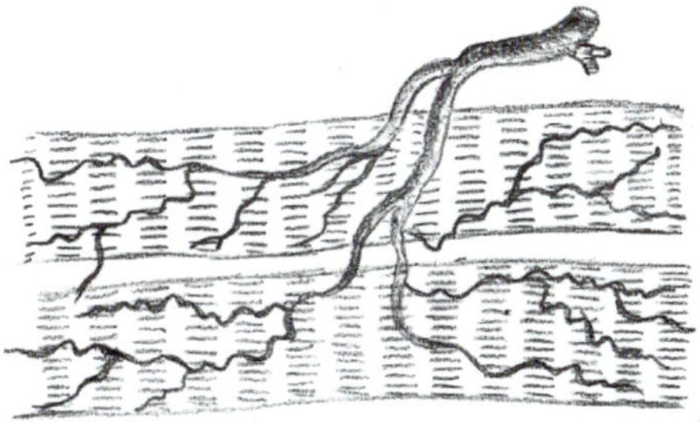

Die Luftsäcke dienen nicht nur als Gasspeicher für die abzweigenden Tracheen. Nur wenn sie prall gefüllt sind, ist eine Biene flugfähig, da sie stabilisierend für den Flug wirken. Wenn bei den überwinterten Bienen die prall gefüllte Kotblase die Tracheenblase allzu sehr einengt, werden die Bienen flugunfähig.

## Stachelapparat

Der Stachelapparat ist ein hochkomplexes Instrument, das nur in seinen Hauptteilen beschrieben werden soll: Der eigentliche Stachel besteht aus einem Schaft, der an einem dicken Kolben ansetzt. Er besitzt zwei Stechborsten, die in einer Stachelrinne vor- und rückwärtsgleiten. Stachelrinne und Stechborsten umschließen den Giftkanal, in dem das Gift aus der Giftblase zur Stachelspitze gelangt. In der Giftblase wird das Gift, das von einer langen fadenförmigen Giftdrüse erzeugt wird, gespeichert. In den ersten Tagen nach dem Schlüpfen ist die Giftblase noch leer, sie füllt sich maximal bis zum 21. Lebenstag mit etwa 0,3 mg Gift. Zu dieser Zeit sind die Bienen als Wächter am Flugloch tätig. Bei älteren Bienen wird kein neues Gift mehr erzeugt. Neben der Giftdrüse hängen dem Stachelapparat noch eine alkalische oder die Dufour-Drüse, die Stachelscheidendrüse und die Stachelpolsterdrüse an. Deren Funktion ist noch nicht vollständig bekannt, jedoch weiß man mit Sicherheit, dass die Drüse des Stachelinnenpolsters Alarmwirkung hat: Wenn die Wächter am Flugloch gestört werden, dann alarmieren sie, ehe sie selbst stechen, ihre Stockinsassen, indem sie mit hochgerecktem Hinterleib das Stachelinnenpolster öffnen und als Alarmsignal den Duft dieser Drüse freigeben.

Es ist bekannt, dass in allen Fällen, wo die Biene den Menschen sticht, der Stachelapparat durch die Widerhaken der Stechborsten in der Haut hängenbleibt. Man soll den Stachel sofort mit dem Fingernagel von der Haut abkratzen; tut man das nicht, dann pumpt der Stachelapparat selbsttätig weiter und spritzt so immer mehr Gift in die Stechwunde. Der Stechapparat

## Stachelapparat

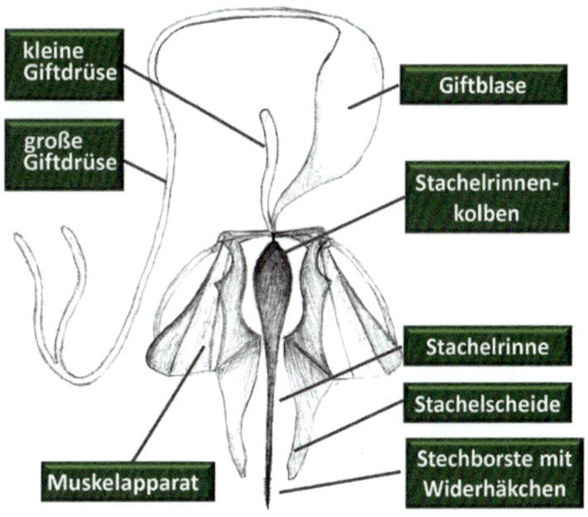

der Biene ist nämlich mit einem eigenständigen Nervenknoten verbunden, der die Tätigkeit der Stechborsten stundenlang weiter steuern kann.

## Nervensystem

Das Nervensystem dient der Koordination der Lebensvorgänge im Körper. Von den Sinnesorganen an der Körperoberfläche leiten Empfindungsnerven die Reize an das Zentralnervensystem, von wo aus Bewegungsnerven Reize an die Muskeln und Organe übermitteln.

Das Zentralnervensystem besteht aus dem Gehirn (Oberschlund und Unterschlundganglion) und den Bauchganglien (fünf bei der Königin, vier beim Drohn und drei bei der Arbeiterin). Die am Bauch liegenden zwei Nervenstränge nennt man Bauchmark. Von den Nervenknoten des Bauchmarks führen reichverzweigte Nervenbahnen zu den Muskeln der Verdauungs-, Bewegungs- und Kreislauforgane und zu den Drüsen.

## Fett-Eiweiß-Körper

Eine wichtige Aufgabe im Stoffwechsel der Bienen fällt dem so genannten Fett-Eiweiß-Körper zu. Überall in den Körperhöhlen findet man ein feines weißes Gewebe, bestehend aus den so genannten Fettzellen, die aber gleichzeitig Eiweiß und Glykogen enthalten. Besonders bei der Larve ist der Fettkörper mächtig entwickelt. Er dient als Reservespeicher für das Wachstum und die Verpuppung. Bei der erwachsenen Biene liegt der Fettkörper auf den Wachsdrüsen auf. Er liefert beim Ausschwitzen der Wachsschuppen die Grundstoffe. Zwischen den Fettzellen des Fett-Eiweiß-Körpers sind weinfarbige Zellen, die so genannten Oenozyten, eingeschlossen. Forschungen weisen darauf hin, dass sie eine wichtige hormonsteuernde Aufgabe haben. Die im Fett-Eiweiß-Körper eingelagerten Reservestoffe dienen den Winterbienen nicht nur zur Deckung des eigenen Eiweiß- und Fettbedarfs während der Winterruhe, sondern sind das Energiereservoir zur Ernährung der jungen Brut nach der Winterruhe. Das Speichervermögen und damit die Langlebigkeit der Winterbienen hängt von ihrer Nährstoffversorgung im Madenstadium ab. Schlecht ernährte und gepflegte Brut im September ergibt kurzlebige Winterbienen und damit verbunden auch schlecht ernährte Jungbienen im Frühling.

## Drüsensystem

Das Drüsensystem der Biene dient bis auf wenige Ausnahmen dem Zusammenhalt des Bienenvolkes als soziale Einheit. Alle Lebensvorgänge im Bienenvolk werden chemisch (über Drüsensekre-

**Fett-Eiweiß-Körper**

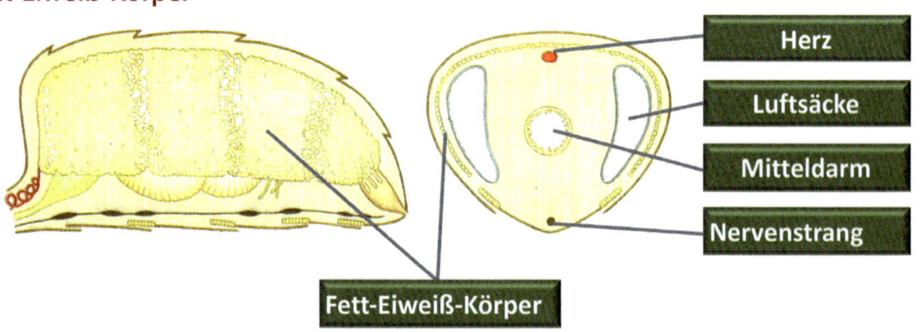

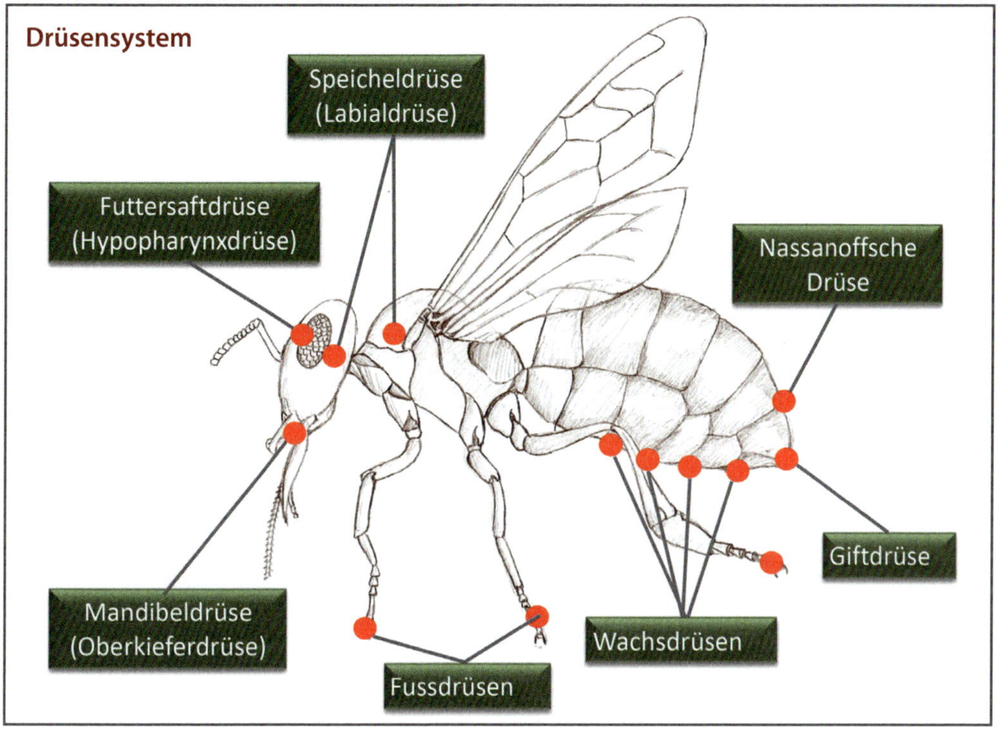


te) gesteuert. Die Drüsenzellen stammen in der Regel von Hautzellen ab. Das gebildete Sekret wird entweder in den Körper oder nach außen abgesondert. Die optimale Ernährung der Bienen ist Voraussetzung für das störungsfreie Funktionieren des Drüsensystems. Nährstoffmangel führt zur Rückbildung von Drüsengewebe und damit zu Störungen im sozialen Verhalten. Solche gestörten Völker sind verstärkt krankheitsanfällig und bringen nicht die erwartete Leistung. In der Folge soll ein Überblick über die wichtigsten Drüsen der Honigbiene gegeben werden.

## Mandibeldrüse (Oberkieferdrüse)

Die paarige Oberkieferdrüse liegt unter der Oberlippe zwischen den beiden Oberkiefermuskeln und mündet an der Innenseite des Oberkiefers. Die Königin und die Arbeiterinnen besitzen eine Oberkieferdrüse. Bei der Königin ist sie besser ausgebildet als bei der Arbeiterin und dient der Produktion der Königinnensubstanz (Pheromone I und II). Die Oberkieferdrüse der Arbeiterin erzeugt ein Lösungsmittel, das der Verarbeitung von Kittharz, Wachs und Pollen dient.

## Futtersaftdrüsen (Hypopharynxdrüse)

Die paarige Futtersaftdrüse liegt zwischen Stirn und Gehirn und mündet seitlich der Schlundplatte. Die Futtersaftdrüse der Königin ist verkümmert. Bei der Arbeiterin ist die Futtersaftdrüse zwischen dem 6. und 12. Lebenstag am besten entwickelt. Zu dieser Zeit ist die Biene als Ammenbiene tätig. Die danach zurückgebildete Drüse kann bei Bedarf (Mangel an Ammenbienen) reaktiviert werden. Bei älteren Bienen scheidet sie verstärkt Fermente (Invertase, Diastase) aus.

## Speicheldrüsen (Kopf- und Brustspeicheldrüse)

Die Kopf- und Brustspeicheldrüse haben einen gemeinsamen Ausführungsgang und münden im Bereich der Zungenbasis. Die Speicheldrüsen finden sich bei allen drei Bienenwesen und sind umgewandelte Spinndrüsen der Made.

Die Kopfspeicheldrüse scheidet ein Sekret aus, welches beim Wabenbau mit dem Wachs vermengt wird. Am aktivsten ist die Kopfspeicheldrüse zwischen dem 12. und 28. Lebenstag.

Das Sekret der Brustspeicheldrüse dient der Auflösung von kandiertem Honig und Zucker sowie der Bespeichelung von Brutzellen. Die Hauptsekretion erfolgt zwischen dem 8. und 12. Lebenstag.

## Fußdrüsen

Die Fußdrüsen befinden sich im letzten Fußglied und scheiden das Fußabdruckpheromon aus. Gemeinsam mit dem Duftstoff aus der Nassanoffdrüse werden Nektarquellen und Fluglöcher gekennzeichnet.

## Rektaldrüsen

Die sechs Rektaldrüsen liegen an der Kotblasenwand. Sie regulieren den Wasser, Eisen, Chlor und Natriumgehalt im Bienenkörper. Weiters sind sie an der Regulation der Fettsynthese beteiligt. Über das von ihnen abgesonderte Katalaseferment hemmen sie den Fäulnisprozess des Kotblaseninhaltes.

## Nassanoffsche Drüse

Die Duftdrüse der Arbeitsbiene befindet sich zwischen den beiden letzten Rückenschuppen. Die Nassanoffsche Drüse sondert ein Duftsekret ab, das der Markierung dient. Der Duft wird beim so genannten „Sterzeln" verströmt. Bei der charakteristischen Sterzelstellung wird der Hinterleib hoch aufgerichtet und die Duftdrüse entblößt. Gleichzeitig fächelt die Biene mit den Flügeln. Dieses Verhalten beobachtet man vor allem am Flugloch, aber auch auf der Schwarmtraube und bei ergiebigen Futterquellen. Der Duft der Nassanoffschen Drüse spielt zwar eine Rolle beim Stockgeruch, allerdings muss man bedenken, dass dabei auch eine Reihe anderer Gerüche (genetisch bedingter Geruch der Bienen, Gerüche anderer Drüsensekrete, Geruch von Wabenbau, Honig, Kittharz usw.) eine wesentliche Bedeutung haben.

## Wachsdrüsen

Die vier paarigen Wachsdrüsen befinden sich auf den Bauchschuppen der Hinterleibssegmente vier bis sechs. Die Biene sondert aus diesen Drüsen flüssiges Wachs ab, welches auf den so genannten Wachsspiegeln bei Kontakt mit der Luft erhärtet. Die optimale Funktion der Wachsdrüsen ist zwischen dem 13. und 18. Lebenstag gegeben. Unter besonderen Umständen (Schwarm) können die bei älteren Bienen zurückgebildeten Wachsdrüsen reaktiviert werden.

## Drüsen des Stachelapparates

Der Stachelapparat bei der Königin und Arbeiterin umfasst vier Drüsen: Giftdrüse, alkalische oder Dufourdrüse, Stachelscheidendrüse und Stachelkammerdrüse. Die Giftdrüse der Arbeiterin ist in den ersten Tagen leer und füllt sich bis zum 16. bis 21. Lebenstag mit maximal 0,3 mg Gift. Ab diesem Zeitpunkt bildet sich die Giftdrüse zurück. Bei älteren Bienen wird kein neues Gift mehr erzeugt. Die Giftdrüse der Königin ist größer als jene der Arbeiterin und degeneriert im ersten Lebensjahr. Mit zunehmendem Alter der Königin verhärtet der Inhalt der Giftblase. Die Aufgaben der Dufourdrüse und der Stachelscheidendrüse sind noch kaum erforscht.

## Geschlechtsorgane

### Die männlichen Geschlechtsorgane

Die Geschlechtsorgane der Drohnen weichen in ihrem äußerst komplizierten Bau stark von dem ab, was wir von den übrigen Insekten kennen. Ihre Funktion ist keineswegs schon vollkommen erforscht. Die drei Abschnitte, nämlich Hoden mit Schleimdrüsen, Spritzkanal und Begattungsschlauch, füllen fast zur Gänze den Hinterleib aus.

Im Hoden werden die Samenzellen (männliche Keimzellen) gebildet. Sie bestehen aus dem Spitzenstück, dem Kopf und dem Samenfaden (Geißel). Die Samenzelle ist rund 0,03 mm lang.

Bei der Paarung wird der Begattungsschlauch nach außen gestülpt, der Spritzkanal wird durch den ganzen Schlauch durchgezogen, sodass seine Öffnung nun an der Spitze des Schlauches nach außen mündet. Dadurch kann der Samen entleert und durch die Scheide der Königin in deren Eileiter gepresst werden. Von dort wandern die Samenzellen innerhalb von 24 Stunden selbsttätig durch den engen Kanal des Eileiters bis in die Samenblase (Spermateka). Der Begattungsschlauch reißt ab, was den Tod des Drohns zur Folge hat. Die Königin trägt ihn als „Begattungszeichen" noch kurze Zeit mit sich, wobei noch zwei bizarre Fortsätze, die „Hörnchen", und der erstarrte Schleim aus den Schleimdrüsen dieses Begattungszeichen kennzeichnen.

**Männliche Geschlechtsorgane**

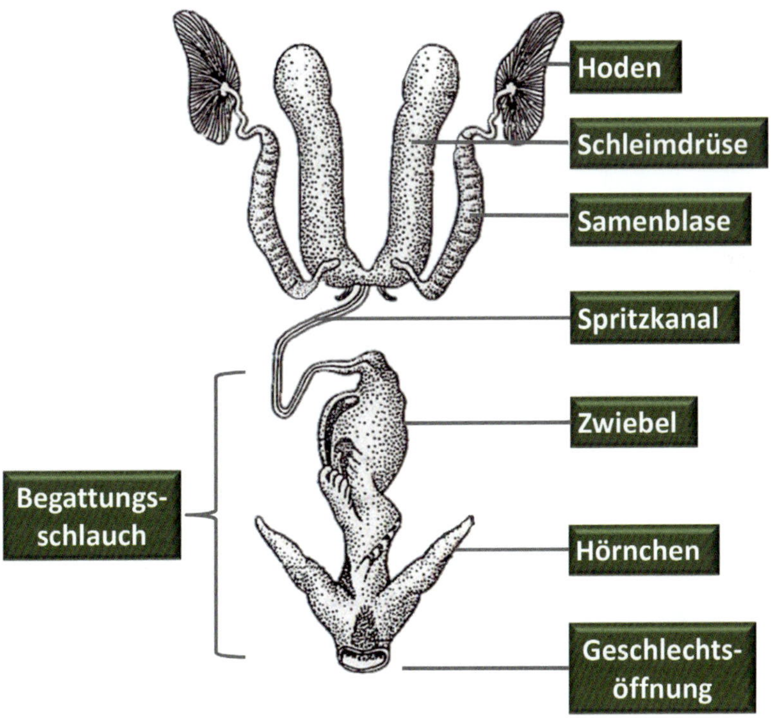

## Die weiblichen Geschlechtsorgane

Auch hier müssen wir eine Besonderheit gegenüber den anderen Insekten vermerken: Während bei den Weibchen sehr vieler Insekten eine Eilegeröhre für die Ablage der Eier vorhanden ist, ist dieses Organ bei der Bienenkönigin zu einem Stachel umgebildet, der einzig und allein zur Verteidigung gegen rivalisierende Königinnen verwendet wird. Die Eier werden in den paarigen Eierstöcken gebildet, die aus einzelnen Eiröhren (Eischläuche, Ovariolen) zusammengesetzt sind. Je nachdem, wie gut die Larve in der Weiselzelle gepflegt wurde, zählt man bis zu 200 Eiröhren je Eierstock. In den Eischläuchen reifen die Eizellen. Bei ihrer Wanderung von den Endfäden der Eischläuche zum Eierstockbecken wachsen die Eizellen, versorgt durch Nährzellen, heran. Ein reifes Ei ist 1,3 bis 1,8 mm lang und wiegt im Durchschnitt 0,132 mg. Die tägliche Eilegequote kann 1.500 bis 2.000 Eier betragen. Dies bedeutet eine große Stoffwechselbelastung für die Königin (2.000 Eier entsprechen etwa dem Körpergewicht der Königin).

An der Basis vereinigen sich die Ovariolen auf beiden Seiten zu je einem Eileiter (Ovidukt), die dann in einen zentralen Eileiter münden, der in der Vagina endet. Auf dem zentralen Eileiter liegt ein kugeliges Bläschen, die Samenblase, in die, wie oben erwähnt, die Samen nach der Begattung einwandern. Sie können dort bis zu sechs Jahre gespeichert und am Leben erhalten bleiben – eine erstaunliche Leistung, wenn man bedenkt, dass es sich hier um fremde Zellen aus einem anderen Organismus handelt! Die reichliche Versorgung mit Sauerstoff und Zugabe besonderer Nährstoffe ermöglichen diese lange Lebenszeit.

**Weibliche Geschlechtsorgane**

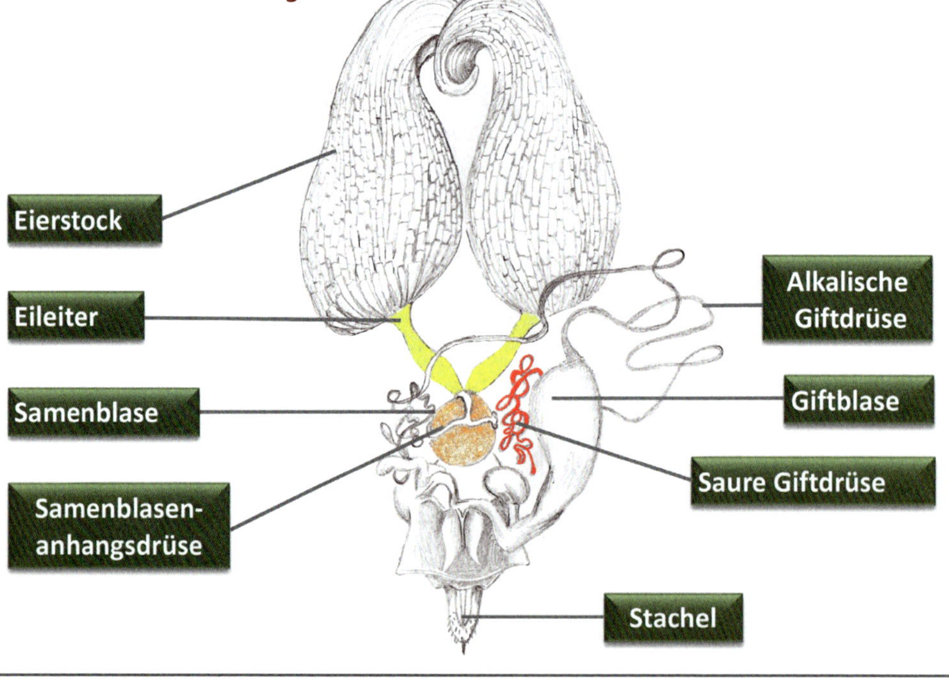

Während der Eiablage muss die Königin entscheiden, ob sie männliche oder weibliche Nachkommen zeugen will. In dem Augenblick, wo das Ei an der Samenblase, die mit einem engen Gang mit dem Eileiter verbunden ist, vorbeigleitet, kann die Königin einige Samen aus der Samenblase ausdrücken, oder sie lässt den Samenblasengang durch einen Muskelring verschlossen; dann wird ein unbefruchtetes Ei abgelegt; aus ihm entwickeln sich Drohnen, aus den besamten Eiern weibliche Larven. Keineswegs ist es aber so, dass die Königin nun ganz willkürlich Männchen- oder Weibcheneier ablegen darf. Darüber entscheiden die Baubienen, die entweder Drohnenzellen oder Arbeiterinnenzellen vorbereiten. Dies würde also heißen, dass die Baubienen darüber entscheiden, wie viele Drohnenzellen und wie viele Arbeiterinnenzellen für die Nachzucht vorbereitet werden sollen. Eine voll begattete Königin kann bis zu sieben Millionen Samenzellen in der Samenblase speichern. Da ein Drohn über etwa elf Millionen Samenzellen verfügt, nimmt man an, dass nur ca. 10 % des Samens eines Drohns bei der Begattung in die Samenblase gelangt. Die Begattung der Königin erfolgt durch mindestens 8 bis 10 Drohnen. Ist eine Königin mangelhaft begattet, so stellt sie die Eiablage oft schon nach einigen Monaten wieder ein.

## Das Bienenvolk

Das Bienenvolk stellt die weitestgehende Spezialisierung von Einzelindividuen dar, die wir kennen. Die Arbeitsteilung der drei Bienenwesen ist so ausgeprägt, dass ein Überleben als Einzeltier für keines der drei Bienenwesen über längere Zeit möglich ist. Man kann das Bienenvolk durchaus mit einem Organismus vergleichen, dessen Einzelteile allein nicht lebensfähig sind.

Mehrere Gewebe bilden ein Organ – mehrere Organe einen Organismus. Ähnlich ist es auch im Bienenstaat. Die Brutpflegebienen, Baubienen, Wächterbienen, Sammelbienen und viele andere sind vergleichbar mit Organen. Gemeinsam bilden sie den Organismus „Bienenstaat". Die Brutnesttemperatur beträgt im Bienenvolk 37 °C – Säugetiere weisen meist eine ähnliche Körpertemperatur auf.

Unsere Honigbiene bildet wie die Ameisen, die Hummeln, Wespen oder Hornissen einen Staat. Dies bedeutet, dass jedes Lebewesen in diesem Staat bestimmte Aufgaben zu erfüllen hat. Als Oberhaupt fungiert die Königin, die mit

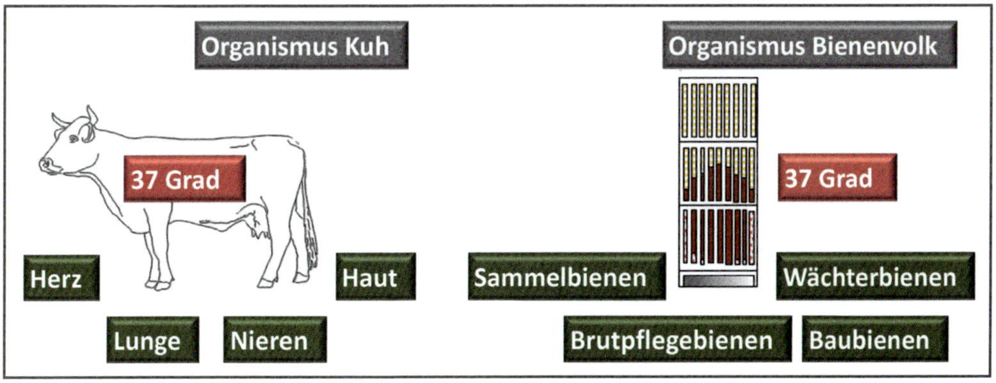

ihren Pheromonen das Geschehen im Bienenvolk steuert. Die Bienen sind nur in der Gemeinschaft lebensfähig, eine einzelne Biene könnte nicht lange existieren. Der Bienenstaat kann somit als ein einziger Organismus aufgefasst werden – der Imker nennt ihn „Bien". Der wichtigste Vorteil dieser Gemeinschaft ist die Funktions- und Arbeitsteilung. Die Aufteilung der Aufgaben basiert einerseits auf einer altersmäßigen Staffelung und der stufenweisen Ausbildung verschiedener Organe im Körper der Bienen (Futtersaftdrüsen, Wachsdrüsen).

## Nestordnung

Auf den Waben der Honigbienen finden wir im unteren Bereich eines Bienenvolkes das rundlich angelegte Brutnest. Der Honig wird als Vorrat oberhalb des Brutnestes angelegt. Der Blütenpollen, der ebenfalls zur Ernährung für die Bienen dient, wird seitlich des Brutnestes eingelagert. Mit der Kugelform des Brutnestes nutzen die Bienen den größten Rauminhalt bei kleinster Oberfläche. Mit geringstem Körperwärmeaufwand ist es so möglich, sich gegenseitig zu wärmen und so den Winter zu überstehen.

An das Brutnest schließen Pollenvorräte, offener Honig und verdeckelter Honig an. Das Brutnest wird so angelegt, dass von der Mitte der Wabe nach außen bestiftet wird. Die ältesten Brutstadien (verdeckelte Brut) befinden sich also im Zentrum, während die jüngsten Brutstadien (Eier und Larven) am Rande des Brutnestes nahe den Pollenvorräten zu finden sind. Diese Anordnung ermöglicht die optimale Ernährung der Larven. Bei einem Magazinstock in Kaltbaustellung liegt das Brutnest im Frühjahr nahe dem Flugloch. Die Vorräte befinden sich oben und hinter dem Brutnest. Wesentlich für die Brutentwicklung ist, dass die natürliche Nestordnung (Brut – Pollen – offenes Futter – verdeckeltes Futter) nicht gestört wird. Bei der Beurteilung eines intakten Bienenvolkes ist auch die Anzahl der Bienen von Bedeutung. In einem Bienenvolk, in dem sich alle sozialen Beziehungen optimal gestalten, müssen sowohl Arbeitsbienen und Drohnen in einem bestimmten Verhältnis als auch alle Altersklassen von Arbeiterinnen in entsprechender Anzahl vorhanden sein. Dazu ist es notwendig, dass sich ein Bienenvolk im Jahresablauf ungehemmt entwickeln kann. Entsprechende Nährstoffversorgung und ein geeignetes Platzangebot sind dafür wesentliche Voraussetzungen. Solch ein intaktes Bienenvolk muss zum Entwicklungshöhepunkt eine Volksstärke von 60.000 Bienen erreichen. Wird diese

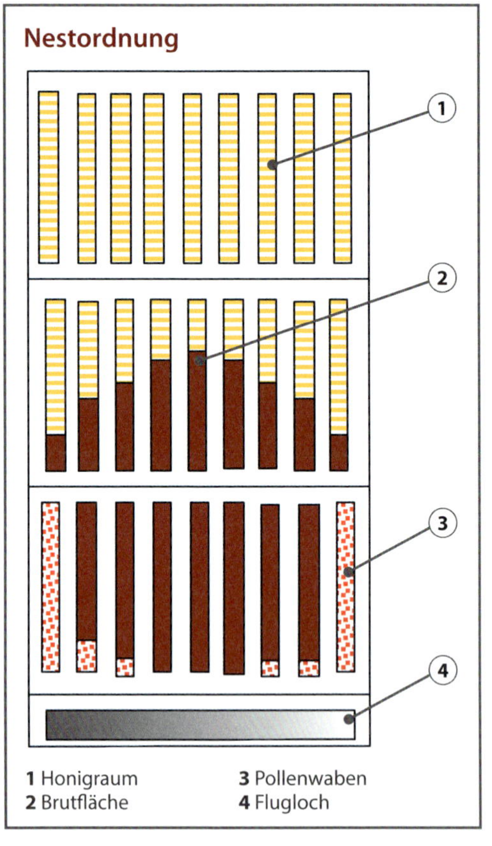

Volksstärke nicht erreicht, so kann mit großer Wahrscheinlichkeit eine gestörte Entwicklung angenommen werden. Neben den ca. 60.000 Arbeiterinnen und der Königin befinden sich im Bienenvolk noch etwa 2.000 Drohnen. Der Anteil der Drohnen ist für das soziale Gefüge wichtig.

## Wabenbau

Als eines der wenigen Lebewesen kann die Biene ihre „Behausung" (Wabenbau) aus körpereigenem Stoff, dem Bienenwachs, herstellen. Bienenwachs wird von den Bienen in den Wachsdrüsen im Hinterleib produziert. Bienenwachs besteht aus über 300 verschiedenen Inhaltsstoffen, wobei Fettsäuren den größten Anteil einnehmen.

Das **Bienenwachs** – der Baustoff für die Errichtung des Wabenbaues – wird von der Biene in eigenen Wachsdrüsen synthetisiert. Bei den in der Natur vorkommenden Wachsen unterscheidet man mineralische, tierische und pflanzliche Wachse. Alle Wachse sind Ester aus Fettsäuren und Alkohol, wobei die Konsistenz des Wachses von den Ausgangsprodukten abhängt. Reines Bienenwachs zeichnet sich durch die typische Farbe und den typischen Geruch aus. Wachsverfälschungen können anhand des

*Biene, die gerade Bienenwachs ausschwitzt*

Schmelzpunktes leicht nachgewiesen werden. Die Wachserzeugung lässt sich durch großzügige Bauerneuerung wesentlich steigern. Eine Beeinträchtigung der Honigleistung durch die Wachserzeugung ist bei Mittelwandgabe nicht zu befürchten, da pro $dm^2$ nur etwa 2,5 g Eigenwachs benötigt werden.

Der Wabenbau der Honigbiene besteht aus der Mittelwand und den beidseitig ausgebauten sechseckigen Zellen. Diese Bauweise gewährleistet größtmögliches Fassungsvermögen bei minimalem Materialaufwand. Die Waben der Honigbiene stehen senkrecht, wobei die Zellen in einem Winkel von 4 bis 5° nach oben geneigt sind, um die Tragfähigkeit zu erhöhen. Ist die Mittelwand ausgebaut, aber noch nie bebrütet worden, so spricht man von einer **Jungfernwabe**.

Die Wabenzellen dienen als Brutzellen, als Nahrungsspeicher für Honig und Pollenvorräte und als Träger der Wintertraube. Außerdem erleichtert der Wabenbau mit seinen luftgefüllten

Zellen die Temperaturregulierung im Bienenstock.

Im Wabenbau unterscheiden wir drei Arten von Zellen:

- **Arbeiterinnenzellen** dienen der Aufzucht von Arbeitsbienen sowie der Lagerung von Honig und Pollenvorräten. Die Arbeiterinnenzelle misst im Durchmesser 5,37 mm, die Tiefe der Zelle beträgt etwa 12 mm. Die Arbeiterinnenbrutwabe ist durchschnittlich 25 mm stark. Der Abstand von Mittelwand zu Mittelwand beträgt 35 mm.
- **Drohnenzellen** haben einen Durchmesser von 6,91 mm und eine Tiefe von 16 mm. Da die Stärke der Drohnenwabe 30 mm und mehr beträgt, werden die benachbarten Waben oft bis auf den Zellgrund abgetragen, um die Bewegung der Bienen in den Wabengassen nicht zu behindern.
- **Weiselzellen** dienen der Aufzucht von Königinnen und sind deshalb nicht immer vorhanden. Sie befinden sich entweder am Rand der Wabe (Schwarmzellen) oder in der Wabenmitte (Umweislungszellen). Weiselzellen haben einen Durchmesser von 10 mm und eine Länge von 25 mm.

Arbeiterinnen und Drohnenzellen werden von den Bienen wiederholt bebrütet. Mit jeder neuerlichen Bebrütung wird der Zelldurchmesser und die Zelltiefe geringer, da der Puppenkokon in der Zelle zurückbleibt. Abgesehen davon, dass die Kokonrückstände und der in der Zelle zurückbleibende Larvenkot als Brutstätte für Krankheitserreger dienen, vermindert sich die Größe der Bienen. Außerdem verkleinert sich der Wabenabstand, wodurch die Bewegungsfähigkeit der Pflegebienen eingeschränkt wird. Versuche haben ergeben, dass bei etwa 40-maliger

*Drohnenzellen – Arbeiterinnenzellen*

Bebrütung einer Wabe das Bienengewicht von durchschnittlich 125 mg auf 107 mg sinkt. Infolge der oftmaligen Bebrütung nimmt der Zelldurchmesser, das Puppengewicht, die Rüsselreichweite und vor allem der Honigblaseninhalt ab.

Verminderung charakteristischer Maße nach 42-maliger Verwendung einer Brutzelle:

- Zelldurchmesser ............... Abnahme um 8,6 %
- Puppengewicht ............... Abnahme um 16,9 %
- Rüsselreichweite ............... Abnahme um 2,3 %
- Honigblaseninhalt ........... Abnahme um 26,7 %

Die Verringerung des Honigblaseninhaltes um 26,7 % entspricht einem Minderertrag von 15 bis 20 dag Honig bei einmaligem Sammelflug von 20.000 Trachtbienen.

**Vor allem im Hinblick auf die Erzeugung leistungsfähiger Bienen und aus hygienischen Gründen kommt der Erneuerung des Wabenbaues große Bedeutung zu. Als Grundsatz gilt, dass ein Drittel aller Waben jährlich erneuert werden soll.**

*Naturbau*

Wenn dem Volk keine vorgefertigten Mittelwände gegeben werden, bauen die Bienen ebenfalls regelmäßige Waben (Naturbau). Zur Errichtung des Naturbaues muss von den Bienen ausschließlich selbsterzeugtes Wachs verwendet werden. Der Bau der Waben erfolgt in der so genannten Bautraube. Die Temperatur beträgt 35 °C. Die beste Bautätigkeit ist bei Außentemperaturen von 25 bis 30 °C gegeben. In der Bautraube hängen die Bienen aneinander. Ein Teil der Bienen produziert die Wachsplättchen, welche mit den Fersenbürsten der Hinterbeine abgenommen werden.

Die weitergereichten Wachsplättchen werden mit Sekreten der Speicheldrüse und der Oberkieferdrüse versetzt und an die Wabe geheftet. In der Praxis kommt es nur beim Drohnenrahmen zum Naturbau. Alle übrigen Waben werden im so genannten Kunstwabenbau errichtet.

Das Errichten des Naturbaues kann man am besten bei einem Schwarm beobachten, dem keine Mittelwände gegeben wurden. Der Schwarm beginnt den Wabenbau mit der Zentralwabe, wobei die Form anfangs der Gestalt der Schwarmtraube angepasst wird. So ist die Zentralwabe am längsten und die restlichen Waben werden nach außen hin immer kürzer.

Der Bau der Waben ist sozial organisiert und erfordert die genaue Koordination und Integration der einzelnen Bienen. Diese Arbeit ist nur dann möglich, wenn die entsprechenden komplexen Steuerungsmechanismen intakt sind. Auslösefaktoren für den Wabenbau sind die Gegenwart der Königin (Königinnensubstanz), gesteigerter Bruteinschlag und damit Platzmangel sowie viele schlüpfende Jungbienen. Ein weiterer wichtiger Auslösefaktor sind die Jahreszeit, die klimatischen Bedingungen und die Tracht (der Bautrieb erwacht zur Kirschblüte).

Im Kunstwabenbau werden Mittelwände mit der Prägung von Arbeiterinnenzellen verwendet. Durch die Zugabe von Mittelwänden wird der Wabenbau für die Bienen erleichtert, da mit dem Wachs der Mittelwand schon der Großteil des für die Errichtung der Waben notwendigen Materials zur Verfügung gestellt wird.

**Kittharz** (Propolis) ist eine harzartige Absonderung von Pflanzen, die meist aus Knospenüberzügen gewonnen wird und mit Wachs, Drüsensekreten und Pollenbalsam versetzt ist. Die Zusammensetzung und die Farbe unterliegen je nach Pflanzenherkunft großen Schwankungen. Das von den Bienen gesammelte Material wird beim Eintragen mit dem Sekret der Oberkieferdrüse und der Kopfspeicheldrüse vermischt. Als Baustoff wird es überall dort eingesetzt, wo Zwischenräume bis zu 5 mm zu überbrücken sind. Alle Holz-, Metall- und Kunststoffteile, wie Rähmchen und Beuteninnenwände, werden mit Kittharz überzogen. Neben dem Abdichten des Bienenstockes dient Kittharz aufgrund seiner keimtötenden Wirkung der Krankheitsabwehr.

## Kleinklima im Bienenstock

**Das Kleinklima im Bienenstock stellt neben dem Nahrungsangebot eine wesentliche Lebensgrundlage der Bienen dar. Grundsätzlich ist nur das Bienenvolk und nicht die einzelne Biene in der Lage, das Kleinklima optimal zu gestalten. Die Tatsache, dass starke Völker dazu besser befähigt sind als schwache, darf nicht außer Acht gelassen werden. Für das Kleinklima sind die Temperatur, der $CO_2$-Gehalt und die Luftfeuchtigkeit entscheidend.**

Aufgrund eingehender Versuche hat man festgestellt, dass die bevorzugte Temperatur für Winterbienen 33 °C und für Sommerbienen 36 bis 37,5 °C beträgt. Die optimale Brutnesttemperatur beträgt 34,8 ± 0,1 °C. Die Grenztemperaturen betragen: 7 bis 9 °C (Regungslosigkeit), 4 bis 6 °C (Kältestarre). Das Ausfliegen der Bienen beobachtet man bei Temperaturen von über 10 °C. Die erträgliche Höchsttemperatur liegt bei ca. 45 °C. Die Temperatur im Zentrum der Wintertraube beträgt ca. 25 bis 30 °C, am Rande ca. 10 °C. Die Randbienen haben die Aufgabe, den Wärmeverlust durch enges Aneinanderliegen zu verringern. Bedingt durch die gute Wärmedämmung der Randbienen liegt die Temperatur an der Innenwand der Beute oft unter 0 °C. Während des Winters wird also nur die Wintertraube und nicht der Beuteninnenraum erwärmt. Die Isolierung der Beute hat während des Winters daher kaum Bedeutung.

Im Brutnest, vor allem im Bereich der Eier und der jungen Larven, muss die optimale Temperatur genau eingehalten werden, um eine gute Brutentwicklung zu gewährleisten. Bei verdeckelter Brut schaden Temperaturschwankungen kaum. Um die Temperaturverhältnisse im Brutnest nicht zu stören, ist jeder Eingriff in das Brutnest zu unterlassen.

Der $CO_2$-Gehalt der Luft im Bienenstock kann vor allem im Sommer erhöht sein. Wichtig für die Regulation ist die Größe und Lage des Flugloches. Da $CO_2$ schwerer ist als Luft, kann sich am Beuteboden der so genannte Kohlensäuresumpf bilden. Je größer das Flugloch ist, umso intensiver ist der Luftaustausch. Das Unterflugloch und der offene Gitterboden sind Voraussetzung für die optimale Luftzirkulation.

Die relative Luftfeuchtigkeit im Bienenstock soll zwischen 30 und 50 % betragen. Zu niedrige Luftfeuchtigkeit schadet der Brutentwicklung, während zu hoher Feuchtigkeitsgehalt zum Verschimmeln des Wabenbaues im Winter führt. Die

**Temperaturverteilung**

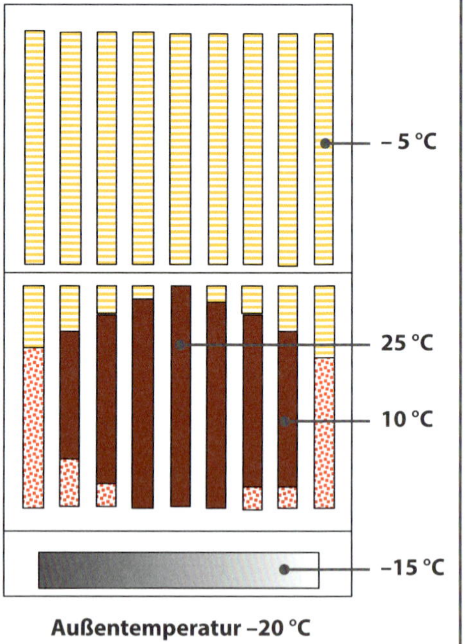

Kondenswasserbildung (Stocknässe) tritt im Frühjahr mit dem Einsetzen des Brutgeschäftes ein und lässt sich kaum verhindern. Es kann nur durch die Größe des Flugloches dafür gesorgt werden, dass am Flugloch der kälteste Punkt der Beute ist und der Wasserdampf vor allem dort kondensiert. Während des Sommers, vor allem bei Tracht, muss das Flugloch über die ganze Breite geöffnet sein, damit durch Luftumwälzung dem frisch eingetragenen Honig Wasser entzogen werden kann.

Die Regulation der Temperatur, der Luftfeuchtigkeit und des $CO_2$-Gehaltes erfolgt vor allem durch Luftzirkulation und Luftaustausch. Zu niedrige Temperaturen werden durch vermehrte Wärmeproduktion ausgeglichen. Auf zu hohe Temperaturen reagiert das Bienenvolk mit Lockerung der Bienendichte, Steigerung der Luftzirkulation und Intensivierung des Luftaustausches über das Flugloch bei gleichzeitiger Wasserverdampfung durch Wassereintragen, Fächeln und Rüsselschlagen.

Der $CO_2$-Gehalt kann nur durch gesteigerte Luftumwälzung und durch vermehrten Luftaustausch reguliert werden. Bei zu hoher relativer Luftfeuchtigkeit kann die Temperatur erhöht werden und ein stärkerer Luftaustausch über das Flugloch erfolgen. Bei zu niedriger Luftfeuchtigkeit wird Wasser eingetragen und verdampft. In der Praxis stehen alle Regulationsmechanismen des Bienenvolkes in komplexer Verbindung. Bei einem Eingriff in das Bienenvolk oder durch eine sonstige grobe Störung kommt es etwa zu folgendem vereinfacht dargestellten Ablauf: Auf Störungen reagiert das Bienenvolk mit Futteraufnahme; dies führt zu einer Erhöhung der Temperatur, wodurch es zu einem Absinken der Luftfeuchtigkeit kommt. Als Folge davon wird Wasser verdampft, um den zugehörigen Luftfeuchtigkeitsgrad herzustellen. Hat die Temperatur wieder normale Werte erreicht, ist die Luftfeuchtigkeit dafür zu hoch und die Bienen versuchen nun, den überschüssigen Wasserdampf durch vermehrten Luftaustausch über das Flugloch wieder zu entfernen. Bis wieder optimale Bedingungen hinsichtlich des Kleinklimas im Bienenstock herrschen, können bis zu vier Tage vergehen! Mit diesem Beispiel soll verdeutlicht werden, dass jede unnötige Störung des Bienenvolkes zu unterlassen ist.

*Bildung eines "Bienenbartes" durch hohe Stockinnentemperatur*

**In Bezug auf das Kleinklima im Bienenstock gelten für die Praxis folgende Grundsätze:**

- Richtige Standortwahl – möglichst warm, geringe Temperaturschwankungen
- Anpassung des Raumes an die Volksstärke
- Möglichst wenig Eingriffe im Jahresablauf
- Wahl der richtigen Fluglochgröße oder offener Gitterboden
- Kein Eingriff in das Brutnest – keine Waben umhängen
- Immer für entsprechende Futtervorräte sorgen

## Die drei Bienenwesen

Ein Bienenvolk besteht aus drei verschiedenartigen Einzelwesen. Sie sind verschieden in Entwicklungszeit, Körperform und Größe, aber auch in Funktion und Lebenserwartung.

### Die Königin (die Weisel)

Sie wird auch als Mutter des Bienenvolkes bezeichnet. Die Königin wird bis zu vier Jahre alt. In den Monaten Mai und Juni legt sie bis zu 2.000 Eier pro Tag ab. In den Wintermonaten Dezember und Jänner stellt sie die Eilegetätigkeit vollkommen ein.

Die Königin produziert Duftstoffe, auch Pheromone bezeichnet, welche das gesamte Zusammenleben im Bienenvolk steuern.

Wird ein befruchtetes Ei in ein so genanntes Weiselnäpfchen gelegt, so entsteht aufgrund einer besonderen Ernährung der Made eine Königin. Die Entwicklung der Königin dauert 16 Tage. Für die Königinnenzucht ist von Bedeutung, dass nur aus eintägigen Larven vollwertige Königinnen entstehen können. Da die Königinnenmade ausschließlich mit Futtersaft ohne Beimengung von Honig oder Pollen gefüttert wird, ist beim Umlarven älterer Maden die Ausbildung einer vollwertigen Königin nicht mehr möglich.

*Königin mit Hofstaat*

Nach ihrer **Entstehung** unterscheidet man:

- Schwarmköniginnen
- Umweiselungsköniginnen
- Nachschaffungsköniginnen
- Zuchtköniginnen

**Schwarmköniginnen** entstehen aus einem Ei, das die alte Königin in ein am Rand der Wabe befindliches Weiselnäpfchen legt. In einem schwarmreifen Volk findet man bis zu 20 Weiselzellen. Bei der Beurteilung von Schwarmköniginnen muss man unterscheiden, ob das Schwärmen genetisch bedingt oder durch zu wenig Raum oder Futtermangel hervorgerufen wurde. Schwarmköniginnen aus genetisch bedingten schwarmlustigen Völkern sollen nicht weiterverwendet werden, da die Schwarmneigung weitervererbt wird. Schwarmzellen aus einem durch Platzmangel in Schwarmstimmung geratenen Volk können, sofern die Leistung des Muttervolkes entspricht, ohne Weiteres zum Aufbau von Jungvölkern verwendet werden.

**Umweiselungsköniginnen** entstehen aus Eiern, die in eine Arbeiterinnenzelle abgelegt wurden. Diese Zellen werden von den Arbeitsbienen nachträglich zu Weiselzellen umgeformt. Umweiselungszellen befinden sich meist in der Mitte des Brutnestes. Die Neigung zum stillen Umweiseln ist genetisch bedingt und im Gegensatz zur Schwarmneigung nicht unerwünscht. Die Pflege und Ernährung der Made erfolgt bei der Umweiselungskönigin genauso intensiv wie bei Schwarmköniginnen. Umweiselungszellen können, sofern die Honigleistung des Muttervolkes entspricht, bedenkenlos zur Bildung von Zellablegern verwendet werden.

**Nachschaffungsköniginnen** entstehen aus mehrtägigen Maden, welche nach dem Verlust der

*Schwarmkönigin*

*Umweiselungskönigin*

*Nachschaffungskönigin*

*Zuchtkönigin*

## Schwarmkönigin

**Entstehungsgründe**

- aus Platzmangel
- genetische Veranlagung
- bis zu 20 Weiselzellen
- am Wabenrand

## Umweiselungskönigin

**Entstehungsgründe**

- Königin ist alt
- 1–3 Zellen in der Wabenmitte
- Königin legt Ei ein
- alte Königin wird bis zur Eiablage der neuen akzeptiert

## Nachschaffungskönigin

**Entstehungsgründe**

- Königin ist abhanden gekommen
- bis zu 20 Weiselzellen in der Wabenmitte
- aus bestehenden Jungmaden werden von Arbeiterinnen Weiselzellen gezogen

Königin von den Bienen nachgeschaffen werden. Nachschaffungszellen befinden sich bei der offenen Brut, am Rand des Brutnestes. Da diese aus der Not heraus gepflegten Königinnen schon einige Zeit als Arbeiterin gefüttert wurden, sind solche Königinnen noch in derselben Saison umzuweiseln.

**Zuchtköniginnen** werden unter genauer Beachtung aller biologischen Grundsätze vom Königinnenzüchter auf „künstlichem" Wege gezogen. Der Zuchtstoff (eintägige Maden) wird in vorgefertigte Weiselnäpfchen umgelarvt. Mehrere solcher Weiselnäpfchen werden dann einem so genannten Pflegevolk zur Aufzucht gegeben (genaue Beschreibung im Kapitel Königinnenzucht, siehe S. 134). Der Vorteil der gezielten Zucht liegt in der Auswahl (Zuchtwahl oder Selektion) der nachzuchtwürdigen Völker. Die Qualität der Königin hängt außer von der Qualität des Muttervolkes ganz wesentlich vom Pflegevolk und damit verbunden von der Aufzucht und der Pflege der Königinnen ab.

## Der Hochzeitsflug

Drei bis fünf Tage nach dem Schlüpfen unternimmt die junge Königin ihre ersten Orientierungsflüge. Während für die Durchführung des Begattungsfluges eine Temperatur von mindestens 20 °C nötig ist, beobachtet man Orientierungsflüge bereits bei Temperaturen von etwa 15 °C. Die Königin kann pro Tag mehrere Begattungsflüge unternehmen und dabei jeweils von mehreren Drohnen begattet werden. Für eine volle Begattung (Samenblase ganz gefüllt) reichen etwa 8 bis 10 Drohnen. Bei der Kopulation nähert sich der Drohn von hinten der Königin und führt den ausgestülpten Begattungsschlauch in die Scheide ein. Dabei verhängt sich das Zwiebelstück des Begattungsschlauches mit der Scheide und die Samen- und Schleimmasse wird ausgepresst. Der eigentliche Begattungsakt dauert nur wenige Sekunden. Bei der Trennung von Drohn und Königin reißt der Begattungsschlauch ab und das Zwiebelstück, vermengt mit Schleimtropfen (Begattungszeichen), bleibt in der Scheide hängen. Der Drohn stirbt nach erfolgter Begattung. Auf ihrem Hochzeitsflug entfernt sich die Königin bis etwa zwei Kilometer von ihrem Stock (Begattungskästchen). Da sich Drohnen viel weiter als Königinnen von ihrem Volk entfernen, umfasst der Paarungsbereich etwa ein Gebiet von 15 bis 20 Kilometer im Durchmesser. Vereinzelt wurden bei Königinnen Stockentfernungen von bis zu 5 km, bei Drohnen sogar von bis zu 30 km festgestellt. Da der Flugbereich von Königin und Drohn sich auf so viele Kilometer im Umkreis der Muttervölker erstreckt, da ferner erwiesen ist, dass sich die Drohnen und Königinnen aus vielen Völkern der weiteren Umgebung an einem gemeinsamen „Drohnensammelplatz" treffen, muss man sich fragen, wie denn diese Drohnen und auch die Königinnen diese gemeinsamen Sammelplätze zum Hochzeitsflug finden.

An den Drohnensammelplätzen treffen sich an sonnigen, warmen Tagen in den frühen Nachmittagsstunden Tausende von Drohnen aus der Umgebung. Die Königinnen stürzen sich in diesen Drohnenschwarm und werden so begattet. Überraschend ist, dass diese Drohnensammelplätze jahrelang immer wieder an der gleichen Stelle aufgesucht werden.

## Eilegetätigkeit

Während der Eilegetätigkeit wird die Königin von jungen Arbeitsbienen ständig begleitet und intensiv gefüttert. Der eigentliche „Hofstaat" der Königin umfasst ca. 10 Arbeiterinnen. Die ausreichende Versorgung der Königin mit Futtersaft ist eine wesentliche Voraussetzung für eine hohe Legeleistung.

Der eigentliche Legevorgang besteht aus zwei Verhaltensphasen:

- **Inspektion der Zelle**
  Dabei senkt die Königin den Kopf in die Zelle und prüft, ob diese für die Eiablage geeignet, d. h. gereinigt und mit einem Propolisbelag beschichtet ist. Das Herrichten der Zellen für die Bestiftung obliegt den Putzbienen. Werden nicht genügend Zellen aufgrund eines mäßigen oder gestörten Putztriebes vorbereitet, so kann dies die Eilegequote stark verringern. Weiters ist die Königin in der Lage, bei der Inspektion zwischen Arbeiterinnen und Drohnenzellen zu unterscheiden.
- **Eiablage**
  Zur Eiablage dreht sich die Königin um und krümmt den Hinterleib so, dass er in die Zelle eingeführt werden kann. Das zwischen letzter Bauchschuppe und Stachelapparat hervortretende Ei wird an den Zellgrund geklebt (Bestiftung). Die abgelegten Eier stehen aufrecht in den Zellen und neigen sich erst kurz vor dem Schlüpfen der Larve. Der Eilegevorgang dauert etwa 25 Sekunden.

Die **Legeleistung** einer Königin hängt von der optimalen Begattung, der Jahreszeit, der Tracht, dem Klima, der Populationsgröße und der Verfassung des Volkes ab. Während der Hauptlegezeit werden etwa 1.500 bis 2.000 (Spitzenleistungen bis 3.000) Eier pro Tag gelegt. Solche Spitzenleistungen können allerdings nur kurze Zeit erbracht werden, da die körperliche Belastung der Königin überaus groß ist (etwa 2.000 Eier entsprechen dem Körpergewicht der Königin). Brutnestmessungen haben ergeben, dass nur sehr selten Völker mehr als 40.000 Brutzellen aufweisen.

Die Lebensdauer der Königin beträgt etwa fünf Jahre. Je älter sie wird, umso unattraktiver wird sie für das Bienenvolk. Dies ist auf die nachlassende Legeleistung und auf die geringere Produktion von Königinnensubstanz zurückzuführen. Das Nachlassen der Legeleistung erkennt man an kleinen Brutflächen und am lückenhaften Brutnest.

Normalerweise weiselt ein Bienenvolk um, sobald die Königin nicht mehr entspricht. Für die wirtschaftliche Imkerei ist ein zweijähriger Königinnen-Umtrieb anzustreben.

## Die Pheromone der Königin

Die Beziehungen der drei Bienenwesen zueinander werden durch chemische Stoffe (Pheromone) angeregt und gelenkt. Man spricht von der „chemischen Verständigung" im Bienenvolk.

Pheromone sind Substanzen, die – von einem bestimmten Individuum nach außen abgegeben – in kleinsten Mengen von weiteren Individuen derselben Art aufgenommen werden und bei diesen spezifische Reaktionen auslösen. Pheromone ermöglichen im Bienenvolk den reibungslosen Ablauf verschiedener Arbeiten und Instinkthandlungen. Sie beeinflussen in vorhersehbarer Weise physiologische Vorgänge sowie das Verhalten des Empfängers.

Man unterscheidet Auslösepheromone, die über die Geruchsempfindung auf das Zentralnervensystem wirken, und Aktivierungspheromone, die über die Verdauungsorgane und das Blut wirken.

Bei der Königin wurden bisher vier Pheromone nachgewiesen, von denen vor allem die Pheromone I und II, auch als Königinnensubstanz genannt, am genauesten erforscht sind. Während die Arbeiterinnen sowohl im Stock als auch außerhalb auf die Pheromone der Königin ansprechen, wurde die Wirkung auf Drohnen nur außerhalb des Stockes beobachtet.

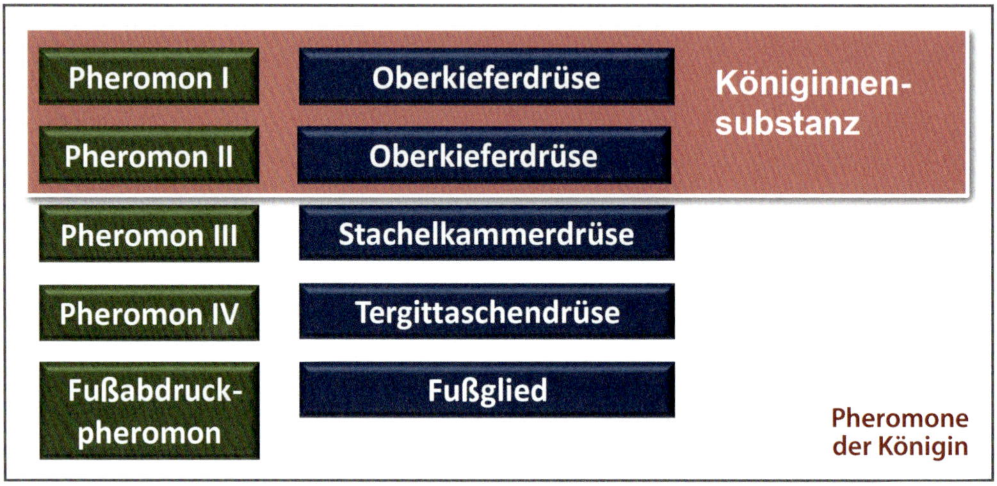


### Pheromone der Oberkieferdrüsen (Königinnensubstanz)

Die Königinnensubstanz wird in der Oberkieferdrüse der Königin gebildet und besteht aus zwei Pheromonen, deren wirksame Substanzen ungesättigte Fettsäuren sind. Das **Pheromon I** ist die 9-Oxo-Decensäure. Sie zeichnet sich besonders durch ihre hohe Stabilität aus.

Das **Pheromon II** hat als wirksamen Bestandteil die 9-Hydroxy-Decensäure, die sich relativ rasch verflüchtigt. Die Königinnensubstanz wird über den Hofstaat an alle Bienen verfüttert, sodass geringe Mengen in jeder Biene nachweisbar sind.

Innerhalb des Stockes bewirkt die Königinnensubstanz bei den Arbeitsbienen: Anlockung junger Arbeiterinnen (Wechselwirkung: Hofstaat – Brutpflege), Förderung der Baulust, Hemmung der Eierstockentwicklung, Hemmung des Weiselzellenbaues.

Außerhalb des Stockes werden die schwärmenden Bienen angelockt und die Schwarmtraube stabilisiert. Außerdem wirkt die Königinnensubstanz auf Drohnen als Geschlechtslockstoff und steigert den Geschlechtstrieb.

### Wirkung der Königinnensubstanz (Pheromone):

| Innerhalb des Stockes | Außerhalb des Stockes |
|---|---|
| Förderung der Baulust<br>Hemmung der Eierstockentwicklung<br>Hemmung des Weiselzellenbaues | **auf Arbeitsbienen:**<br>Anlockung von Schwarmbienen<br>Stabilisierung des Schwarms |
| Antibiotische Wirkung<br>Anlockung junger Bienen (Hofstaat, Brutpflege) | **auf Drohnen:**<br>Geschlechtslockstoff und Steigerung des Geschlechtstriebes |

### Pheromon der Stachelkammerdrüsen

Das Pheromon der Stachelkammerdrüsen (Koschewnikowdrüsen) lockt schwärmende Bienen an. Es spielt auch eine gewisse Rolle bei der Anlockung der Drohnen beim Begattungsflug, obgleich die Wirkung wesentlich geringer ist als jene der Königinnensubstanz.

### Pheromon der Tergittaschendrüsen

Das Pheromon der Tergittaschendrüsen ist besonders aromatisch und wirkt als Aphrodisiakum auf die Drohnen (den Geschlechtstrieb fördernde

Substanz). Die Tergittaschendrüsen befinden sich seitlich auf der 2. bis 5. Rückenschuppe der Königin. Diese Drüsen sind ca. zwei Wochen nach dem Schlüpfen am besten ausgebildet und bilden sich anschließend wieder zurück.

### Fußabdruckpheromon

Alle drei Bienenwesen verfügen über Fußabdruckpheromone. Bei der Königin wirkt dieses Pheromon darüber hinaus noch zusätzlich auf Arbeitsbienen im engeren Umkreis (20 mm) anlockend.

Für die praktische Imkerei ist eine ausreichende Menge von Königinnensubstanz von entscheidender Bedeutung. Die absolute Menge an Königinnensubstanz ist bei ganz jungen und einjährigen Königinnen am größten. Reicht die Menge nicht mehr aus, so zeigen sich auch bei starken Völkern verminderte Vitalität, Trägheit und Schwarmtendenzen und eine verstärkte Neigung zur Drohnenbrütigkeit. Um diese negativen Erscheinungen zu verhindern, muss auf eine regelmäßige Königinnenverjüngung besonders geachtet werden.

## Beziehungen zwischen Königin und Arbeiterin

Die komplizierten Beziehungen zwischen Königin und Arbeiterinnen sind genetisch festgelegt. Ihre optimale Gestaltung hängt von einer Vielzahl äußerer Einflüsse ab. Das Verständnis für die Wechselwirkungen im Bienenvolk und die Kenntnis über günstige und unerwünschte Einflüsse sind Voraussetzungen für die richtige, erfolgsorientierte Bienenpflege. Oberstes Gebot jeder Betriebsweise muss es sein, unerwünschte Einflüsse auszuschalten und günstige Einflüsse zu fördern. Mit anderen Worten: Der Imker muss sich bemühen, das Bienenvolk in seiner natürlichen Entwicklung zu fördern! Hauptbedürfnis des Bienenvolkes ist es, als soziale Gemeinschaft zu überleben. Die absolute Abhängigkeit der Einzelindividuen im Bienenvolk ist erblich festgelegt. Die Wechselbeziehungen zwischen Königin und Arbeiterinnen steuern die Brutpflege, den Sammeleifer und die Fortpflanzung. Die wichtigsten Voraussetzungen für intakte Beziehungen im Bienenvolk sind der bienengemäße Standort und das Vorhandensein ausreichender Futtervorräte.

Die Aufnahme von Pheromonen durch die Arbeitsbienen bewirkt den reibungslosen Ablauf und die Harmonie der Lebensvorgänge im Bienenvolk. Andererseits ist die ständige Betreuung der Königin sowie ihre Fütterung durch die Bienen entscheidend für ihre Leistungsfähigkeit. Wenn sich ein gesundes Bienenvolk nicht in gewünschter Weise entwickelt, so sind meist gestörte Wechselbeziehungen zwischen Königin und Arbeiterinnen dafür verantwortlich.

## Der Drohn

**Es ist dies die männliche Biene. Seine Aufgabe besteht in der Begattung einer fremden Königin. Er besitzt keinen Stachel. Seine Lebenserwartung beträgt ca. 4 Monate. Im Spätsommer werden die Drohnen als unnütze Fresser von den Arbeitsbienen aus dem Stock gedrängt. Dies wird auch als „Drohnenschlacht“ bezeichnet. Drohnen entwickeln sich aus unbefruchteten Eiern in Drohnenzellen. Die Entwicklungszeit beträgt 24 Tage.**

Da Drohnen aus nicht besamten Eiern entstehen, kann nicht nur die Königin, sondern auch die eierlegende Arbeiterin (Afterweisel) Drohnen

*Drohne*

erzeugen. Der Imker bezeichnet diesen Zustand als „Buckelbrut". Die Ernährung der Drohnenlarve weicht von jener der Arbeiterinnenlarve nur unwesentlich ab. Schon während des Larven- und Puppenstadiums entwickeln sich in den Hoden bis zu 11 Millionen Samenzellen. In den ersten Lebenstagen halten sich Drohnen im Stock auf und werden von Arbeiterinnen gefüttert – später nehmen sie selbst Futter auf. Flugdrohnen (ab dem 8. Lebenstag) unternehmen ihre Flüge zu den Drohnensammelplätzen hauptsächlich zwischen 12 und 17 Uhr. Etwa 6 bis 14 Tage nach dem Schlüpfen wird der Drohn geschlechtsreif. Gesunde Bienenvölker ziehen pro Jahr 4 bis 5 Drohnengenerationen auf. Die Lebenserwartung der Drohnen liegt unter normalen Umständen bei 4 bis 8 Wochen. In weisellosen Völkern oder in Völkern mit nicht entsprechender Königin können Drohnen auch über den Winter im Volk verbleiben. Intakte Bienenvölker verwenden bis zu 10 % der Brutfläche für den Drohnenbau.

Nach der Sommertracht (August) werden die Drohnen von den Arbeiterinnen nicht mehr gefüttert und aus dem Stock gedrängt (Drohnenschlacht).

## Die Arbeiterin

**Den Hauptanteil aller Stockbienen bilden die Arbeitsbienen, sie sind nicht ganz ausgereifte Weibchen. Von der Arbeiterin werden alle für das Bienenvolk wichtigen Aufgaben durchgeführt. Sie putzt die Zellen, pflegt die Brut, errichtet den Wabenbau mit den von ihr produzierten Wachsplättchen, bewacht später das Flugloch als Wächterbiene und wird letztendlich zur Sammelbiene. Ihre Tätigkeit außerhalb des Stockes gliedert sich in das Sammeln von Nektar, Pollen, Propolis und am Ende ihres Lebens Wasser.**

Ihre Lebenserwartung im Frühjahr und Sommer liegt bei ca. 6 bis 8 Wochen. Die Arbeitsbienen, welche im Spätsommer schlüpfen, überleben den gesamten Winter. Deren Aufgabe ist es, sich gegenseitig in der Wintertraube zu wärmen und so den kalten Winter gemeinsam mit der Königin zu überleben, um ab Februar die neu entstehen-

*Arbeiterin*

## Entwicklung der Honigbiene

| | Königin | Arbeiterin | Drohn |
|---|---|---|---|
| **Eistadium** | 3 Tage | 3 Tage | 3 Tage |
| **Verdeckelung** | 8. Tag | 9.–10. Tag | 8. Tag |
| **Schlupf** | 16. Tag | 21. Tag | 24. Tag |
| **Geschlechtsreife** | 17.–24. Tag | | ab 30. Tag |
| **Legebeginn** | 24.–30. Tag | | |
| **Eilegequote** | 1.500–3.000 tägl. | | |
| **Zellgröße** | 10 x 25 mm | 5,37 mm | 6,91 mm |
| **Zellzahl** | 2–10 Stück | ca. 800/dm$^2$ | ca. 6/dm$^2$ |
| **Bienengröße** | 18–22 mm | 12–15 mm | 15–17 mm |
| **Gewicht** | 160–230 mg | 90–140 mg | 200–260 mg |
| **Lebenserwartung** | 2–5 Jahre | So. 3–6 Wochen<br>Wi. 6–8 Monate | 4–8 Wochen |

**Entstehung Arbeitsbiene**

**Königin legt ein befruchtetes Ei**

↓

**3 Tage Ei – aus dem Ei schlüpft die Made**

↓

**Made wird 6 Tage gefüttert**
- mit Pollen
- mit Honig
- mit Gelée Royale

↓

**am 9. Tag nach der Eiablage wird die Zelle verdeckelt**

↓

**am 21. Tag schlüpft die Arbeitsbiene**

**Entstehung Königin**

(3 Tage Ei – aus dem Ei schlüpft die Made) ↓

**Made wird 5 Tage mit Gelée Royale gefüttert**

↓

**am 8. Tag nach der Eiablage wird die Zelle verdeckelt**

↓

**am 16. Tag schlüpft die Königin**

**Entstehung Drohn**

**Königin legt ein unbefruchtetes Ei**

↓

**3 Tage Ei – aus dem Ei schlüpft die Made**

↓

**Made wird 5 Tage gefüttert**
- mit Pollen
- mit Honig
- mit Gelée Royale

↓

**am 8. Tag nach der Eiablage wird die Zelle verdeckelt**

↓

**am 24. Tag schlüpft der Drohn**

### Merkmale der Honigbiene

| | Königin | Arbeiterin | Drohn |
|---|---|---|---|
| **Stachelapparat** | vorhanden nicht aktiv | vorhanden und aktiv | nicht vorhanden |
| **Körpergröße** | 18–22 mm | 12–15 mm | 15–17 mm |
| **Pollensammelapparat** | nicht vorhanden | vorhanden | nicht vorhanden |
| **Eischläuche** | 300 und mehr | 6–10 Eischläuche | |
| **Nassanofsche Drüse (Duftdrüse)** | nicht vorhanden | vorhanden | |
| **Oberkieferdrüse** | produziert Königinnen-substanz | produziert Lösungsmittel für Pollen, Wachs, Honig | |
| **Futtersaftdrüse** | verkümmert | vorhanden und aktiv | nicht vorhanden |
| **Wachsdrüsen** | nicht vorhanden | vorhanden | nicht vorhanden |

den Maden zu pflegen, damit das Volk im Frühjahr wieder in großer Anzahl vertreten sein kann.

**Volksstärke im Winter:**
ca. 15.000 Bienen, 1 Königin
**Volksstärke im Sommer:**
ca. 50.000 Arbeitsbienen, 1 Königin,
2.000 Drohnen

Die Arbeitsbiene entwickelt sich aus einem befruchteten Ei in einer Arbeiterinnenzelle. Die Entwicklung dauert 21 Tage. Nach dem Ei- und dem Madenstadium wird die Zelle am 9. bis 10. Tag verdeckelt. Entscheidend für das Entstehen einer Arbeiterin ist die Art der Fütterung der Made. Arbeiterinnenmaden erhalten im Gegensatz zur Königinnenmade einen anders zusammengesetzten Futtersaft sowie zusätzlich Honig und Pollen. Ab dem 3. Tag des Madenstadiums ist die Larve durch die Art der Fütterung als Arbeiterin bestimmt, sodass durch Umlarven keine vollwertige Königin mehr entstehen kann. Die Streckmade spinnt den Puppenkokon, vor dessen Fertigstellung der Kotblaseninhalt in die Zelle abgegeben wird. Während des Puppenstadiums vollzieht sich die so genannte Metamorphose (Gliederung in Kopf, Brust und Hinterleib, Ausbildung aller Organe). Zuletzt erst wird der Chitinpanzer gebildet. Nach der letzten Häutung am 20. Tag schlüpft die Biene. Die Lebenserwartung der Arbeitsbiene beträgt im Sommer 3 bis 6 Wochen und im Winter 6 bis 8 Monate. Die Arbeiterin, deren Fortpflanzungsorgane verkümmert sind, ist in vielen anderen Bereichen der Königin weit überlegen (z. B. in der Brutpflege, im Wabenbau, im Nahrungserwerb).

Von der Arbeiterin werden alle für das Bienenvolk wichtigen Arbeiten durchgeführt. Die Zuordnung zu bestimmten Arbeiten erfolgt nach dem Alter der Arbeiterin, wobei die Eignung von der jeweiligen alterstypischen Entwicklung abhängt. Dieses System ist äußerst flexibel und die Tätigkeitsbereiche jeder einzelnen Biene gehen ineinander über.

## Putzbiene

Unmittelbar nach dem Schlüpfen wird die Jungbiene mit Futter versorgt. Ihre erste Tätigkeit ist das Putzen und Beschichten der Zellen als Vorbereitung für die Bestiftung durch die Königin bzw. die Einlagerung von Pollen und Honigvorräten. Diese Arbeiten werden etwa bis zum 5. Lebenstag durchgeführt. Der Putztrieb eines Bienenvolkes hat große Bedeutung für den

*Ei*

*Rundmade*

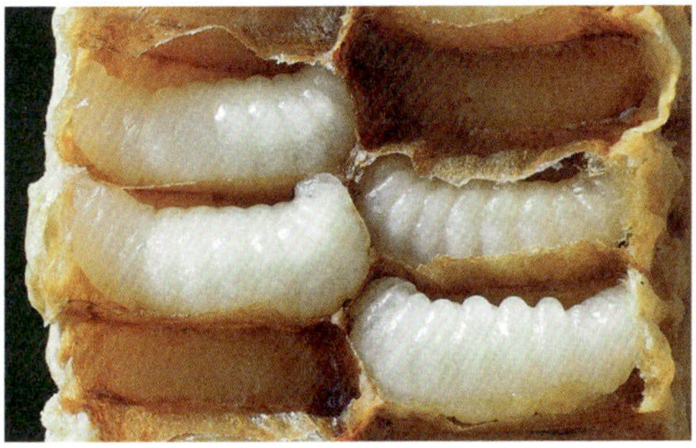

*Streckmade*

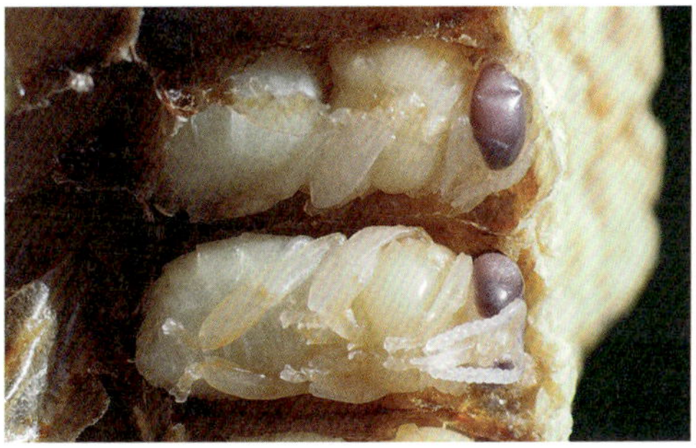

*Puppe*

Gesundheitszustand, da sowohl die Rückstände der Bienenmade in der Zelle als auch tote Bienen am Beutenboden Brutstätten für Krankheitserreger sind. Der Putztrieb hängt sowohl von den Erbanlagen als auch von der Harmonie im Bienenvolk ab. In ihrer Entwicklung gestörte, weisellose oder schwache Völker zeigen einen mangelhaften Putztrieb. Für die Ausdehnung des Brutnestes im Frühjahr ist nicht allein die Königin verantwortlich, sondern auch die Anzahl der für die Eiablage vorbereiteten gereinigten Zellen.

### Ammenbiene

Die Fütterung und Pflege der Brut erfolgt hauptsächlich zwischen dem 5. und 12. Lebenstag. Die jüngeren Ammenbienen, deren Futtersaftdrüsen noch nicht voll ausgebildet sind, übernehmen zuerst die Fütterung der älteren Maden (ab dem 4. Tag des Madenstadiums) mit Honig und Pollen. Bei dieser Tätigkeit nehmen die jungen Pflegebienen selbst große Mengen von Pollen auf, sodass sich ihre Futtersaftdrüsen rasch entwickeln. Ältere Pflegebienen versorgen die jungen Maden und die Königinnenmade mit Futtersaft, dem Sekret der Futtersaftdrüse.

### Baubiene

Durch die intensive Nahrungsaufnahme der Ammenbienen entwickelt sich der Fett-Eiweiß-Körper. Die Wachsdrüsen können dadurch mit ihrer Tätigkeit beginnen. Als Baubiene ist die Arbeiterin etwa vom 12. bis 15. Lebenstag tätig.

### Wächterbiene

Im Alter von ca. zwei Wochen erreicht die Giftwirkung des Stachelapparates ihren Höhepunkt. Je nach Bedarf kann jede Biene für einige Tage am Flugloch als Wächter tätig sein.

Bereits am 5. oder 6. Tag nach dem Schlüpfen wagen sich die Jungbienen beim so genannte „Vorspiel" ins Freie. Dieses Vorspiel findet an warmen Tagen, etwa zwischen 14 und 15 Uhr statt. Die jungen Bienen erkunden dabei die nähere Umgebung des Stockes und unternehmen dann mit zunehmendem Alter immer weitere Erkundungsflüge. Dadurch wird ihnen später das Auffinden der Trachtgebiete erleichtert, wenn ihnen durch Tänze ein bestimmtes Futterziel angewiesen wird. Um den Jungbienen das Heimfinden zum Mutterstock zu erleichtern, wird am Stockeingang lebhaft von Hunderten von Bienen gesterzelt.

### Sammelbiene

Als Sammelbiene oder Flugbiene (ab dem 21. Lebenstag) hat die Arbeiterin die Aufgabe, Nektar, Honigtau, Pollen, Kittharz und Wasser einzutragen. Die Intensität der Tracht (und damit der Sammeltätigkeit) beeinflusst die Lebensdauer der Arbeitsbiene. Massentrachten wie Raps und Tannentracht verkürzen das Leben der Biene.

Ein natürlich gehaltenes Bienenvolk besteht zu etwa zwei Dritteln aus Stock- und zu einem Drittel aus Sammelbienen. Die Arbeitsteilung im Bienenstock ist kein starres System. Bei Bedarf können einzelne Tätigkeiten übersprungen werden. Bei plötzlich einsetzender Massentracht werden viele Stockbienen rascher zu Sammelbienen. Genauso ist es möglich, dass Sammelbienen wieder Innendienste übernehmen, falls dies nötig ist (z. B. den Wabenbau).

### Die Futtersäfte der Arbeitsbiene

Der Futtersaft der Arbeiterin wird in der Futtersaftdrüse und in geringen Mengen auch in der Oberkieferdrüse erzeugt. Er besteht aus zwei voneinander verschiedenen Futtersaftkomponenten.

- Die **weiße Futtersaftkomponente** ist ein Gemisch aus Futtersaftdrüsensekret und Oberkieferdrüsensekret.
- Die **klare Futtersaftkomponente** ist ein Gemisch aus Futtersaftdrüsensekret und Honig.

Die Zusammensetzung der beiden Futtersaftkomponenten unterscheidet sich vor allem durch ihren unterschiedlichen Eiweiß und Zuckergehalt. Die weiße Komponente enthält mehr Eiweiß, während die klare Komponente mehr Zucker enthält.

Die Entstehung einer Arbeiterin oder einer Königin aus einem befruchteten Ei wird – wie schon erwähnt – durch die unterschiedliche Madenfütterung bestimmt. Die Königinnenmade bekommt bis zur Verdeckelung der Zelle nur weißen und klaren Futtersaft im Verhältnis 1 : 1. Die Arbeiterinnenmade erhält hauptsächlich klaren Futtersaft. Der Anteil an weißer Futtersaftkomponente beträgt am ersten Tag des Madenstadiums 20 %, am 2. Tag 27 % und am 3. Tag 5 %. Später fehlt die weiße Futtersaftkomponente. Ab dem 4. Tag des Larvenstadiums erfolgen zwei Drittel der Fütterungen mit klarem Futtersaft und der Rest mit Honigpollenbrei.

## Biene und Umwelt

### Verständigung durch den Bienentanz

Es ist eine Existenzfrage für das Bienenvolk, neu entdeckte Futterquellen so schnell wie möglich auszubeuten, ehe die Blüten ihre Kelche schließen oder Völker aus der Nachbarschaft Nektar und Pollen wegnehmen. Ein hochentwickeltes Alarmsystem – einzig in seiner Art im gesamten Tierreich – sichert diese rasche Ausbeute. Es ist der Bienentanz, den Karl von Frisch im

Jahr 1923 entdeckt hat. Aber erst 1946 wurde er in seinem vollen Informationsgehalt erkannt. Lindauer konnte 1957 des Weiteren mitteilen, dass dieser Bienentanz auch von Schwarmbienen bei ihrer Wohnungssuche zur gegenseitigen Verständigung benutzt werden kann. Wenn eine Suchbiene eine neue Futterquelle entdeckt hat, meldet sie ihren Fund im Stock mit Hilfe eines Rundtanzes oder eines Schwänzeltanzes.

## Rundtanz

**Informationen des Rundtanzes**

- Die Tracht befindet sich im Umkreis bis 80 m Entfernung
- Geruch der Trachtquelle
- Geschmack der Trachtquelle

Wenn der Trachtplatz weniger als 80 m vom Stock entfernt liegt, führt sie einen Rundtanz auf, indem sie in raschen trippelnden Schritten in einem Kreis herumläuft, zunächst nach links, dann nach rechts, wieder nach links usf. Die umstehenden Bienen werden durch diesen Tanz angesteckt. Der Duft der Blüten, der noch an dem Haarkleid der Tänzerin und in dem mitgebrachten Nektar haftet, gibt gleichzeitig eine Mitteilung über die Art der besuchten Blüten.

## Schwänzeltanz

**Informationen des Schwänzeltanz**

- ab 80 Meter Entfernung
- Richtung der Trachtquelle
- Entfernung der Trachtquelle
- Geruch der Trachtquelle
- Geschmack der Trachtquelle
- Ergiebigkeit der Trachtquelle

**Rundtanz**

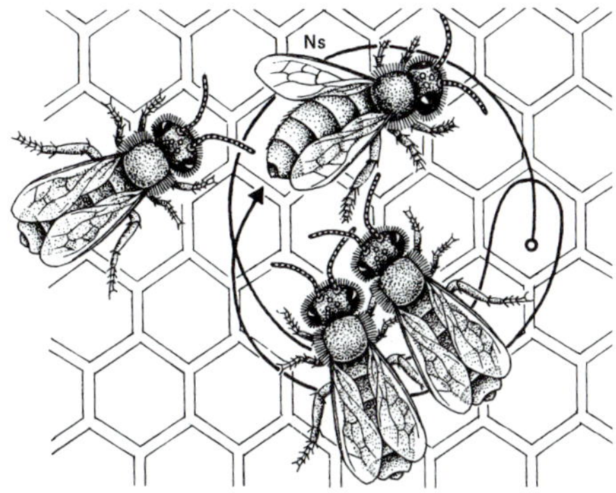


Die Rundtanzinformation einer Nektarsammlerin (Ns) auf einer Wabe.
oben: Die Nachricht über die Trachtquelle wird von nachtrippelnden Bienen übernommen.
unten: Schema eines Rundtanzes

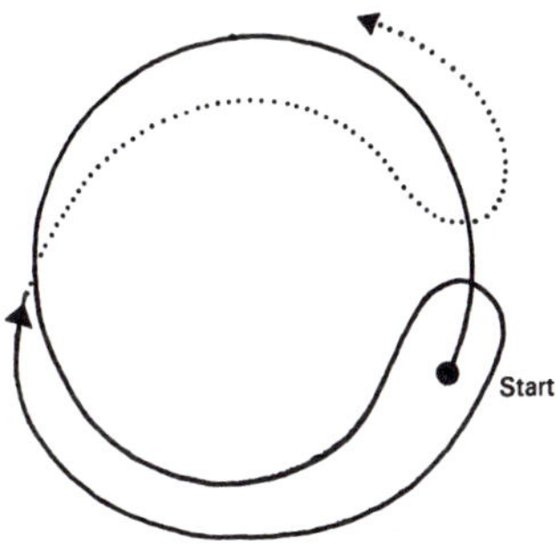


Wenn dagegen das Ziel in größerer Entfernung liegt, gibt der Schwänzeltanz eine zusätzliche Information über die Lage dieser neu entdeckten Futterstelle. Dabei signalisiert das Tempo des Tanzes die Entfernung. Je weiter entfernt das Ziel ist, umso weniger Schwänzelläufe werden in einer gegebenen Zeit ausgeführt. 100 m z. B. werden mit 10 Schwänzelläufen pro ¼ Minute angezeigt, 500 m mit 6, 1.000 m mit 3, 2.000 m mit 2 usw. Um die Richtung zum Ziel anzuzeigen, nehmen die Tänzerinnen die Sonne als Bezugspunkt. Da aber die Tänze im Finstern des Stockes ausgeführt werden, muss die Biene die Richtungsan-

## Schwänzeltanz

Der Schwänzeltanz durch die Nektarsammlerin (Ns).
oben: Mit Interesse betrachten die Stockbienen die Vortänzerin
unten: Schema des Schwänzeltanzes

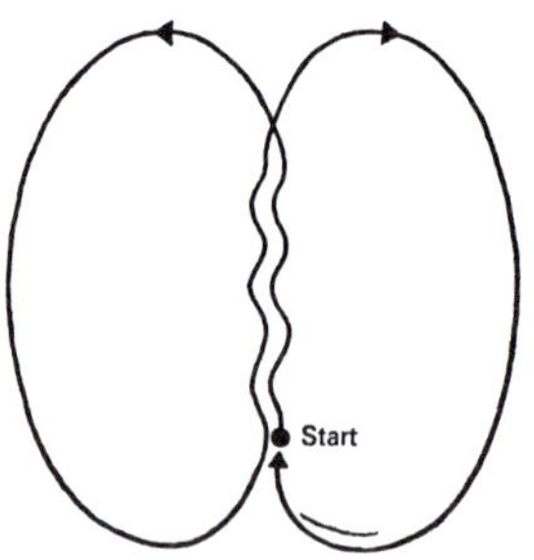


gabe vom optischen Sinnesgebiet in das des Schweresinnes verlagern.

Auf der Wabe wird der Sonnenstand immer oben angenommen! Das heißt: Schwänzelläufe nach oben bedeuten, dass sich die Futterquelle genau in Richtung zur Sonne befindet. Läufe nach unten zeigen, dass die Trachtquelle in entgegengesetzter Richtung zur Sonne liegt. Schwänzelläufe in einem Winkel von 40° nach links oben bedeuten, dass sich die Futterquelle in einem Winkel von 40° links in Richtung der Sonne befindet.

In einem früheren Kapitel wurde bereits dargelegt, dass die Bienen die Sonnenstellung auch dann bestimmen können, wenn die Sonne selbst von Wolken verdeckt ist; sie können aus einem unbedeckten Teil blauen Himmels anhand des Polarisationsmusters die Sonnenposition feststellen.

Die Verständigung durch Rund- und Schwänzeltanz dient nicht nur dem Nahrungserwerb, sondern auch der Wohnungssuche. Wenn ein Bienenschwarm aus dem Mutterstock auszieht, sammelt er sich zunächst als Traube in der Nähe des Stockes. Wird der Schwarm nicht gleich eingefangen, so ziehen zwei bis drei Dutzend Spurbienen aus, um die Umgebung nach günstigen Niststätten abzusuchen. Diejenigen unter ihnen, die eine passende Höhle gefunden haben, fliegen zur Traube zurück und zeigen ihren Stockgenossinnen die Fundstelle durch einen Schwänzeltanz an, der in gleicher Weise die Richtung und Entfernung des Zieles angibt, wie der Tanz der Sammelbienen. Die alarmierten Schwarmbienen fliegen ab und prüfen die gemeldete Niststätte. Sofern sie auch ihnen als neuer Wohnsitz geeignet erscheint, werben sie weitere Prüfer an. Es ist in mehreren Fällen gelungen, die Niststätte aufgrund der Angaben der tanzenden Spurbienen schon vor dem Einzug des Schwarmes aufzufinden – ein überzeugender Beweis, dass die „Bienensprache" richtig gedeutet wurde.

Überraschend ist allerdings, dass die Quartiermacher durch die Tänze nicht nur einen, sondern mehrere Nistplätze zu gleicher Zeit anmelden. Es wird immer der beste der gemeldeten Nistplätze ausgesucht. Dies ist dadurch möglich, dass die Tänze der Spurbienen nicht nur die Lage, sondern auch die Qualität des zukünftigen Nistplatzes anzeigen. Das geschieht durch die Lebhaftigkeit und Dauer eines Tanzes, der für besonders gute Nistplätze nicht nur minutenlang, wie bei den

Sammelbienen, sondern sogar stundenlang andauern kann. Damit wird das Interesse der Neulinge für den erstrangigen Nistplatz am meisten erregt. Schließlich hat sich gezeigt, dass solche Spurbienen, die vorher mittelmäßige Nistplätze entdeckt hatten, sich durch die lebhaften Tänze ihrer Kolleginnen umstimmen lassen, d. h., den anderen Nistplatz ebenfalls aufsuchen, ihn inspizieren und, wenn sie selbst von seiner besseren Qualität überzeugt sind, werben sie nunmehr auch für diese neue Wohnung. Erst wenn die Einigung auf eine der vielen gemeldeten Niststätten erfolgt ist, wird das Signal zum Aufbruch gegeben und der Schwarm zieht mitsamt seiner Königin um.

Am Rande sei vermerkt, dass die einzelnen Rassen unserer Honigbiene ihre eigenen Dialekte im Bienentanz haben. Wenn beispielsweise eine Carnica-Biene einen Futterplatz in 400 m anzeigt, dann bedeutet das für Ligustica ein Ziel in 350 m.

In Südostasien gibt es eine primitivere Honigbiene, die so genannte Zwerghonigbiene, *Apis florea*. Sie nistet nicht in Höhlen, sondern baut eine einzige Wabe irgendwo an einem Buschzweig. Unter diesen Umständen ist es nicht nötig, die Richtung zwischen Sonne und Flugbahn in das Schwerefeld zu transponieren. Diese Bienen können oben auf dem First der Wabe, wo sie einen breiten Tanzboden beim Wabenbau anlegen, die Richtung zum Ziel direkt anzeigen. Dies darf man als eine Vorstufe des Bienentanzes der heimischen Biene ansehen.

## Orientierung der Biene

Für die Orientierung der Trachtbienen sind im Zusammenhang mit den Bienentänzen drei Fähigkeiten der Bienen entscheidend:

- Die Entfernungsmessung
- Die Sonnenkompassorientierung
- Die Orientierung im Erdmagnetfeld

### Entfernungsmessung

Wenn eine Sammelbiene im Stock eine Futterstelle in 600 m Entfernung ankündigt, muss sie diese Entfernung vorher selbst vermessen haben und die alarmierten Neulinge müssen anschließend ebenfalls diese 600 m ausmessen können. Um diese Entfernung zu messen, ist es das an den fliegenden Bienen vorbeiziehende Bild der Umgebung, das die Bienen als „Kilometerzähler" nutzen. Die Wissenschaftler Prof. Dr. Tautz und Prof. Dr. Srinivasan fanden heraus, dass der optische Kilometerzähler von der Fluggeschwindigkeit unabhängig ist. Genau wie der Kilometerzähler von Autos, der die Radumdrehung unabhängig von der Fahrgeschwindigkeit misst. Anders wie bei Autos funktioniert der Kilometerzähler der Honigbienen aber nicht absolut, sondern auf die Umgebung bezogen: Fliegt die Biene durch dichte Vegetation, so kommen durch die Nähe von Bäumen und Büschen starke Bildverschiebungen zustande. Bei einem Flug über freies Gelände gilt das Umgekehrte. Als Resultat zeigt der Kilometerzähler unterschiedlich lange Flugwege bei identisch langen Flugstrecken an – je nachdem, wie die Umgebung aussieht. Dies ist aber kein Konstruktionsfehler, sondern eine höchst raffinierte Anpassung der Bienen. Der scheinbare Fehler ist für die Verständigung der Bienen unerheblich, da die Bienen, die nach den Angaben der Tänzerin ausfliegen, die Kilometerangabe in derselben Umgebung wie die Tänzerin wahrnehmen. Sie unterliegen also genau der gleichen Ungenauigkeit und gelangen somit zur gleichen Distanzangabe wie die Tänzerin.

### Sonnenkompassorientierung

Wie schon oben erwähnt, ist die Sonne Bezugspunkt für die Richtungsweisung im Schwänzeltanz. Wer die Sonne als Kompass benutzt, muss aber ihre scheinbare Wanderung über die Himmelsglocke mit einberechnen. Ein Bienenvolk wurde an einem Nachmittag in ein unbekanntes Gelände versetzt; dort wurde auch eine markierte Sammelschar 180° nach Westen dressiert. Am Abend wurde das Flugloch verschlossen und der Stock am nächsten Morgen 40 km entfernt wiederum in einer fremden Gegend aufgestellt. Es standen den westdressierten Bienen vier Futtertischchen zur Wahl, im Westen, im Osten, im Süden und im Norden. Sie suchten in aller Frühe schon im Westen nach dem erwarteten Futterziel. Da die Sonne aber jetzt am Morgen in ganz anderem Winkel zum westlichen Futterplatz stand als am Nachmittag vorher, mussten sie die scheinbare Wanderung der Sonne über Nacht einkalkuliert haben. Diese Fähigkeit müssen die Bienen, wie die Versuche gezeigt haben, in ihren ersten Orientierungsflügen erlernen, und zwar sowohl ortsspezifisch wie auch entsprechend der Jahreszeit.

### Richtungsweisung

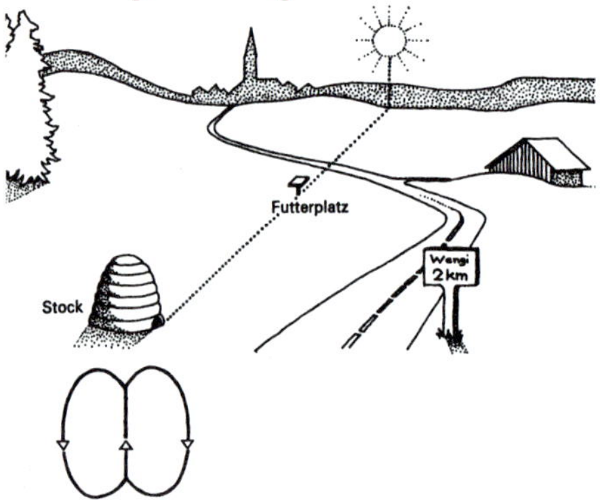


Die Richtungsweisung der Bienen nach dem Sonnenstand beim Tanzen auf einer senkrechten Wabenfläche im Bienenstock. Unterhalb des Stockes ist das zugehörige Schema des Schwänzeltanzes gezeichnet.

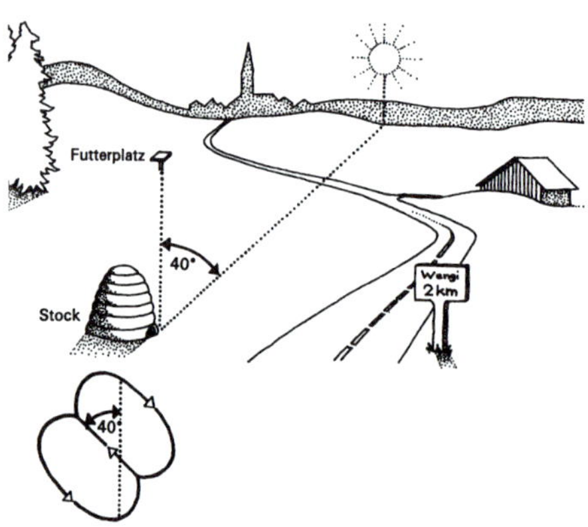


Eine besondere Orientierungsleistung zeigen die Sammelbienen, wenn sie bei ihrem Flug zum Futterziel Seitenwind haben. Sie stellen sich schräg zur Windrichtung. Das bedeutet aber, dass sie die Sonne jetzt in einem anderen Winkel sehen wie bei Windstille. Trotzdem melden sie im Stock die direkte Flugrichtung an; d. h. sie können die Abdrift bei Seitenwind kompensieren. Noch erstaunlicher ist ihre Leistung bei einem Umwegversuch. Bienen wurden am Schafberg bei St. Gilgen um eine Felsnase herum dressiert, wobei der eine Flugschenkel nach Südwesten, der zweite Flugschenkel nach Nordwesten zeigte. Im Tanz zeigten die Bienen aber die direkte Flugrichtung an, die sie selbst niemals geflogen waren. Dies war die einzige Möglichkeit, um die Neulinge nicht falsch zu dirigieren. Diese Neulinge versuchten dann an der Felswand sich hochzuhieven und kamen dann tatsächlich richtig zum Futterziel.

## Orientierung im Erdmagnetfeld

Schon Karl von Frisch hatte zu seiner Überraschung festgestellt, dass die Tänzerinnen bei ihrer Richtungsweisung regelmäßig kleine Fehler machen. Man hat inzwischen über eine Million von Schwänzeltänzen ausgewertet und festgestellt, dass die so genannte Missweisung im Schwänzeltanz einem tagesperiodischen Gang folgt, der den tagesperiodischen Schwankungen des Erdmagnetfeldes entspricht. Diese Entdeckung hat inzwischen weltweites Interesse gefunden. Bei vielen anderen Tiergruppen – Einzellern, Würmern, Krebsen, Schnecken, Insekten, Fischen, Amphibien, Vögeln – hat man nachweisen können, dass diese Tiere für das Erdmagnetfeld empfindlich sind und vielfach danach navigieren können. In seiner Intensität und in der Richtung der Kraftlinien gibt das Erdmagnetfeld für jeden Ort eine spezifische Konstellation an. Zugvögel z. B. richten sich auf ihren weiten Wanderwegen nach diesen Daten des Erdmagnetfeldes. Für Bienen sind vor allem die tagesperiodischen Schwankungen von Bedeutung, da sie ihnen als Magnetuhr dienen. Man kann Bienen in einem geschlossenen Flugraum auf Zeit dressieren – bei Dauerlicht, gleicher Luftfeuchtigkeit, gleicher Temperatur usw. Wenn das Erdmagnetfeld gestört wird, ist auch ihre Zeitorientierung gestört. Bis heute ist leider noch unbekannt, wie die Bienen diese schwachen Felder des Erdmagnetfeldes so genau messen und wahrnehmen können.

## Lebensgrundlagen der Biene

Sämtliche Lebensvorgänge hängen von Licht, Luft, Wasser, Temperatur und Nährstoffen ab. Der Stoffwechsel läuft nur bei optimalem Zusammenspiel aller physikalischen und chemischen Einflussfaktoren problemlos ab.

**Unter Stoffwechsel versteht man die Umwandlung und Verwertung mit der Nahrung aufgenommener Nährstoffe sowie die Entsorgung des Körpers von Endprodukten der Nährstoffverwertung.**

Grundsätzlich unterscheidet man zwischen Aufbaustoffwechsel und Betriebsstoffwechsel.

Der **Aufbaustoffwechsel** sorgt für das Körperwachstum, für die Bildung von Drüsensekreten und für die Ei- und Samenproduktion. Für den Aufbaustoffwechsel werden große Mengen an Eiweiß, Mineralstoffen und Vitaminen benötigt.

Der **Betriebsstoffwechsel** liefert die nötige Energie für die Körperwärme und die Arbeitsleistung. Wichtigster Nährstoff für den Betriebsstoffwechsel sind die Kohlenhydrate. Während der Wintermonate steht der Betriebsstoffwechsel im Vordergrund. Sobald im Frühjahr der Brutumfang immer mehr zunimmt, überwiegt der Aufbaustoffwechsel. Das Vorhandensein der nötigen Baustoffe (Eiweiß, Mineralstoffe) gewinnt im Frühjahr an Bedeutung.

Wie alle anderen Lebewesen benötigen Bienen zur Aufrechterhaltung der Lebensvorgänge Luft, Wasser, Kohlenhydrate, Eiweiß, Fett, Mineralstoffe, Spurenelemente und Vitamine. Diese Nährstoffe müssen ständig in ausreichender Menge vorhanden sein. Das richtige Verhältnis der Nährstoffe zueinander ist für das Funktionieren des Stoffwechsels von großer Bedeutung, da grundsätzlich ein Nährstoff den anderen nicht ersetzen kann. Mit anderen Worten: Steigert man das Angebot bei einem Nährstoff, so können die Lebensbedingungen nur dann verbessert werden, wenn auch alle übrigen Nährstoffe in ausreichender Menge vorhanden sind. (Gesetz des Minimums – begrenzend für den Stoffwechsel wirkt jener Nährstoff, der sich im Minimum befindet.) So kann z. B. ein hohes Pollenangebot (Eiweiß) nur bei gleichzeitig optimaler Nektarversorgung (Kohlenhydrat) genutzt werden.

**Lebensgrundlagen der Biene**

- Luft
- Wasser
- Kohlenhydrate
- Eiweiß
- Fett
- Mineralstoffe
- Vitamine

### Luft

Zur Energieproduktion benötigt der Körper für die Verbrennung der Nährstoffe Sauerstoff, der durch die Atmungsorgane in den Körper gebracht wird. Das dabei entstehende $CO_2$ wird auf dem gleichen Weg abtransportiert. Die erwachsene Biene hat einen weit höheren Sauerstoffbedarf als die Larven. Der Sauerstoffbedarf der Biene hängt von ihrer Arbeitsleistung ab. Daneben spielen auch die Wärmeproduktion und die Umgebungstemperatur eine gewisse Rolle. Der Sauerstoffbedarf von 1 kg Bienen beträgt im Ruhezustand etwa 1,8 l/h, beim Flug jedoch 87 l/h, also die 48-fache Menge (bei einer Temperatur von 20 °C). Während die Sauerstoffversorgung außerhalb des Bienenstockes keine Probleme bereitet, kann es im Stock unter Umständen zu Sauerstoffmangel kommen. Infolge der intensiven Atmung kann der $CO_2$-Gehalt der Luft im Bienenstock stark ansteigen. Die Biene hat am Fühler sehr empfindliche Sinneszellen zur Wahrnehmung des $CO_2$-Gehaltes. Durch den Luftaustausch über das Flugloch wird der $O_2$ und $CO_2$-Gehalt der Stockluft reguliert. Es ist daher besonders darauf zu achten, dass das Flugloch nicht zu klein gehalten wird.

### Wasser

Da sich alle Lebensvorgänge in wässrigen Lösungen abspielen, ist das Wasser der wichtigste „Nährstoff".

Das Eintragen von Wasser hat vor allem im zeitigen Frühjahr Bedeutung. Zu dieser Zeit fehlt noch das im Nektar und Honigtau enthaltene Wasser. Der Bedarf muss durch gezieltes Wassereintragen aus einer Bienentränke gedeckt werden.

Da die Biene – bezogen auf ihr Gewicht – eine große Körperoberfläche aufweist und außerdem mit dem flüssigen Kot viel Wasser abgibt, ist der Wasserbedarf sehr hoch. Dazu kommt noch, dass das Wasser von der Biene nicht gespeichert werden kann (ausgenommen das im Honig enthaltene Wasser). Wasser muss deswegen ständig in ausreichender Menge zur Verfügung stehen. Der Wassergehalt des Bienenkörpers beträgt – wie bei den meisten Lebewesen – ca. 75 % und nimmt mit dem Alter ab.

Der Wasserbedarf eines Bienenvolkes hängt hauptsächlich von der Brutintensität, der Temperatur, der Luftfeuchtigkeit und der Volksstärke ab. Wassermangel tritt in der Regel nur im zeitigen Frühjahr auf. Zu dieser Zeit muss im Stock für die Brut durch Wassereintragen und Verdunsten eine hohe relative Luftfeuchtigkeit aufrechterhalten werden. Erschwert wird dies durch das wechselhafte Wetter (wenige Flugtage) und durch die niedrige relative Luftfeuchtigkeit der Außenluft. Über den Wasserbedarf der Bienen liegen nur wenige Untersuchungen vor; er dürfte pro Volk und Jahr etwa 100 Liter betragen.

### Kohlenhydrate

Kohlenhydratquellen für die Biene sind: Nektar, Honigtau, Pollen und Zucker (Fütterung durch den Imker).

Kohlenhydrate dienen in erster Linie der Energieerzeugung für Arbeitsleistung und Wärmeproduktion. Da Kohlenhydrate vom Körper in Fett umgewandelt werden können, haben sie eine große Bedeutung für die Wachssynthese. Außerdem ist die Biene in der Lage, mit dem Fettkörper Energie zu speichern (Winterbienen). Die ständige Zufuhr von Kohlenhydraten ist für das Bienenvolk lebensnotwendig!

Die Honigbiene sammelt nicht den Honig, sondern Nektar und Honigtau. Aus diesen Ausgangsprodukten erzeugt die Biene Honig. Der Nektar ist eine Absonderung pflanzlicher Nektarien. Diese befinden sich an den Blüten (florale Nektarien)

*Nektar – Blütenhonig: Von Nektarien ausgeschiedener zuckerhaltiger Pflanzensaft (5–50 %), floral und extrafloral*

*Honigtau – Waldhonig: Zuckerhaltige Ausscheidungen pflanzensaugender Insekten (5–20 %)*

oder außerhalb der Blüten (extraflorale Nektarien). Der Nektar stammt vom Siebröhrensaft der Pflanzen und beinhaltet Roh-, Trauben-, Frucht- und Mehrfachzucker. Die Menge und chemische Zusammensetzung des Nektars ist bei jeder Pflanzenart verschieden. Auch bei Pflanzen derselben Art stellt man oft deutliche Unterschiede fest. Die Nektarsekretion ist großen Schwankungen unterworfen, wobei vor allem die Tageszeit, die Temperatur, die relative Luftfeuchtigkeit und die Bodenbeschaffenheit sowie die Austrocknung durch Wind eine große Rolle spielen.

Der **Honigtau** ist keine direkte Ausscheidung von Pflanzen, sondern eine Ausscheidung von Blatt und Schildläusen, die sich vom Siebröhrensaft ernähren. Je nach Herkunft unterscheidet man Blatthonigtau von Laubbäumen (vor allem Ahorn, Linde, Eiche) und Nadelhonigtau von Nadelbäumen (vor allem Fichte und Tanne). Die chemische Zusammensetzung ähnelt jener des Nektars. Allerdings sind die Anteile der einzelnen Zuckerarten unterschiedlich und der Mineralstoffgehalt wesentlich höher.

Die Biene saugt den Nektar bzw. Honigtau mithilfe des Rüssels auf. Über die Speiseröhre gelangt der Nektar in die Honigblase.

Die **Sammelleistung** eines Bienenvolkes hängt von vielen **Faktoren** ab. Die wichtigsten sind:

- **Anzahl der Sammelbienen pro Volk**
- **Sammeltrieb:** Dieser ist zum Teil erblich bedingt. Außerdem haben bestimmte Reize im Stock sowie die Art der Trachtquelle Bedeutung, vor allem die Menge der angebotenen Tracht. Ab Juli, wenn die Tracht abnimmt, steigert sich der Sammeltrieb.
- **Entfernung der Trachtquelle:** Mit zunehmender Flugdauer steigt der Eigenverbrauch der Sammelbiene. Weiter entfernt liegende Trachtquellen werden weniger beflogen. Im Allgemeinen befliegen wirtschaftlich arbeitende Sammelbienen einen Umkreis von 1.000 bis 1.500 Meter.
- **Nektarmenge und Zuckerkonzentration** der einzelnen Pflanzenarten; sie unterliegen großen Schwankungen.
- **Witterung und Flugtage**: Temperatur, Luftfeuchtigkeit, Sonneneinstrahlung und Wind bestimmen die Anzahl der Flugtage und die Nektarsekretion der Blüten.

Der eingetragene Nektar wird oberhalb und seitlich des Brutnestes eingelagert. Nach der Umarbeitung – Versetzen mit Drüsensekret, Umtragen und Trocknung – wird der reife Honig in Zellen gelagert und verdeckelt.

Der Kohlenhydratbedarf eines Bienenvolkes hängt von der Volksstärke, der Futterverwertung, von Umwelteinflüssen und der Arbeitsleistung ab. So verbrauchen Bienen während des Fluges etwa 15-mal so viel Energie wie in Ruhe. Der Jahresbedarf an Honig pro Volk wird ziemlich einheitlich mit 60 bis 80 kg angegeben; das entspricht etwa 120 bis 160 kg Nektar bzw. Honigtau. Der Honigverbrauch ist in den Monaten Mai bis August mit 10 bis 15 kg pro Monat am höchsten und in den Wintermonaten November bis Jänner mit ca. 1 kg pro Monat am niedrigsten.

## Eiweiß

Pollen oder Blütenstaub sammeln die Bienen mit Hilfe des Pollensammelapparates am dritten Beinpaar von den Staubgefäßen der Blüten. Die bei Bienen beobachtete Blütenstetigkeit, d. h. Besuch von jeweils nur einer Blütenart je Sammelflug, ist Voraussetzung für die Bestäubung der Blüten. Die Herkunft des Pollens lässt sich aufgrund der Farbe der Pollenhöschen und der Form der Pollenkörner feststellen. Die so genannte Pollenanalyse bei der Honiguntersuchung ist die beste Methode, die Herkunft eines Honigs zu beurteilen. Im Vergleich zum Nektar bzw. Honigtau, der durch Zuckerfütterung ersetzt werden kann, gibt es keinen vollwertigen Pollenersatz. Mangelnde Frischpollenversorgung kann durch Ersatzstoffe wie Sojamehl, Magermilchpulver oder Hefe nur teilweise überbrückt werden. Bei Anwendung von Pollenersatzstoffen muss immer mit einer wesentlich schlechteren Brutversorgung und Brutentwicklung gerechnet werden.

Der Blütenstaub wird von der Sammelbiene im Stock im Brutnestbereich in eine leere Zelle abgestreift. Stockbienen bearbeiten den Pollen, indem sie ihn mit Drüsensekreten und Honig versetzen und schichtenweise in die Wabenzellen einlagern. Dadurch kommt es zu einer Milchsäuregärung und der Pollen wird siliert und dadurch haltbar gemacht. Schließlich wird der eingelagerte Pollen mit Honig abgedeckt (luftdicht eingeschlossen) und die Zelle verdeckelt. Wie bei jeder Konservierung kommt es auch hier zu einer Herabsetzung der biologischen Wirksamkeit der Eiweißstoffe. Versuche mit Frischpollen und älterem konservierten Pollen zeigen einen deutlich höheren Brutumfang bei Frischpollen.

Von einer ausreichenden Pollenversorgung hängt aber nicht nur die Brutentwicklung ab. Auch die Entwicklung der Futtersaftdrüsen bei den Pflegebienen, der Aufbau des Fettkörpers, die Funktion der Wachsdrüsen und schließlich die Harmonie im Volk sind abhängig von einer jederzeit optimalen Pollenversorgung.

Eiweiß ist der wichtigste Körperaufbaustoff. Es besteht aus Aminosäuren. Die jeweilige Zusammensetzung (Aminosäurensequenz) ist für jede Tier- und Pflanzenart typisch. Der Wert einer Eiweißverbindung hängt von der enthaltenen Aminosäurenmenge und Zusammensetzung ab. Bei den Aminosäuren unterscheidet man zwischen essentiellen und nichtessentiellen Aminosäuren. Essentiell sind jene, die von der jeweiligen Tierart (Biene) nicht selbst synthetisiert werden können und daher unbedingt in der Nahrung enthalten sein müssen. Der Eiweißgehalt von Pollen schwankt je nach Herkunft zwischen 11 und 35 %.

Das Aminosäuremuster von Blütenpollen entspricht weitgehend den Ansprüchen der Biene. Da dies bei den so genannten Pollenersatzstoffen nicht der Fall ist, kann mit diesen Stoffen der Pollen nicht gleichwertig ersetzt werden. Aus diesem Grund ist der Standort der Bienenvölker vor allem nach dem vorhandenen Pollenangebot im Herbst und im Frühjahr auszuwählen.

Der Bedarf an Pollen für die Ernährung der Brut und der Jungbienen ist sehr hoch, während er bei älteren Sammelbienen niedrig ist. Jährlich benötigt ein Bienenvolk etwa 20 bis 30 kg Pollen. Entscheidend ist die lückenlose Deckung des Bedarfes. In der Praxis ist vor allem auf eine ausreichende Versorgung im Frühjahr und im Nachsommer zu achten.

Folgende Pollenherkünfte haben für die Biene hohe biologische Wirksamkeit: Birke, Edelkastanie, Gräser, Heidekraut, Krokus, Mohn, Rotklee, Wegerich, Weide und Weißklee.

### Fett

Das Fett ist neben den Kohlenhydraten der wichtigste Energielieferant der Biene. Die Fettversorgung erfolgt über den Fettgehalt im Pollen, der je nach Herkunft zwischen 0,9 und 14,4 % schwankt. Zum Teil wird Körperfett auch aus Kohlenhydraten aufgebaut. Entscheidend für die Versorgung der Biene sind die im Pollenfett enthaltenen essentiellen Fettsäuren. Diese können – wie die essentiellen Aminosäuren – nicht vom Körper selbst synthetisiert werden und müssen daher unbedingt mit der Nahrung zugeführt werden. Fehlen die essentiellen Fettsäuren bei sonstiger ausreichender Fettversorgung, dann stirbt die Bienenbrut nach der Verdeckelung ab.

### Mineralstoffe und Vitamine

Die optimale Versorgung der Biene mit Mineralstoffen und Vitaminen ist lebensnotwendig.

Die Mineralstoffe unterteilt man nach der benötigten Menge in Mengenelemente und Spurenelemente. Alle Mineralstoffe müssen in der Nahrung in ausreichender Menge vorhanden sein. Wichtige Aufgaben der Mengenelemente sind die Regulation des osmotischen Druckes und die Aufrechterhaltung des Säure-Basen-Gleichgewichtes. Die Spurenelemente sind am Aufbau der Vitamine und Fermente beteiligt. Die Bienen decken ihren Mineralstoffbedarf aus dem Nektar, dem Honigtau, aus Pollen und Wasser.

Die Deckung des Vitaminbedarfs eines Bienenvolkes erfolgt über die Aufnahme von Blütenpollen. Im Pollen sind Vitamine des B-Komplexes sowie die Vitamine C, D und E enthalten. Bei ausreichendem Pollenangebot ist in der Regel auch der Vitaminbedarf gedeckt. Die größte Bedeutung hat die Vitaminversorgung für die Vermehrung und die Bruternährung. Das Fehlen von Vitaminen führt dazu, dass die Bruttätigkeit teilweise oder ganz eingestellt wird. Dass die Versorgung nicht immer optimal ist, kann bei Nektar- bzw. Pollentrachtlücken als sicher angenommen werden. In diesem Zusammenhang muss darauf hingewiesen werden, dass Zuckerwasserfütterung nur der Überbrückung kurzer Trachtlücken dienen kann. Eine länger andauernde Versorgung eines Bienenvolkes auf einem nicht bienengemäßen Standort ist mit Zuckerfütterung nicht möglich.

## Die Biene in der Natur

### Die Bestäubung

**Vermehrung von Pflanzen**

- **vegetativ (über Pflanzenteile)**
  z. B. Ausläufer, Stecklinge
- **generativ (über Samen)**
  → **Pollen** wird durch **Wind** übertragen (Windbestäuber) z. B. Gräser, Getreide
  → **Pollen** wird durch **Insekten** übertragen (Insektenbestäuber) z. B. Obst, Klee, Gemüse

Die Vermehrung von Pflanzen läuft entweder über den vegetativen Weg (Vermehrung über

Pflanzenteile) oder über den generativen Weg (Vermehrung über Samen) ab.

Damit Samen (z. B. Apfelkerne, Getreidekorn ...) entstehen können, muss der Pollen (männliche Zelle) auf die weibliche Narbe übertragen werden. Manche Pflanzenarten besitzen einen leichten, fallschirmähnlichen Pollen, der durch Wind übertragen werden kann. Dies sind die Windbestäuber. Dazu zählen die Gräser- und Getreidearten.

Pflanzen mit einem schweren Pollen sind darauf angewiesen, dass Insekten die Blüten zwecks Aufnahme von Nektar besuchen, dabei der Pollen im Haarkleid haften bleibt und so die männlichen Samenzellen (Pollen) zur nächsten Blüte übertragen werden. Der Pollen bleibt an der Narbe haften, wandert in den Fruchtknoten und die Zellteilung (Fruchtwachstum) beginnt. Die bunten Blütenblätter, der Duft der Blüten und die UV-Reflexion sollen die Insekten anlocken. Die Blüten wirken für die Insekten wie Hinweisschilder: „Hier gibt es Pollen und Nektar."

Da die Biene als einziges für die Blütenbestäubung in Frage kommendes Insekt in großer Volksstärke überwintert, hat sie für die Bestäubung von Natur- und Kulturpflanzen überwiegende Bedeutung.

Hummeln und Wildbienen, die auch zur Bestäubung beitragen, überwintern als Einzeltier und kommen daher zur Blütezeit der wichtigsten Kulturpflanzen nur in geringer Anzahl vor. Bienen befruchten nachweislich etwa 80 % unserer Kulturgewächse. Unter den landwirtschaftlich genutzten Pflanzen sind vor allem Obst- und Beerengehölze auf die Bestäubung durch Bienen angewiesen. Darüber hinaus sichert die Bienenbestäubung den Bestand vieler Wildpflanzen, deren Früchte Futtergrundlage für Tiere sind. Durch das Fehlen der Bienen würde sich nicht nur die Ertragslage vieler landwirtschaftlicher Betriebe verschlechtern, sondern es würde auch zu einer sehr weitgehenden Verarmung an Pflanzen- und Tierarten kommen. Das ökologische Gleichgewicht in der Natur würde empfindlich gestört werden.

**Volkswirtschaftliche Bedeutung**

- **Rohertrag aus dem Bienenvolk**
  → Honig, Wachs ...
- **Ökonomischer Wert**
  → Fruchtertrag
- **Ökologischer Wert**
  → Biodiversität

Der landwirtschaftliche Wert (Bestäubungswert landwirtschaftlich genutzter Pflanzen) beträgt etwa das 10-Fache des durchschnittlichen Honigertrages. In Österreich sind dies etwa jährlich 400 bis 600 Mio. Euro. Der ökologische Wert der Bienenwirtschaft lässt sich gar nicht abschätzen.

Für die Bestäubung durch die Biene haben ihre Blütenstetigkeit und ihre Ortsstetigkeit große Bedeutung. Blütenstetigkeit bedeutet, dass bei einem Sammelflug nur Blüten einer Pflanzenart besucht werden. Ortsstetigkeit bedeutet, dass die Bienen ein bestimmtes Gebiet so lange immer wieder besuchen, bis an dieser Stelle kein Nektar oder Pollen mehr gefunden wird.

**Vorwiegend von der Bestäubung durch die Biene abhängig sind:**

- Bei **landwirtschaftlich genutzten Pflanzen**: Obst- und Beerengehölze, Ölfrüchte (Raps, Sonnenblume), Futterleguminosen, Gemüse.
- Bei **Wildpflanzen**: Eberesche, Schlehe, Vogelkirsche, Weißdorn, Preiselbeere, Himbeere, Brombeere usw.

Bei fehlender Bienenbestäubung ist bei den wichtigsten Obst- und Beerenarten mit großen Ertragsminderungen zu rechnen.

DI Dr. Stefan Mandl hat in umfangreichen Forschungsarbeiten (2006) diese Zusammenhänge intensiv untersucht und folgende Auswirkungen des Bienenbefluges auf den Ertrag festgestellt:

- Raps: ca. 1.000 kg/ha Mehrertrag
- Sonnenblume: ca. 800 kg/ha Mehrertrag
- Kirsche: ca. 80 % Mehrertrag
- Zwetschke: ca. 30 % Mehrertrag
- Marille: ca. Verdreifachung des Fruchtansatzes
- Buchweizen: höheres TKG (Tausendkorngewicht)

Für eine optimale Bestäubung durch Bienen müssen Bienenvölker möglichst nahe an die zu bestäubende Kultur herangebracht werden. Für optimalen Fruchtansatz sind bei Obstkulturen etwa fünf Bienenvölker pro ha erforderlich. Bei Klee und Luzerne benötigt man ca. acht Bienenvölker pro ha. Die Tatsache, dass Landwirte (vor allem Obstbauern) und Imker wirtschaftlich voneinander abhängig sind, sollte in Zukunft zu einer noch intensiveren Zusammenarbeit führen.

## Das Bienenleben im Jahresablauf

Das Bienenleben im Jahresablauf erfolgt nach naturgegebenen Regeln. Im Wesentlichen wird es bestimmt durch den Standort (Klimazone, Trachtverhältnisse) und durch die spezifischen Rasseneigenschaften. Optimal geeignet für den jeweiligen Standort sind Bienenvölker, die sich bestmöglich an die Umweltbedingungen angepasst haben. Das Verbringen von Bienenvölkern aus der Frühtrachtzone in die Sommertrachtzone ist meist mit Schwierigkeiten verbunden.

Für die Praxis muss gelten: Immer mit möglichst optimal an die Standortbedingungen angepassten Bienenvölkern arbeiten.

Eine Verbesserung der Anpassung innerhalb einer geographischen Bienenrasse durch Auslese (Selektion) über mehrere Generationen ist möglich. Dieser Umstand ist in der Königinnenzucht zu berücksichtigen. Für den erwerbsorientierten Imker bedeutet dies, innerhalb seines Betriebes möglichst strenge Auslese zu betreiben und möglichst kein Bienenmaterial aus anderen Klimazonen zu beziehen. Durch ständigen Zukauf von Königinnen aus anderen Gebieten kann es nie zur erwünschten Anpassung der Bienen an die spezifischen Umweltbedingungen kommen. Unbedingt abzuraten ist von dem Zukauf von Bienenrassen aus anderen Klimagebieten. Die Anpassung an unsere Gegebenheiten ist nahezu unmöglich.

### Spätsommer

Das Bienenjahr beginnt mit dem Spätsommer. Im Laufe des Monates Juli erfolgt in den meisten Imkereien die letzte Schleuderung. Die letzte Schleuderung stellt einen der schwerwiegendsten Eingriffe in das Bienenvolk dar, da zu dieser Zeit keine nennenswerte Tracht mehr vorhanden bzw. zu erwarten ist. Um die Leistungsfähigkeit für das nächste Jahr zu gewährleisten, gilt es nun, die Völker noch einmal so stark wie möglich zu machen. Je stärker und je jünger die Völker eingewintert werden, umso besser ist die Frühjahrsentwicklung. Die Winterbienen schlüpfen etwa ab Anfang September. Um eine optimale Pflege der Winterbienenbrut zu sichern, muss dafür gesorgt werden, dass ab Mitte August möglichst viele Ammenbienen vorhanden sind. Die Ernährung und Pflege der Winterbienenbrut ist entscheidend für die Langlebigkeit der Winterbienen. Nach der Sommerschleuderung muss der entnommene Honig möglichst rasch und in ausreichender Menge (mindestens 10 kg Vorrat) durch Zuckerwasser, Flüssigfutter oder

Futterteig ersetzt werden. Um ein Verhonigen des Brutnestes zu verhindern, benötigen normale Wirtschaftsvölker zur Überwinterung zwei Einheiten. Die Herbstauffütterung sollte Ende September abgeschlossen sein.

Fehlende Nachsommerpflege, vor allem mangelnde Futterversorgung, kann im nächsten Frühjahr nicht mehr ausgebessert werden. Grundsätzlich ist bei der Nachsommerpflege der Bienenvölker so vorzugehen, dass dieselben Bedingungen wie bei einem nicht abgeschleuderten Volk herrschen.

## Winterruhe

Mit dem Rückgang der Temperatur im Herbst wird der Bienenflug eingestellt. Das Bienenvolk zieht sich zur Wintertraube zusammen. Die Wintertraube befindet sich im Magazinstock in der Regel nahe dem Flugloch. Während des Winters rückt sie langsam nach hinten und oben den Futtervorräten nach. Solange die Kälteperiode andauert, können die besetzten Wabengassen kaum gewechselt werden. Die Temperatur in der Wintertraube schwankt zwischen 20 und 30 °C. Je stärker ein Bienenvolk im Winter ist, umso weniger wird die Einzelbiene belastet. Während des Winters ist vor allem darauf zu achten, Störungen vom Bienenstand fernzuhalten. Bei normaler Futterzehrung können die Winterbienen etwa vier Monate ohne Entleerung der Kotblase aushalten. In unserem Klimagebiet finden bereits im Jänner oder Anfang Februar Reinigungsflüge statt. In normalen Jahren finden sich bereits im Jänner im Zentrum des Bienensitzes einige Brutzellen. Probleme bei der Überwinterung treten vor allem bei ungeeignetem Winterfutter (Honigtauhonig) und in strengen Wintern ohne Reinigungsflüge auf. Schwierigkeiten bereiten auch zu schwache oder weisellose Völker. Solche Problemvölker sind im Frühjahr meist aufzulösen.

Mit steigender Tageslänge und Temperatur sind am Ende des Winters die ersten Reinigungsflüge möglich. Dabei wird der Kot abgesetzt und die Bienen beginnen mit der Beseitigung des Wintertotenfalles. Beobachtungen des Reinigungsfluges ermöglichen ein erstes Urteil über den Zustand der Völker.

## Frühjahr und Sommer

Die Zunahme der Volksstärke im Frühjahr hängt wesentlich von der Langlebigkeit der Winterbienen ab. Entscheidend für den Übergang von Winterbienen zu Sommerbienen sind außerdem die Temperatur im Februar und März sowie ein ausreichendes Frühjahrspollenangebot (bienengemäßer Standort). Grundsätzlich entwickeln sich Bienenvölker der Frühtrachtzone auch bei kurzlebigeren Winterbienen rasanter als Völker der Sommertrachtzone. Anhand von Brutkurven lässt sich die Entwicklung des Bienenvolkes anschaulich darstellen. Bis zum Entwicklungshöhepunkt in der ersten Junihälfte nimmt der Brutumfang rasch zu. Starke Völker erreichen zum Entwicklungshöhepunkt rund 40.000 Brutzellen. Während der Aufwärtsentwicklung darf der Platz für die Brut keinesfalls eingeengt werden, dass heißt bei Dadant ein, bei Breitwaben oder der Zanderbeute zwei und bei der Flachzarge sind drei Bruträume erforderlich. Die ausreichende Futter- bzw. Honigversorgung muss ständig gewährleistet sein, da das Bienenvolk immer Kontakt zum offenen Futter und zur verdeckelten Futterkappe benötigt. Solange der Entwicklungshöhepunkt nicht erreicht ist, muss im Bienenvolk eine Aufwärtsentwicklung möglich sein (siehe Zargenwechsel). Mit der Sommersonnenwende geht der Bruteinschlag wieder zurück. Gleichzeitig vermindert sich auch die Volksstärke. Im Juni muss ein Wirtschaftsvolk drei Einheiten Breitwabe oder Zander bzw. fünf Flachzargen besetzen; das sind etwa 60.000 Bienen. In die Zeit der stärksten Aufwärtsentwicklung (Mai bis Juni) fällt die Schwarmzeit. Das Schwärmen stellt die natürliche Vermehrungsart der Biene dar. Eine gänzliche Verhinderung des Schwärmens ist aus diesem Grunde in der Praxis nicht möglich. Der erwerbsorientierte Imker sollte alle Voraussetzungen für das Schwärmen kennen und entsprechende vorbeugende Maßnahmen setzen. Grundsätzlich wird das Schwärmen durch eine alte Königin und durch Platz- und Futtermangel begünstigt. Müssen schwarmverhindernde Maßnahmen gesetzt werden, so ist grundsätzlich eine Methode zu wählen, die eine Rückvereinigung vor der Tracht problemlos ermöglicht (siehe Schwarmverhinderung). Im Sommer, vor allem nach der Tracht, ist die optimale Versorgung des Bienenvolkes der Grundstein für die Leistungsfähigkeit im nächsten Jahr.

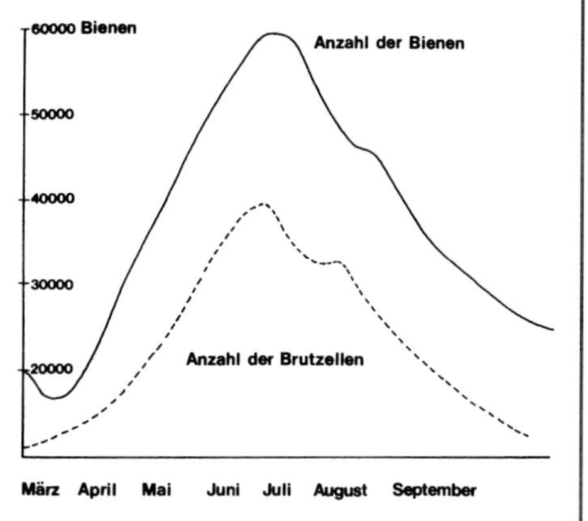


Entwicklung der Bienenpopulation im Jahresablauf

# Bienenpflege

## Führung der Völker im Jahresablauf

Wenn man die Varroamilbe außer Acht lässt, braucht die Biene für ihr Überleben nicht den Menschen. Beschränkt man sich auf die Beobachtung eines Bienenvolkes, so wird das Volk einige Jahre überleben. Wenn eines Tages der Bienenstock leer ist, so hat das Volk durch die Bildung von Schwärmen auf natürliche Art für seine Vermehrung gesorgt und ein Weiterbestehen der Bienen ist gesichert. Einen wirtschaftlichen Nutzen kann man aus dieser Beobachtung nicht ziehen!

*Erfolgreiche Völkerführung*

Die richtige Völkerführung soll die natürliche Entwicklung des Bienenvolkes fördern und negative Einflüsse vermeiden.

Jeder Eingriff soll für das Bienenvolk eine Erleichterung, also eine Verbesserung der Lebenssituation, bewirken.

Die Betriebsweise ermöglicht es dem Imker, aus der Bienenhaltung wirtschaftlichen Nutzen zu ziehen. Grundvoraussetzung für eine erfolgreiche Völkerführung ist eine genaue Kenntnis über das Bienenleben – die Steuermechanismen im Bienenvolk. Das Bienenvolk ist in seinen Lebensvorgängen ein „wildes" Tier geblieben – der Imker kann ihm seine Vorstellungen von Bienenhaltung nicht aufzwingen!

Wir müssen uns in der Völkerführung an die Bedürfnisse des Bienenvolkes jederzeit anpassen, um Erfolg zu haben. Dies ist nur mit einer optimalen Magazinbetriebsweise möglich.

## Steuerungsmechanismen und Wechselwirkungen im Bienenvolk

### Attraktivität der Königin – Produktion von Königinnensubstanz

Die Pheromone der Bienenkönigin steuern die Lebensvorgänge im Bienenvolk. Der Alterungsprozess eines Bienenvolkes, der sich durch zunehmende Schwarm- und Umweislungsneigung äußert, ist auf die verminderte Pheromonproduktion zurückzuführen. Obwohl bei älteren Königinnen die Produktion der Königinnensubstanz zurückgeht, bilden einige wenige noch starke Völker. In der Honigleistung sind Völker mit drei- oder vierjährigen Königinnen immer unterlegen. Für die Praxis bedeutet dies die Notwendigkeit eines zweijährigen Königinnenumtriebes. Wenn man die jeweils schlechtere Hälfte (unterdurchschnittlicher Ertrag) der Bienenvölker jährlich umweiselt, ergibt sich der zweijährige Königinnenumtrieb von selbst.

### Wechselwirkung zwischen Eiquote und Putztrieb

Die Königin kann nur so viele Eier legen, als geputzte Zellen zur Verfügung stehen. Vitale, starke Völker bereiten größere Wabenflächen für die Eiablage vor; nur dann ist es möglich, die Legeleistung der Königin voll auszunutzen.

### Der Reservetrupp

Die Aktivierung des Reservetrupps steht in engem Zusammenhang mit der Produktion an Königinnensubstanz. Wesentlich dabei ist, dass die Entwicklung der weiblichen Eigenschaften der Arbeiterinnen gehemmt wird. Der Großteil der Bienen gehört dem Reservetrupp an. Ihre Aktivierung zur Sammelbiene, ist somit wesentlich für den Ertrag.

### Wechselwirkung zwischen Brutumfang und Raumverhältnissen

Die Volksstärke bestimmt wesentlich den Honigertrag. Es muss daher mit dem Beutensystem dafür gesorgt werden, dass große Brutnester angelegt werden können. Das Bienenvolk muss sich ungehemmt entwickeln können. Beutensysteme, in denen das nicht möglich ist, sind grundsätzlich für die erwerbsorientierte Imkerei unbrauchbar! Verschieden hohe Rähmchenmaße haben auf den Gesamtumfang der Brut keinen Einfluss.

Viel wichtiger als die Rähmchenhöhe ist, dass eine entsprechende Anzahl von Brutwaben zur Verfügung steht. Brutmessungen haben ergeben, dass Völker mit mehr als 40.000 Brutzellen sehr selten sind. Da nicht die gesamte Wabenfläche bebrütet wird, kann man sagen, dass, ausgenommen von Dadant, bei allen Beutensystemen mehr als ein Brutraum erforderlich ist. Die Ausdehnung des Brutnestes muss in alle drei Dimensionen gewährleistet sein. Steht in einer Richtung nicht genügend Platz zur Verfügung, so kann dieser

Platzmangel nicht durch eine stärkere Ausdehnung des Brutnestes in eine andere Richtung behoben werden.

### Wechselwirkung zwischen Pollenvorrat – Temperatur – Brutbeginn

Der erste Bruteinschlag entscheidet über den weiteren Entwicklungsverlauf des Bienenvolkes. Wesentlich für einen frühen Brutbeginn sind der Pollenvorrat im Wintersitz (Herbstpollentracht) und die Frühjahrspollenversorgung (Salweidenblüte). Um eine starke Frühjahrsentwicklung zu erreichen sind zur Salweidenblüte Temperaturmaxima von 10 °C erforderlich.

In der Praxis muss sich der Magazinimker ständig der Wechselbeziehung zwischen Königin, Bienenvolk und Umwelt bewusst sein. Alle Eingriffe müssen der optimalen Volksentwicklung dienen. Das heißt: Möglichst wenig in das Brutnest eingreifen. Jede Trachtunterbrechung führt zu Bruteinschränkung und Schwarmbereitschaft. Solche Trachtlücken müssen dann durch Fütterung überbrückt werden.

Die Anwendung einer starren Betriebsweise bringt in der Praxis kaum Erfolg. Jeder Eingriff in das Bienenvolk ergibt sich aus der Beurteilung der jeweiligen Situation!

Unabhängig vom Beutensystem und von den jeweiligen Gegebenheiten gelten nebenstehende Grundsätze bei der Führung der Völker im Jahresablauf!

Von einer bienengemäßen Völkerführung kann man nur sprechen, wenn das Beutensystem die Befolgung der vorhin genannten Grundsätze ermöglicht! Grundsätzlich kann man nur mit Magazinsystem alle Prinzipien der Völkerführung beachten.

*Futterwabe einschieben: Trachtlücken müssen durch Fütterung überbrückt werden*

**WICHTIG** **Aufzeichnungen**

Sie müssen Stockkarten führen!

**Lebensgrundlagen**

Um die Lebensgrundlagen des Bienenvolkes positiv zu beeinflussen, kann der Imker folgende Maßnahmen setzen:

- Wahl des bienengemäßen Standortes
- Gestaltung der Raumverhältnisse
- Sinnvolle Trachtlückenfütterung
- Standhygiene und intensive Bauerneuerung
- Aufzucht und Auslese von Königinnen

## GRUNDSÄTZE der Völkerführung

- ☐ Nach der letzten Honigernte ist sofort für einen Mindestfuttervorrat von 10 kg zu sorgen.
- ☐ Das Winterfutter muss von Mitte September bis Ende April reichen.
- ☐ Zu viele Eingriffe in das Brutnest sind zu unterlassen.
- ☐ Jede Brutbeschränkung ist zu vermeiden – richtiger Einsatz des Absperrgitters.
- ☐ Der Raum ist der jeweiligen Volksstärke anzupassen.
- ☐ Die Bildung von Ablegern darf erst bei entsprechender Volksstärke erfolgen und sie sind so zu erstellen, dass sie eine optimale Überwinterungsstärke erreichen.
- ☐ Wahl des richtigen Standortes, um eine ständig ausreichende Nährstoffversorgung der Bienen zu gewährleisten.
- ☐ Jeder Eingriff hat planmäßig zu erfolgen – möglichst wenige Eingriffe im Jahresablauf.
- ☐ Ausreichende Bauerneuerung durch einen dreijährigen Wabenumtrieb.
- ☐ Ständige Varroakontrolle und damit gezielte Bekämpfungsmaßnahmen setzen, um den Fortbestand der Bienenvölker zu sichern.

**Volk Nr.**

# Stockkarte

**Biene Österreich**

| | 4 | 3 | 2 | 1 |
|---|---|---|---|---|
| Sanftmut - Sa | sehr sanft | sanft | sticht | sehr böse |
| Wabensitz - Ws | sehr ruhig | ruhig | läuft | läuft stark |
| Schwarmneigung - Sn | keine | best. o. off. WZ | Eingriff getätigt | geschwärmt |

MW ...Mittelwände
BW ...Brutwaben
Fu ...Futter
Ho ...Honig

**Imker**........................................................ **Königin Nr. BÖ**........................................................

**Betriebsnr.** ............................................ **Vatervölker Zuchtbuchnr.** ....................................

**Stand**........................................................ **Mutter Zuchtbuchnr.** ............................................

| Datum | Sa | Ws | Sn | MW± | BW± | Fu | Ho kg | Varroa | Anmerkungen |
|---|---|---|---|---|---|---|---|---|---|
| | | | | | | | | | |
| | | | | | | | | | |
| | | | | | | | | | |
| | | | | | | | | | |
| | | | | | | | | | |
| | | | | | | | | | |
| | | | | | | | | | |

# Flachzargenbetriebsweise

Die Flachzarge stammt aus Nordamerika. Anfangs war es Dadant, der zu seinem Brutraum einen flachen Aufsatz konstruierte. Auch in Österreich versuchte man die Flachzarge nur als Honigraum zu verwenden. In Kombination Ganzzarge und Flachzarge wird von vielen Imkern praktiziert, da das geringere Gewicht des Honigraums eine gewisse Erleichterung für den Imker ist. Aufgrund der Schwierigkeiten beim Wabenumtrieb, kam man zur reinen Flachzargenbetriebsweise.

Bei der Flachzarge ist darauf zu achten, dass die Längsmaße von Zander, Breitwabe oder Langstroth eingehalten werden. Die Höhe des Rähmchens ist mit 16 cm genormt. Die Flachzargenbetriebsweise kann nur im Kaltbau, also im rechten Winkel zum Flugloch, sinnvoll angewendet werden.

An die Grundsätze in der Völkerführung muss man sich auch bei der Flachzargenbetriebsweise halten. Eine Ausnahme stellen die Eingriffe in das Brutnest dar. Es ist durchaus kein Problem, bei guter Tracht Mittelwände in das Brutnest zu geben. Durch das kleinere Rähmchenmaß wird das Kleinklima im Volk nicht wesentlich gestört.

Die Flachzargenbetriebsweise ist nur um zwei Erweiterungsschritte arbeitsintensiver als die Ganzzargenbetriebsweise. Setzt man die einzelnen Erweiterungsschritte gezielt und dem Bienenvolk angepasst, wird man feststellen, dass die Flachzargenimkerei eine Erleichterung darstellt. Zwei wichtige Punkte sind unumgänglich, einerseits der Zargenwechsel, um das Brutnest kompakt in den unteren Einheiten zu halten, andererseits das Zwischenschieben der Zargen anstelle des Aufsetzens. Befolgt man diese Regeln wird man durch die bessere Trachtausnützung und Sortenhoniggewinnung ohne Verwendung des Absperrgitters zum gewünschten Erfolg gelangen.

**Vorteile der Flachzarge**

- Sortenhoniggewinnung
- Gewicht – leichtere Honigräume
- Großzügigeres Erweitern
- Besserer Wabenumtrieb
- Absperrgitterfreies Imkern

*Flachzargenbetriebsweise*

**Arbeiten im Jahreslauf**

- Sommerrevision – erfolgt unmittelbar nach Trachtschluss
- Varroahauptbehandlung – muss Ende August abgeschlossen sein
- Umweiseln – mit Ableger, Begattungskästchen und Zusatzkäfig
- Futterrevision und Herbstauffütterung – soll bis Mitte September abgeschlossen sein
- Varroanachbehandlung und Wintersicherung
- Restentmilbung
- Auswinterungs- und Frühjahrsrevision
- Erweiterungen bzw. Zargenwechsel
- Honigraumgabe
- Zwischeneingriffe – Jungvolkbildung, Schwarmvorbeugung, Schwarmverhinderung Honigernte

## Sommerrevision

In der zweiten Julihälfte erfolgt bei den meisten Imkern die letzte Schleuderung. Ausnahmen bilden Tannentrachtgebiete und die Sonnenblume. Das Abernten der Völker stellt einen schweren Eingriff in das Bienenvolk dar, da jetzt keine nennenswerte Tracht mehr zu erwarten ist. Es ist besonders wichtig, den entnommenen Honig durch Futter zu ersetzen. Bereits jetzt beginnt der Neuaufbau der Völker für das kommende Jahr. Es geht nun vor allem darum, die Völker noch einmal so stark wie möglich zu machen. Je stärker und je jünger ein Bienenvolk eingewintert wird, umso leistungsfähiger wird es im darauffolgenden Jahr sein.

Unabhängig davon, wie viele Einheiten das Volk vor der letzten Schleuderung besetzt, benötigt es jetzt bei Dadant eine, bei Zander und der Breitwabe zwei und bei der Flachzarge zwei bis drei Einheiten.

### Sofortiger Futterersatz

Unmittelbar nach der Schleuderung muss der Futtervorrat auf mindestens 10 kg ergänzt werden! Das natürliche Nektarangebot im August reicht nicht aus, um starke Wintervölker zu erzielen. Um junge, leistungsfähige und langlebige Winterbienen zu erhalten, darf es nun keine Brutrückschläge geben. Es kommt aber nicht nur auf die Winterbienenbrut an, sondern auch auf die Anzahl der Ammenbienen, welche die Winterbrut pflegen.

Die Futterergänzung nach der Schleuderung und die anschließende Auffütterung sollten grundsätzlich nur mit Flüssigfutter erfolgen. In der Praxis gibt man 4 Liter Zuckerwasser oder Apiinvert. Bei geringer Tracht wird ein Großteil dieses Futters in Brut umgesetzt. Ist die Tracht besser, so bildet dieses Futter den Grundstock für die Herbstauffütterung.

### Kontrolle der Völker

Das Brutnest ist auf Anzeichen von Brutkrankheiten – vor allem Faulbrut – genau zu prüfen.

Völker mit lückrigem Brutnest sind auszuscheiden.

Jungfernwaben müssen entfernt oder an den Rand gegeben werden, sie können im Winter wie ein Trennschied wirken und das Volk verhungert.

Falls sich im Zentrum des Brutnestes volle Pollenwaben (Pollenbretter) befinden, sollen sie jetzt an den Rand gehängt werden, da sie ansonsten ein Hindernis im Brutnest bilden.

Spät abgeschwärmte oder durch längere Weisellosigkeit geschwächte Völker fallen durch geringere Volksstärke auf und werden für die Umweiselung mittels Ableger vorgemerkt.

*Wildbau*

Die Pollenreserven sind noch zu überprüfen und der Wildbau im hohen Boden ist zu entfernen.

**WICHTIG** **Wildbau entfernen**

**Bei starken Völkern mit Wildbau im hohen Boden sind erfolgreiche Varroabekämpfungen mit Ameisensäure schwerer möglich!**

## Varroahauptbehandlung

Genau so rasch wie der Futterersatz muss anschließend die Varroahauptbehandlung durchgeführt werden. Durch die Behandlungen wird es in den meisten Fällen zu Brutrückschlägen kommen. Deshalb ist ein gutes Behandlungskonzept mit zugelassenen Mitteln zu erstellen, damit nach der Behandlung wenige Restmilben übrigbleiben. Denn nur so können gesunde Winterbienen entstehen. Es hat sich gezeigt, dass nach einer guten Varroabekämpfung, die **Anfang August** beendet ist, die Völker bis Mitte September ihre ca. 15.000 Winterbienen haben. Somit ist gewährleistet, dass diese Völker viel früher brutfrei sind und damit eine Restentmilbung schon frühzeitig möglich ist. Um sicher zu sein, dass die Hauptbehandlung erfolgreich durchgeführt wurde, legt man zwei Wochen nach der Behandlung das Varroadiagnosegitter ein. Der natürliche Totenfall muss jetzt unter einer Milbe pro Tag liegen.

*Hauptbehandlung*

*Nachbehandlung*

*Restentmilbung*

## Umweiseln

Alle Völker, deren Honigleistung schlechter war als der Standdurchschnitt, sind jährlich umzuweiseln. Bei solchen leistungsmäßig nicht entsprechenden Völkern ist es zwecklos, auf ein zweites Leistungsjahr zu warten, da die Honigleistung mit dem Alter der Königin geringer wird. Entscheidend für die Frage, welche Völker umzuweiseln sind, ist also das Ergebnis der Leistungsprüfung (siehe Kapitel Königinnenzucht, S. 134). Will man der Forderung eines zweijährigen Königinnenumtriebes nachkommen, sind jährlich 50 % der Völker umzuweiseln.

Umweiselungen müssen so durchgeführt werden, dass keine Brutunterbrechung stattfindet. Bei Ameisensäurebehandlungen ist es für die Langlebigkeit der Königin wichtig, nach der Behandlung umzuweiseln. Trotzdem soll die neue Königin noch genug Zeit haben, um den Hauptanteil an eigenen Winterbienen zu produzieren.

Einer der wichtigsten Faktoren für eine erfolgreiche Umweiselung ist die Pheromonabgabe der neuen Königin. Diese ist bei einer Königin, die bereits einige Zeit in einem Ableger legt, weit höher als bei einer Königin, die gerade aus einem Begattungskästchen heraus verschickt wird.

## Umweiseln mit Ableger

Mit Ablegern sollte man alle Völker umweiseln, die nach der letzten Schleuderung nur mehr eine Zarge besetzen. Das sind in der Regel alle spät abgeschwärmten oder länger weisellosen Völker. Die Ableger werden über Zeitungspapier aufgesetzt. In das Zeitungspapier stößt man einige Löcher. Will man absolut sichergehen, dass die Jungkönigin im Stock verbleibt, muss man die alte Königin entfernen. Dies ist unbedingt zu empfehlen, wenn Völker mit ein- oder zweijährigen Königinnen umgeweiselt werden sollen. Befindet sich im umzuweiselnden Volk eine ältere Königin, so setzt sich fast immer die Jungkönigin durch, auch wenn man die alte Königin nicht entnimmt.

Ableger, die zur Umweiselung verwendet werden, müssen rechtzeitig erstellt werden, damit die junge Königin schon eigene Nachkommen hat. Erstellt man einen Ableger mit einer begatteten Königin, so kann er vier Wochen nach seiner Erstellung problemlos zur Umweiselung verwendet werden.

Wird zum Umweiseln des Volks ein Saugling erstellt, werden die verdeckelten Brutwaben ohne Bienen über Absperrgitter in die Zarge umgehängt. Sobald die Waben wieder mit Bienen besetzt sind, ersetzt man das Absperrgitter durch einen Zwischenboden. Zwei Stunden später setzt man eine begattete Königin zu. Mit der Umweiselung sollte man jetzt warten, bis die junge Königin mindestens vier Waben bestiftet hat. Dabei wird die alte Königin aus dem Volk entnommen und der Zwischenboden durch ein durchlöchertes Zeitungspapier ersetzt.

### Zeichenerklärung der Beuteschemen

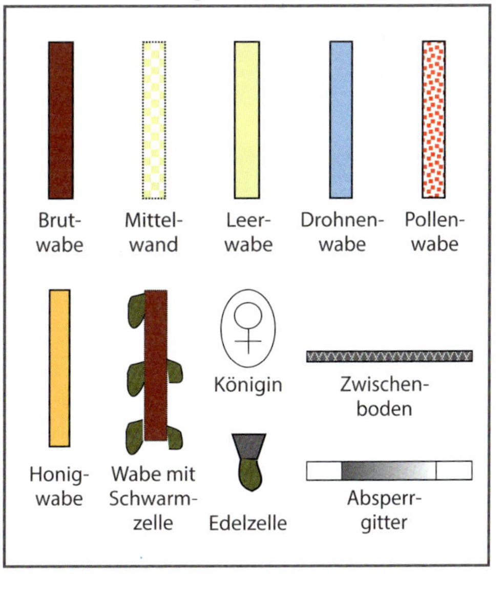

### Saugling zur Umweiselung

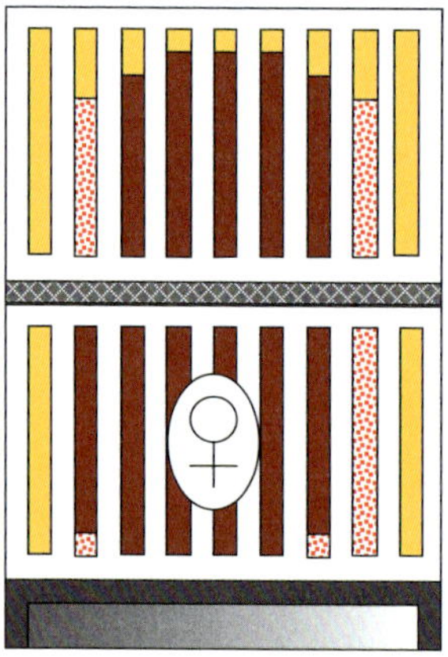

Sauglingbildung: Verdeckelte Brutwaben ohne Bienen werden in die obere Einheit gegeben und durch ein Absperrgitter von der Königin getrennt.

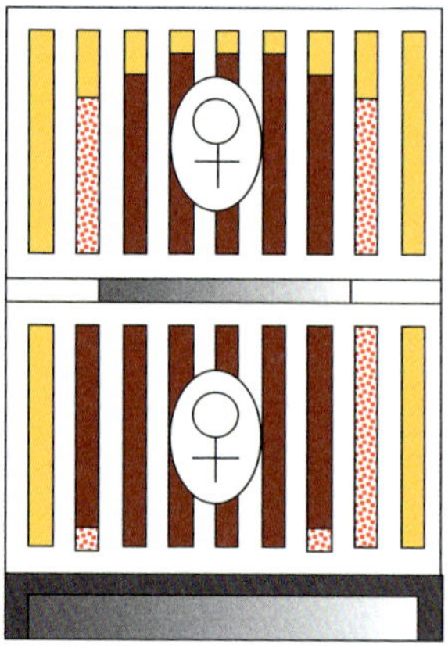

Sobald die Brutwaben mit Bienen besetzt sind, wird das Absperrgitter durch den Zwischenboden ersetzt. Nach Eintreten der Weiselunruhe wird eine begattete Königin unter Zuckerteigverschluss zugesetzt.

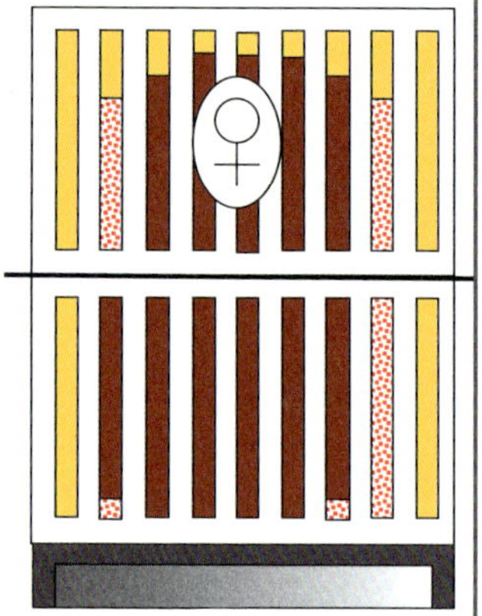

Sobald die junge Königin mind. 4 Waben bestiftet hat, etwa drei Wochen nach der Erstellung, wird die alte Königin entnommen und der Saugling mit dem Muttervolk über Zeitungspapier vereinigt.

## Umweiseln mit Begattungskästchen

Das Apidea-Begattungskästchen eignet sich hierfür sehr gut. Dem Volk wird eine Leerzarge aufgesetzt. Das Begattunskästchen wird vorne verschlossen und der Boden geöffnet. Zwischen Volk und Kästchen wird, wie schon beim Umweiseln mit Ablegern, Zeitungspapier gelegt. Hierbei muss die Königin aus dem Volk entfernt werden.

*Umweiseln mit Apidea*

## Umweiseln mit Zusatzkäfig

Umgeweiselt wird am häufigsten mit diversen Zusatzkäfigen. Entscheidend für den Erfolg sind das Eintreten der Weiselunruhe und die Durchfressdauer durch die Futterteigkammer.

Zuerst entweiselt man die Völker und wartet, bis sich diese weisellos fühlen. Es empfiehlt sich, mindestens zwei Stunden zu warten. Nach Eintreten der Weiselunruhe wird die begattete Königin (ohne Begleitbienen) unter Zuckerteigverschluss zugesetzt. Bei kleineren Käfigen bleibt die Königin noch einen Tag unter festem Verschluss (die Zuckerteigkammer bleibt verschlossen) und wird dann erst freigegeben. In der Praxis empfiehlt es sich, die Völker am Vormittag zu entweiseln und am Abend die neue Königin in Kombination

*100-%-Käfig*

mit einer Fütterung zuzusetzen. Verwendet man hierbei einen 100-%-Käfig, darf man mit einem hundertprozentigen Annahmeerfolg rechnen.

Eine Woche später sind die Völker auf Weiselrichtigkeit zu überprüfen.

## Futterrevision und Herbstauffütterung

Grundsätzlich soll die Herbstauffütterung bis Mitte September abgeschlossen sein. Eine Ausnahme stellen hier die Ackerbaugebiete dar, wo sehr viele Zwischenfrüchte, wie Buchweizen, Ackersenf und Phazelia, angebaut werden. Hier muss die Tracht sehr genau beobachtet werden und die Fertigfütterung wird erst Mitte bis Ende September durchgeführt. Im Oktober kann es schon so kalt sein, dass die Völker nur mehr schwer Futter annehmen. Es wird immer wieder beobachtet, dass früh eingefütterte Völker besser überwintern.

Wie schon erwähnt, werden die Völker aufgrund ihrer Volksstärke und dem Beutensystem auf ein, zwei oder drei Räumen überwintert. Es darf nicht vorkommen, dass für die Anlage des Brutnestes zu wenig Platz vorhanden ist.

Ein weiterer wichtiger Faktor ist, dass die Futtermenge von etwa 20 kg eingelagert werden kann, ohne dass die Bienen im Winter kalt sitzen. Das bedeutet dass sie auf leeren und nicht direkt auf den vollen Futterwaben in der Wintertraube sitzen. Im Frühjahr muss noch genug Futter vorhanden sein, dass sich das Bienenvolk in die Futtervorräte hinein entwickeln kann.

Eine Zweiraumüberwinterung bringt praktisch keine Nachteile. Der geringe Mehrverbrauch an Futter stellt für die Bienen keine nennenswerte Mehrbelastung dar. Den höheren Aufwand für Winterfutter bekommt der Imker durch stärkere Völker und einen höheren Honigertrag wieder zurück.

Besonders zu beachten ist eigentlich nur, dass der Abstand zwischen den Zargen nicht zu groß ist. Der Rähmchenabstand darf höchstens 8 bis 9 mm betragen! Bei größerem Abstand kann es vorkommen, dass die Wintertraube abreißt und ein Teil der Winterbienen verhungert.

Ableger oder Kunstschwärme, die als Reservevölker in den Winter gehen, werden häufig auf einem Raum oder in speziellen Ablegerbeuten überwintert. Bei diesen Völkern muss das Winterfutter besonders genau dosiert werden. Einerseits darf es nicht zu wenig sein, andererseits muss man darauf achten, nicht so viel einzufüttern, dass die Bienen kalt (auf verdeckelten

*Fütterung*

Futterwaben) sitzen. Da das Winterfutter bei diesen Völkern oft nicht bis Ende April reicht, muss eine entsprechende Frühjahrsreizfütterung durchgeführt werden. Grundsätzlich ist es besser, die Jungvölker so zu erstellen, damit sie gleich stark eingewintert werden wie die Ertragsvölker.

Die Futtermenge, die zur Herbstauffütterung gegeben werden muss, richtet sich nach dem bereits vorhandenen Futtervorrat im Stock und nach dem Futterverbrauch von Mitte September bis Ende April. Das Winterfutter soll bis zur ersten nennenswerten Frühtracht (Obstblüte) reichen. In diesem Fall kann man auf eine Frühjahrsreizfütterung verzichten. Da die Entwicklungsfreudigkeit wesentlich vom Futtervorrat abhängt, ist es günstiger, wenn sich die Völker im Frühjahr in das Futter hineinentwickeln können. Durch das Umtragen des Futters ergibt sich automatisch eine Reizwirkung. Die Winterfuttermenge muss so bemessen sein, dass am Beginn der Tracht noch ein Mindestvorrat von 5 kg Futter vorhanden ist. Die Waagstockabnahme von Mitte September bis Ende April beträgt im Durchschnitt ca. 18 kg. Unter Berücksichtigung eines Vorrates von 5 kg Ende April ergibt sich, dass Mitte September etwa 23 kg Futtervorrat vorhanden sein muss.

### Monatlicher Futterverbrauch

| Monat | Waagstockabnahmen | Errechneter Futterverbrauch |
|---|---|---|
| Jänner | 1,2 kg | 1,2 kg |
| Februar | 2,0 kg | 2,5 kg |
| März | 3,0 kg | 6,0 kg |
| April | 2,5 kg | 8,0 kg |
| Mai | – | 15,0 kg |
| Juni | – | 15,0 kg |
| Juli | – | 12,0 kg |
| August | – | 10,0 kg |
| September | 5,7 kg | 7,0 kg |
| Oktober | 2,0 kg | 3,0 kg |
| November | 1,0 kg | 1,0 kg |
| Dezember | 1,0 kg | 1,0 kg |
| **Summe** | **18,4 kg** | **81,7 kg** |

*Kontrolle der Futtermenge mit der Federwaage*

Die Feststellung der noch einzufütternden Zuckermenge bei der Schlussfütterung erfolgt am einfachsten durch die Feststellung des Gewichtes der Beute. Man kann dazu am zweckmäßigsten eine Federwaage verwenden. Durch leichtes Anheben der Beute mit der Federwaage erhält man die gewünschte Gewichtsangabe. Aufgrund von Erfahrungswerten kann man die noch fehlende Futtermenge genau ermitteln.

Für die Herbstauffütterung eignet sich nur Flüssigfutter ohne jeden Futterzusatz! Bei der Herstellung des Flüssigfutters kann man Zucker und Wasser entweder im Verhältnis 1 : 1 oder 3 : 2 mischen. Noch besser eignet sich Apiinvert für die Herbstauffütterung. Die Vorteile von Apiinvert bestehen darin, dass es ein gebrauchsfertiges und in den Waben nicht kristallisierendes Futter ist.

**Auffütterung**

**Apiinvert**

| | | |
|---|---|---|
| 1 Liter | ➜ | 1 kg Futter |
| 15 Liter | ➜ | 15 kg Futter |

**Zuckerwasser 3 : 2**

(1 kg Zucker + 0,7 Liter Wasser)

| | | |
|---|---|---|
| 1,3 Liter Lösung | ➜ | 1,2 kg Futter |
| 16,2 Liter Lösung | ➜ | 15 kg Futter |

Wegen der Raubgefahr sollte man möglichst am Abend füttern. Füttert man bei Tag, so ist unbedingt darauf zu achten, dass alle Völker eines Standes gleichzeitig Futter erhalten und dass kein Volk weisellos ist. Die Fütterung von oben (Futterzarge) macht weniger Probleme.

Es kommt immer wieder vor, dass einzelne Völker zum Teil still ausgeraubt werden. Diese Völker verfügen nach der Auffütterung nur über sehr geringe Futterreserven und verhungern da-

**Ganzzargenvolk nach der Herbstauffütterung**

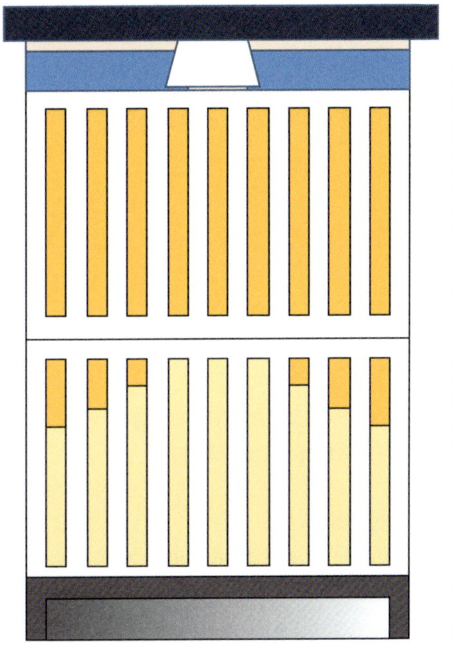

**Flachzargenvolk nach der Herbstauffütterung**

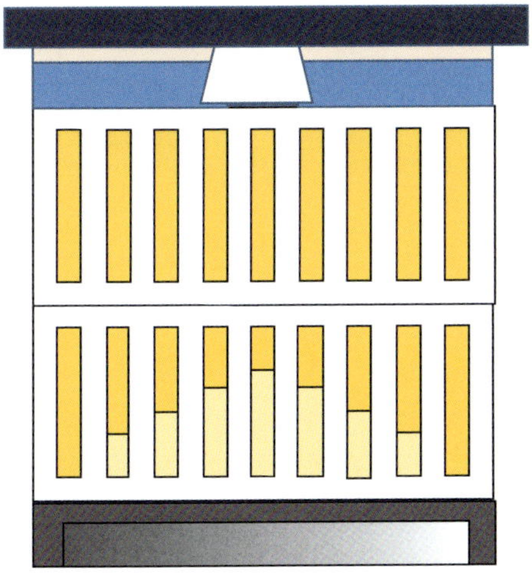

**Dadantvolk nach der Herbstauffütterung**

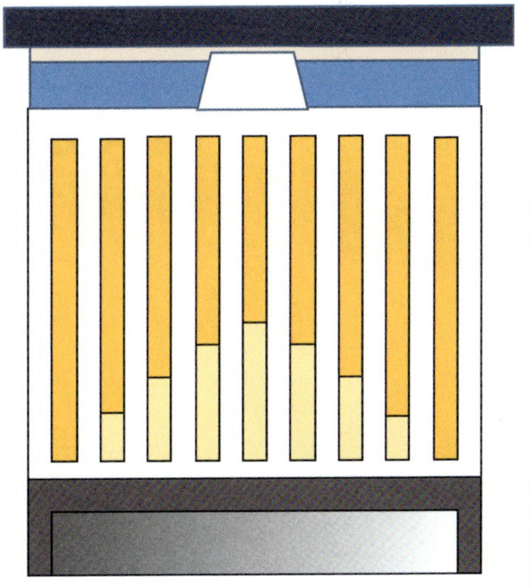

durch im Winter. In der Praxis hat sich gezeigt, dass bei diesen Völkern eine nochmalige Auffütterung nur selten Erfolg bringt.

Einraumvölker haben im September oft noch sehr viel Brut im Verhältnis zur Bienenmenge. Um die Brut nicht vorzeitig einzuengen, kann die Schlussfütterung erst Anfang Oktober abgeschlossen werden. Einraumvölker dürfen höchstens 15 bis 18 kg Futtervorrat am Ende der Auffütterung haben, da sonst für den Winterbienensitz zu wenig leere Zellen zur Verfügung stehen. Das bedeutet, dass nur etwa 10 bis 12 kg Zucker eingefüttert werden dürfen.

## Varroanachbehandlung und Wintersicherung

Die wichtigsten Arbeiten im September und Oktober sind die Varroakontrolle und die damit verbundenen Nachbehandlungen. Da es keinen 100 %igen Behandlungserfolg bei der Hauptbehandlung gibt, sind manche Völker noch zu stark mit Varroen belastet. Haben manche Völker vor der Hauptbehandlung zum Beispiel 2.000 Milben, bleiben bei einem 90 %igen Erfolg immer noch 200 Milben übrig. Jetzt ein Monat später, hat dieses Volk wieder 400 Milben. Aus praktischer Erfahrung hat man bei Bienenständen von 20 Völkern 2 bis 3 überdurchschnittlich schwer belastete Völker. Umso später man die Nachkontrolle durchführt, umso schwächer sind diese Völker nun. Was passiert? Bis zu 1.000 Bienen täglich verlassen das Volk und ziehen bei den Nachbarvölkern, die weniger belastet sind, ein – Reinfektion am eigenen Bienenstand! Diese Bienen nehmen natürlich sehr viele Varroen mit und belasten jetzt wiederum diese Völker. Bemerkt man diese Vorgänge nicht und macht weiterhin nichts, werden die restlichen Bienen anderen Bienenvölkern in der Umgebung zufliegen und die Völker werden bis Ende November leer sein. Um so ein Szenario zu vermeiden, sind Nachbehandlungen unausweichlich. Hat man Anfang September einen natürlichen Abfall von mehr aus 1 Milbe pro Tag wird bei diesen Völkern eine Stoßbehandlung mit Ameisensäure durchgeführt. Bei den Völkern, bei denen nach 5 Tagen mehr als 50 Milben abgefallen sind, wiederholt man diesen Vorgang. Bei stark belasteten Völker wird man 5 Tage später ein drittes Mal behandeln müssen.

*Winterstand*

Ist bis Mitte September die Varroabelastung zu hoch (5 Milben pro Tag), empfiehlt es sich, eine Brutentahme und damit eine vorgezogene Restentmilbung durchzuführen. Bei der Flachzarge ist dies sehr einfach, da sich jetzt die Brut nur in der unteren Einheit auf 3 bis 4 Waben befindet. Diese Brut ist einzuschmelzen, da daraus keine überlebensfähigen Winterbienen werden! Anschließend müssen die Völker entmilbt werden.

Das Flugloch kann man schon während der Schlussfütterung etwas einengen. Allerdings muss für entsprechenden Luftaustausch gesorgt werden, da die Bienen das überschüssige Wasser aus der Futterlösung entfernen müssen. Auch im Winter ist eine entsprechende Belüftung

*Spechtsicherung*

über das Flugloch anzustreben. Die Verengung des Flugloches im Winter ist nur deshalb nötig, um vor allem Mäuse (Spitzmäuse) abzuhalten. Optimal wäre die Anbringung eines Gitters mit 7 mm Maschenweite vor dem Flugloch. Dadurch ist gewährleistet, dass keine Mäuse eindringen können. Gleichzeitig ist für eine gute Belüftung der Beute gesorgt (Stocknässe).

Eine zusätzliche Winterverpackung der Bienenvölker ist ebenso arbeitsaufwändig wie sinnlos. Sie erleichtert dem Bienenvolk die Überwinterung nicht, sondern dient lediglich der Beruhigung des Gewissens des Imkers. Magazine, auch einfachwandige Holzmagazine, stehen Sommer und Winter ohne zusätzlichen Schutz im Freien! Viel wichtiger ist, dass die Bienen im Winter trocken sitzen. Die Trockenheit der Beute hängt vom Baumaterial und von der Konstruktion der Beute ab. Am besten sind hier Holzbeuten. In Kunststoffbeuten schlägt sich immer etwas Kondenswasser an den Beutenwänden nieder. Mit der Konstruktion der Beute muss man dafür sorgen, dass die Feuchtigkeit abziehen kann. Durch eine gute Belüftung über das Flugloch und dem offenen Gitterboden sorgt man dafür, dass sich der kälteste Punkt der Beute nahe dem Flugloch befindet, denn vor allem dort kondensiert der Wasserdampf. Bei entsprechender Beutenkonstruktion kommt es kaum zu verschimmelten Waben. Die Entnahme der Randwaben ist nicht erforderlich!

Während der Winterruhe lässt man die Völker ungestört. Der Standort für die Überwinterung ist so zu wählen, dass keine Störungen durch Menschen oder Tiere zu erwarten sind. Gegen die Beeinträchtigung durch Vögel kann man in einiger Entfernung vom Bienenstand Futterstellen errichten oder Raubvogelattrappen aufhängen. Im schlimmsten Fall überspannt man die Völker mit einem Vogelschutznetz. Tief verschneite Bienenvölker sollen nicht aus dem Schnee ausgegraben werden. Es besteht keine Gefahr, dass die Völker ersticken. Sie sitzen unter der Schneedecke besonders ruhig und warm, sodass mit einer guten Überwinterung zu rechnen ist. Dass die Fluglöcher einmal ganz vereist sind, kommt relativ selten vor. Die Vereisung ist behutsam zu entfernen. Kalte Winter stören die Überwinterung kaum. Stark wechselndes Wetter ist viel gefährlicher.

Der Überwinterungsstandplatz soll sonnig und warm sein, damit es so früh wie möglich (Jänner) zu Reinigungsflügen kommt.

Grundsätzlich haben klimatische Faktoren auf die Überwinterung einen weit geringeren Einfluss als die Qualität des Winterfutters und die Bienenpflege im Spätsommer!

Während des Winters genügt es, die Bienenstände etwa im Abstand von zwei bis drei Wochen zu besuchen.

Vor Reinigungsflügen sollten die Fluglöcher von den toten Bienen befreit werden.

Nach dem ersten Reinigungsflug reinigt man die Fluglochnische. Das Gemüll und der Wintertotenfall können über das Vorhandensein von

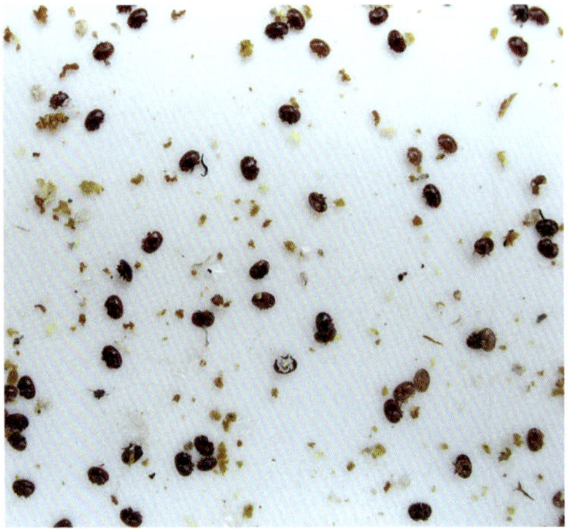

*Varroadiagnose*

einigen Bienenkrankheiten Aufschluss geben. Der Imker selbst kann sie nicht diagnostizieren. Besonders beachten sollte man Völker mit sehr hohem Wintertotenfall. Die Untersuchung des Gemülls und der Totenfallbienen an einer anerkannten Bienenuntersuchungsstelle (Ages) ist nötig. Einzusenden sind ca. 25 tote Bienen. Zur Verschickung gibt man die Bienen in alte Zündholzschachteln. Ungeeignet sind Kunststoffbehälter. Die Bienen werden auf das Vorhandensein von Tracheenmilben, Nosema, Amöbenruhr und Viruserkrankungen untersucht.

Eine Nachschau bei den Völkern muss jetzt unbedingt unterbleiben! Die Beeinträchtigung durch die Öffnung der Beute ist jetzt weit größer als der positive Effekt eines Eingriffes.

## Restentmilbung

Umso früher man die Restentmilbung durchführen kann, umso besser ist es für die Bienen. Drei Wochen nach den ersten Frosttagen sind die Völker in der Regel brutfrei und können somit behandelt werden. Damit ist gewährleistet, dass die Völker mit einem fast Nullstand an Milben in die nächste Saison starten.

*Reinigungsflug*

## Auswinterungs- und Frühjahrsrevision

Die erste Nachschau bei den Völkern erfolgt grundsätzlich bei der Salweidenblüte Mitte bis Ende März. Eine Ausnahme stellen hier die dreiräumig überwinterten Flachzargenvölker dar, da man die unterste Einheit schon vorher entfernen sollte.

Die Kontrolle der Weiselrichtigkeit erfordert keine Suche nach der Königin. Es genügt, eine Wabe aus der Mitte des Bienensitzes leicht herauszuziehen, um das Vorhandensein offener Brut festzustellen. Weisellose Völker, die noch nicht drohnenbrütig sind, werden jetzt mit weiselrichtigen Völkern vereinigt. Ideal eignen sich dafür die Ableger oder Reservevölker. Wichtig dabei ist es, immer das weisellose auf das weiselrichtige Volk aufzusetzen. Bei der Vereinigung legt man ein Zeitungspapier, in das man einige Löcher stößt, zwischen die beiden Völker.

### Vereinigung – weiselloses mit weiselrichtigem Volk

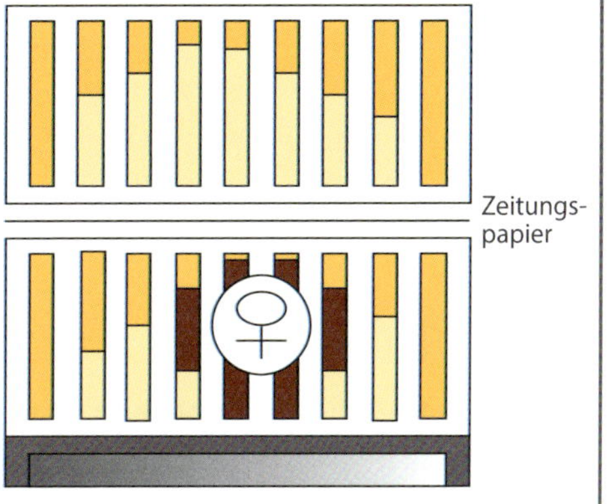


Das weisellose Volk wird immer auf das weiselrichtige Volk aufgesetzt

Drohnenbrütige Völker muss man in einiger Entfernung (20 Meter) vom Stand abkehren.

Gleichzeitig müssen die Futterkränze kontrolliert werden. Speziell bei den zweiräumig überwinterten Völkern ist es wichtig, dass sich die Völker in der oberen Einheit entwickeln, damit bei der Obstblüte der Zargenwechsel durchgeführt werden kann. Am einfachsten ist es, den Völkern mit Futterüberschuss volle Futterwaben zu entnehmen und diese den Völkern mit

*Bodenbrett reinigen und desinfizieren*

*Auswinterung*

Futterknappheit Futterwaben einzuhängen = Futterausgleich.

Wenn generell die Futtervorräte knapp werden, sollte nach Möglichkeit flüssig gefüttert werden. Die Teigfütterung stellt nur eine Notfütterung dar und muss angewendet werden, wenn wegen zu großer Kälte das flüssige Futter nicht angenommen wird.

**WICHTIG** **Gesundheitszeugnis**

**Für alle Imker, die ein Gesundheitszeugnis durch eine Futterkranzprobenuntersuchung brauchen, sollten diese jetzt entnehmen.**

*Restfutter hinter dem Brutnest nennt man Pufferzone.*

Im Frühjahr ist die Versuchung groß, die Volksentwicklung durch eine Reizfütterung zu beschleunigen. Eine optimale Reizwirkung wird durch kleine tägliche Gaben von flüssigem Futter über mehrere Wochen erreicht. Heutzutage ist dies aus Zeit- und Arbeitsgründen nicht mehr üblich und auch nicht zu empfehlen. Man hat versucht, denselben Effekt mit der Teigfütterung zu erreichen. Da der Futterteig nur langsam aufgenommen werden kann, ist es nicht nötig, in kurzen Zeitabständen zu füttern. Grundsätzlich muss man zur Teigfütterung bemerken, dass sie nicht bienengemäß ist und die Aufnahme des festen Futters die Bienen stark beansprucht. Die Biene ist aufgrund ihrer Natur gewöhnt, sich im Frühjahr in die Vorräte des Vorjahres nach oben hineinzuentwickeln. Die Futterkappe über dem

**Futterkorrektur bei der Frühjahrsrevision – Flachzarge**

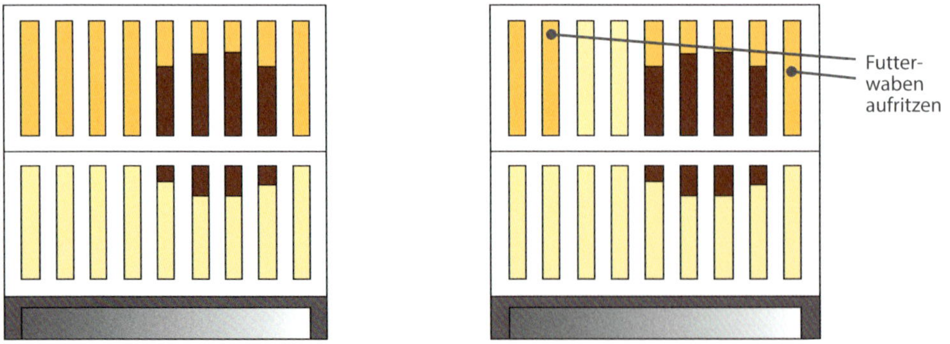


Überschüssiges Futter wird bei der Salweidenblüte entnommen und durch Leerwaben ersetzt.
Somit kann sich das Brutnest bis zur Obstblüte in die obere Einheit ausdehnen.
Zusätzlich werden zur Reizung 2 Futterwaben aufgeritzt.

*Reizfütterung*

Brutnest ist Voraussetzung für eine optimale Frühjahrsentwicklung. Wer die Entwicklung der Völker beschleunigen will, kann einen viel einfacheren Weg gehen. Sobald die Salweide in voller Blüte ist, kann man die verdeckelten Futterkränze aufreißen und damit das Umtragen des Futters beschleunigen. Gleichzeitig stehen in der Folge im Brutnestbereich ausreichend Zellen zur Bestiftung zur Verfügung.

Durch einen erhöhten Totenfall kommt es vor, dass Völker bei der Auswinterung den Raum nur teilweise besetzen. Sehr häufig sitzen diese Völker seitlich und ein Nachrücken in die Mitte der Zarge ist erforderlich. Zu beachten ist, dass die Völker weiterhin Kontakt zum Futter haben. Bei zweiraumüberwinterten Völkern ist dann zumeist die untere Zarge leer und kann entfernt werden. Durch die bessere Wärmeregulierung kann dadurch die Frühjahrsentwicklung positiv beeinflusst werden. Bei Einraumvölkern ist jetzt ein guter Zeitpunkt, um die Bodenbretter zu reinigen und zu desinfizieren (ausbrennen). Bei den Zweiraumvölkern wird dies beim Zargenwechsel durchgeführt.

Sind Völker zu schwach, um ein Sommervolk zu entwickeln, soll man sie jetzt auflösen.

**Zusammenfassung Frühjahrsrevision**

- Futterkranzproben entnehmen
- Kontrolle der Futtervorräte – Futterausgleich
- Kontrolle der Weiselrichtigkeit
- Auflösen von weisellosen Völkern und Schwächlingen
- Bienensitzkorrektur
- Reinigung der Bodenbretter

## Erste Erweiterung bzw. Zargenwechsel

Zur Kirschblüte ist der erste größere Eingriff bei den Völkern notwendig. Für den Großteil der Völker ist dies der erste Eingriff im Jahr. Zu dieser Zeit beginnt die Obstblüte, außerdem blühen noch der Löwenzahn, Rosskastanie, Winterraps und verschiedene Sträucher und Frühjahrsblumen.

## Erweiterung von einräumig überwinterten Völkern und Völkern in Ablegerbeuten

Die Erweiterung erfolgt durch das Aufsetzen der zweiten Einheit. Der Termin für diesen Erweiterungsschritt wird von der Volksstärke bestimmt. Sobald das Volk alle Waben belagert und leicht durchzuhängen beginnt, muss aufgesetzt werden. Meist ist dies am Beginn der Obstblüte der Fall. Ein aufsatzreifes Volk hat im Durchschnitt sechs Brutwaben. Da nun in kurzer Zeit viel Brut schlüpft, muss frühzeitig und großzügig erweitert werden, damit die Völker nicht in Schwarmstimmung geraten. Das Zander- und Breitwabenmagazin ist auf die Verwendung von zwei Brutzargen ausgelegt. Damit sich das Bienenvolk jetzt uneingeschränkt entwickeln kann, darf kein Absperrgitter verwendet werden. Dies würde unweigerlich zu einer Brutbeschränkung führen.

Die Folge davon wäre eine schlechtere Volksentwicklung, die nur durch das Umhängen von Brutwaben verhindert werden könnte. Eingriffe in das Brutnest sollen aber, wenn irgend möglich, vermieden werden!

Die Erweiterungszarge wird abwechselnd mit fünf hellen honigfeuchten Waben, drei Mittelwänden und einer Drohnenwabe ausgestattet. Bei schlechtem Wetter und keiner Tracht muss flüssig gefüttert werden, damit die Mittelwände ausgebaut werden.

Beim ersten Erweiterungsschritt soll man keine Brut umhängen, da es bei Wetterrückschlägen vorkommt, dass die umgehängte Brut verkühlt wird. Nach einer Woche hat sich in der Regel die Brut nach oben in die zweite Einheit ausgedehnt, und die Mittelwände sind zum Teil oder schon ganz ausgebaut.

Der Futterverbrauch ist infolge des starken Bruteinschlages und durch das Ausbauen der Mittelwände so groß, dass man nur mehr geringe Futterreste vorfindet.

### Erweiterung Flachzargen – Ablegerbeute

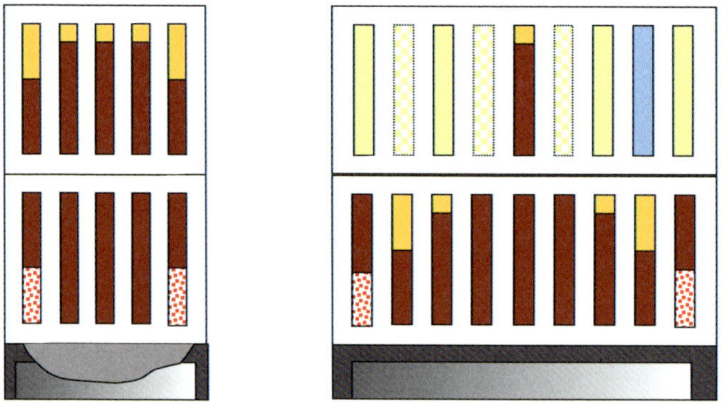

**Ausgangssituation** (links): Die Bienen besetzen die Ablegerbeute voll.
**Erweiterung** (rechts): Die Waben werden in eine Flachzargenbeute umgehängt und eine Einheit, ausgestattet mit honigfeuchten Waben, Mittelwänden und dem Drohnenrähmchen, aufgesetzt.

### Erweiterung einräumig überwinterter Völker – Ganzzarge

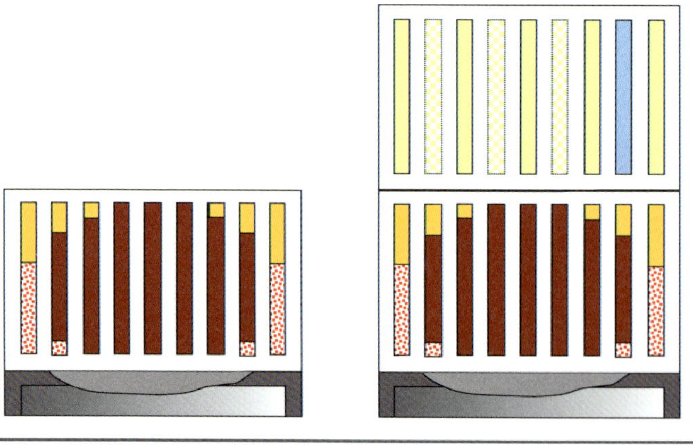

**Ausgangssituation** (links): Volk besetzt eine Zarge voll und beginnt durchzuhängen.
**Erweiterung** (rechts): Die Erweiterungszarge wird abwechselnd mit fünf honigfeuchten hellen Waben, drei Mittelwänden und dem Drohnenrähmchen ausgestattet. Die Erweiterungszarge wird aufgesetzt. Es wird kein Absperrgitter verwendet und keine Brut umgehängt.

Das Drohnenrähmchen ist ein leeres Rähmchen, ungedrahtet, ohne Mittelwand oder Vorbaustreifen und dient zur Varroareduktion.

Durch die lange Entwicklungszeit von 24 Tagen wird die Drohnenbrut von den Varroen 8-mal mehr befallen als die Arbeiterinnenbrut und soll nach der Verdeckelung ausgeschnitten werden.

**WICHTIG** **Hygiene am Bienenstand**

**Drohnenbrut nicht den Vögeln zum Ausfressen überlassen, da auch Bienen diese Waben finden und Bienenkrankheiten übertragen werden könnten!**

### Erweiterung – Dadant

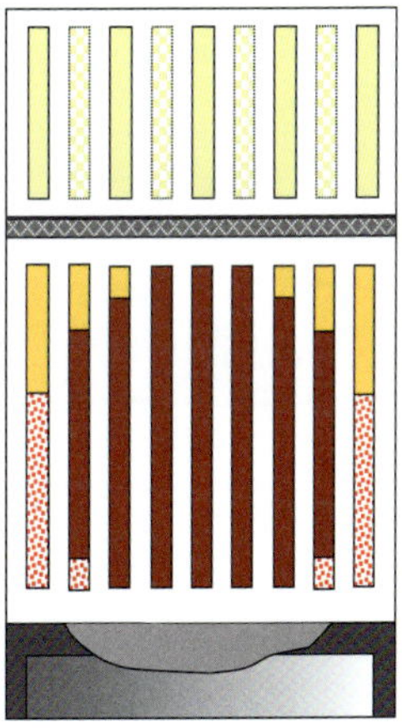

Sobald das Volk beginnt durchzuhängen, wird bereits der Honigraum aufgesetzt. Dabei kann man den Brutraum vom Honigraum durch das Absperrgitter trennen. Wichtig ist, dass man bei der Frühjahrsrevision eine Futterkorrektur durchführt und frischen Wabenbau einbringt, um einen Wabenumtrieb zu schaffen.

## Zargenwechsel

Zur selben Zeit, zu der die Einraumvölker aufgesetzt werden, erfolgt bei den Zweiraumvölkern der so genannte Zargenwechsel. Er darf aber nicht bei allen Zweiraumvölkern generell durchgeführt werden. Entscheidend ist – wie beim Aufsetzen der Einraumvölker – der Zustand des Volkes.

**Grundvoraussetzung Zargenwechsel**

- Der Großteil der Brut muss vor dem Zargenwechsel in der zweiten Einheit sein.
- Die obere Einheit muss zur Gänze belagert sein, die untere zu ca. 50 %.
- Der Brutumfang beträgt etwa acht bis zehn Brutwaben.
- Nach dem Zargenwechsel müssen sich mindestens 3 Brutwaben in der oberen Einheit befinden.

### Welche Wirkung hat der Zargenwechsel?

Das Bienenvolk entwickelt sich optimal, wenn bis zur Sommersonnenwende eine ständige Aufwärtsentwicklung möglich ist (Brutausdehnung nach oben). Zur Zeit der beginnenden Obstblüte hat sich das Brutnest vor allem in der zweiten Einheit stark ausgedehnt und kann sogar schon bis zur Rähmchenoberleiste reichen. Es kommt nun zu einer Verlangsamung des Bruteinschlages, da nur mehr unterhalb des Brutnestes Leerwaben zur Verfügung stehen. Vertauscht man nun die erste und die zweite Einheit, so entsteht über dem Brutnest wieder viel Platz für die Aufwärtsentwicklung. Gefördert wird die Entwicklung außerdem dadurch, dass die Futtervorräte nun in der ersten Einheit sind und umgetragen werden (Reizwirkung!).

Wirkungsvoll ist der Zargenwechsel nur, wenn sich vorher der Großteil der Brut in der zweiten Einheit befindet! Durch die Futterrevision bei der Salweidenblüte muss das jetzt der Fall sein.

Das durch den Zargenwechsel nach unten gelangte verdeckelte Futter wird nur bei Bedarf nach oben umgetragen. Sobald Tracht herrscht, unterbleibt das Umtragen und die verdeckelten Futterwaben bleiben als Reserve in der ersten

Einheit. Deshalb sollte das Restfutter in etwa 5 kg betragen, da es sonst verfrüht zur Schwarmstimmung kommen kann (Platzmangel). Es kann also der Schleuderhonig nicht verfälscht werden!

Bei der Durchführung des Zargenwechsels darf bei Zander und Breitwabe das Brutnest nicht auseinandergerissen werden. Zur Beurteilung der Brut und ihrer Verteilung genügt es, ein oder zwei Waben zu ziehen. Mit einiger Erfahrung kann man sich später das Wabenziehen ganz ersparen, da man schon aus dem Bienensitz beurteilen kann, welchen Zustand das Volk erreicht hat. Hat man festgestellt, dass die Volksstärke entsprechend und der Großteil der Brut oben ist, so vertauscht man die obere Einheit gegen die untere. Nach erfolgtem Zargenwechsel kann man in der nach oben gesetzten Einheit alte Leerwaben durch Mittelwände und dem Drohnenrähmchen ersetzen. Sind über dem Brutnest noch Futterkränze vorhanden, ritzt man diese auf, um ein schnelleres Durchbrüten in die obere Zarge zu beschleunigen.

Bei Zweiraumvölkern, deren Brut sich in der unteren Einheit befindet, ist zumeist zu viel Winterfutter vorhanden. Man ersetzt drei bis vier dieser Waben durch Mittelwände und dem Drohnen-

### Zargenwechsel – Flachzarge

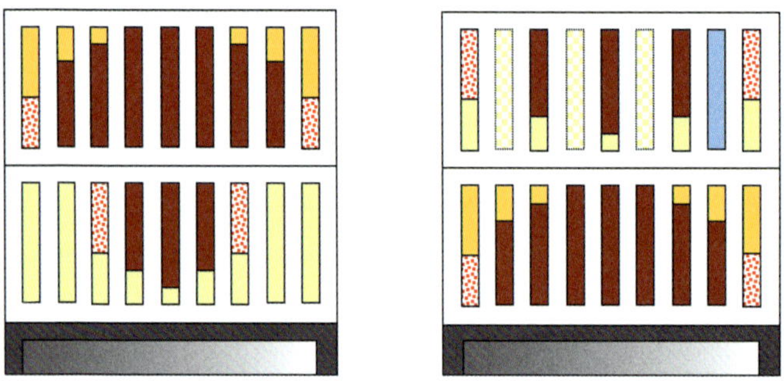

**Ausgangssituation** (links): Volksstärke – die obere Einheit ist voll, die untere zumindest zu 50 % besetzt. Der Großteil der Brut befindet sich in der oberen Einheit.
**Zargenwechsel** (rechts): Die beiden Bruträume werden vertauscht. Bei guter Tracht werden die Mittelwände abwechselnd in das Brutnest und bei schlechter Tracht an das Brutnest gehängt.

### Zargenwechsel – Ganzzarge

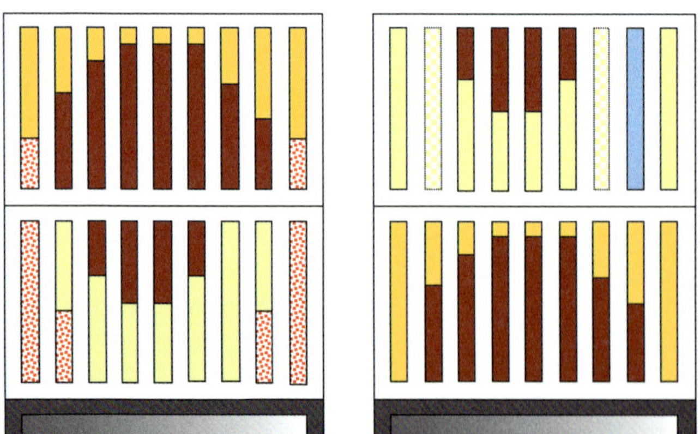

**Ausgangssituation** (links): Volksstärke – die obere Einheit ist voll, die untere zumindest zu 50 % besetzt. Der Großteil der Brut befindet sich in der oberen Einheit.
**Zargenwechsel** (rechts): Die beiden Bruträume werden vertauscht. Bei der Ganzzarge werden die Mittelwände an und nicht in das Brutnest gehängt.

rähmchen und ritzt ein bis zwei Futterwaben auf. Dadurch dehnt sich die Brut schneller nach oben aus. Bei solchen Völkern muss der Zargenwechsel unterbleiben (Fehler bei der Futterrevision).

## Zweite Erweiterung

Diese Erweiterung ist bei der Flachzargenbetriebsweise nicht als Honigraumgabe zu sehen, da dieser Raum in der Aufwärtsentwicklung den Bienen als Brutraum zur Verfügung stehen muss.

Der Termin für die Erweiterung auf drei Einheiten ergibt sich individuell je nach Volksstärke und Tracht. Sobald alle Wabengassen der zwei Einheiten besetzt sind, ist die Erweiterung nötig.

Bei sehr guter Tracht (Blütentrachtgebiete) wird die zweite Erweiterung mit dem Zargen-

### Zweite Erweiterung – Flachzarge

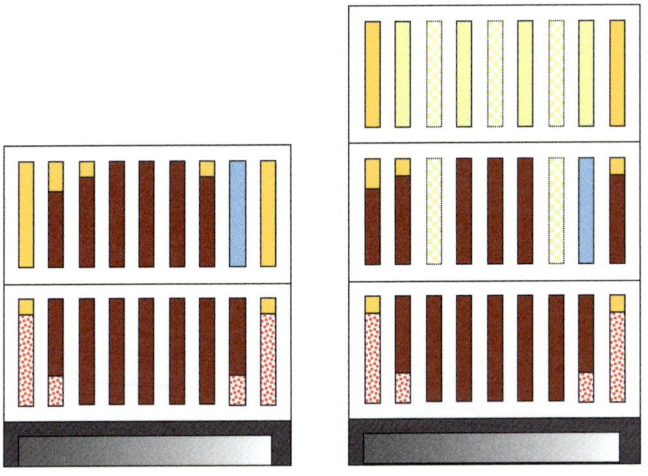

**Ausgangsituation** (links): Volk besetzt eine Woche nach dem Zargenwechsel beide Einheiten voll.
**Erweiterung** (rechts): Erweiterungszarge wird abwechselnd mit Leerwaben und Mittelwänden ausgestattet. Honigwaben werden aus der zweiten Einheit an den Rand der dritten Einheit gehängt und durch Mittelwände ersetzt. Bei guter Tracht werden die Mittelwände in das Brutnest gehängt.

### Zargenwechsel mit gleichzeitiger Erweiterung – Flachzarge

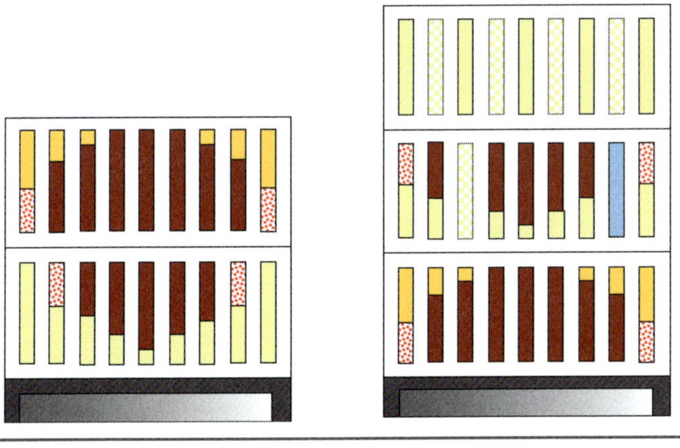

**Ausgangssituation** (links): Obere Einheit ist voll besetzt. Untere Einheit zu mind. 50 % bebrütet. Ausgezeichnete Frühtracht.
**Zargenwechsel** (rechts): Die beiden Bruträume werden vertauscht. Die Randwaben durch eine Mittelwand und das Drohnenrähmchen ersetzt. Die Erweiterungszarge ist abwechselnd mit Leerwaben und Mittelwänden ausgestattet.

wechsel verbunden. In Waldtrachtgebieten wird die Erweiterung eine Woche nach dem Zargenwechsel stattfinden. In der dazwischenliegenden Zeit treten normalerweise keine Probleme auf (Schwarmstimmung), da für eine optimale Volksentwicklung genügend Raum zur Verfügung steht. Die Erweiterung erfolgt mit einer Zarge mit Leerwaben und Mittelwänden. Diese werden bei mäßiger Tracht abwechselnd angeordnet. Bei ausgezeichneter Tracht werden die Mittelwände

**Brutdistanzierung – Flachzarge**

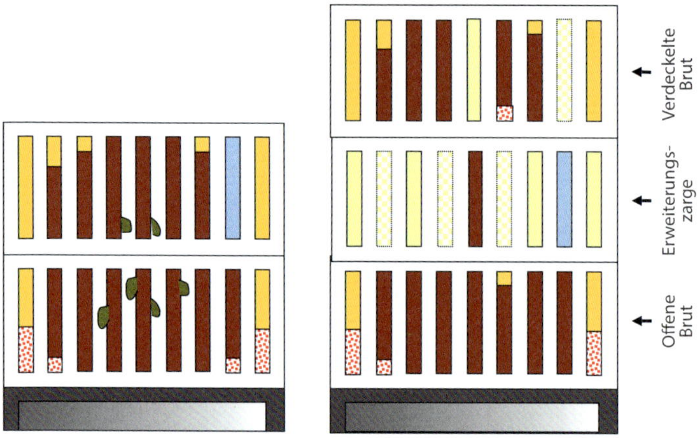


**Ausgangssituation** (links): Volk vor der Erweiterung mit bestifteten Weiselzellen
**Erweiterung** (rechts): In die untere Einheit wird die offene Brut gegeben. In die obere Einheit wird die verdeckelte Brut gegeben. Dazwischen kommt die Erweiterungszarge mit einer Verbindungsbrutwabe.

**Brutdistanzierung – Ganzzarge**

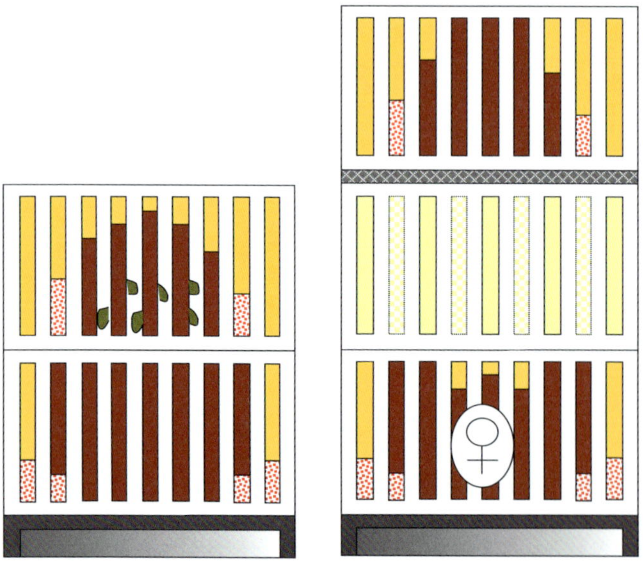

**Ausgangssituation** (links): Bei der zweiten Erweiterung befinden sich bereits bestiftete Weiselzellen im Volk. Wichtig ist eine gute Tracht!
**Erweiterung** (rechts): Die offenen Brutwaben werden in die unterste Einheit gegeben. Als zweite Einheit kommt der Honigraum. Über Absperrgitter kommt die dritte Einheit mit den verdeckelten Brutwaben. Die Königin bleibt unterhalb des Absperrgitters. Die bestifteten Weiselzellen müssen entfernt werden.

zentral gegeben, da sie sofort ausgebaut werden. Sind in der zweiten Einheit bereits Honigwaben vorhanden, werden diese am Rand der dritten Einheit gegeben und durch Mittelwände ersetzt. Die Mittelwände werden schnell ausgebaut und die Königin wird diese sofort bestiften.

Findet man **bestiftete Weiselzellen**, so kann die Erweiterung alleine ausreichen und es empfiehlt sich, verdeckelte Brutwaben in die dritte Einheit umzuhängen – **Brutdistanzierung**. Beim kombinierten System aus Dadant mit Flachzarge wird zu diesem Zeitpunkt die Flachzarge aufgesetzt. Jetzt steht, unabhängig vom Beutensystem, den Bienen genug Platz für eine optimale Brutausdehnung zur Verfügung.

## Honigraumgabe

Der Zeitpunkt der Erweiterung ist jeweils der Trachtsituation anzupassen. In Frühtrachtgebieten wird man schon eine Woche nach der zweiten Erweiterung, sonst nach zwei Wochen die Erweiterung durchführen. Die Erweiterungszarge wird wiederum mit Leerwaben und Mittelwänden ausgestattet. Bei einer ausgezeichneten Frühtracht können ruhig mehr Mittelwände verwendet werden. Die dritte Einheit (Flachzarge) wird nun zur Seite gestellt und durch die vierte Einheit ersetzt (Zwischenschieben). Vor dem Aufsetzen soll man das Drohnenrähmchen kontrollieren und bei Bedarf ausschneiden. Befinden sich Brutwaben in der dritten Einheit, werden diese in die vierte Einheit umgehängt. Diese werden durch Mittelwände ersetzt. Nun wird die dritte Einheit als vierte aufgesetzt.

Jede weitere Erweiterung bei der Flachzarge ist dem Trachtangebot anzupassen. Die Erweiterungszarge wird immer anstelle der dritten Einheit gegeben. Diese Art der Erweiterung bringt den Vorteil mit sich, dass das Volk bei Bedarf

### Honigraumgabe – Flachzarge

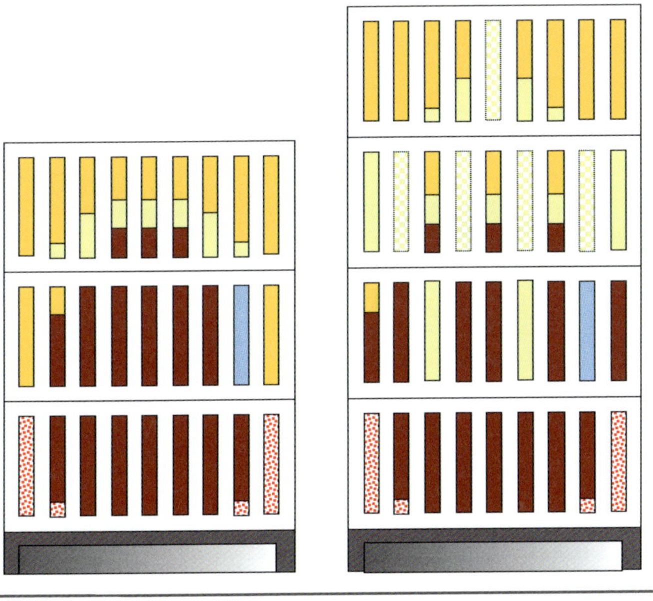

**Ausgangsituation** (links): Es herrscht gute Tracht. Die Bienen besetzen die drei Einheiten voll.
**Erweiterung** (rechts): Die dritte Einheit wird zur Seite gestellt. Honigwaben werden aus dem zweiten Raum entnommen und durch Mittelwände ersetzt. Wenn nötig wird das Drohnenrähmchen ausgeschnitten. Die neue – vierte – Einheit wird auf die beiden Bruträume gestellt. Etwaige Brutwaben aus der dritten Einheit werden in die Mitte der neuen Einheit gegeben. Die dritte Einheit wird als vierte aufgesetzt und die Honigwaben des zweiten Raumes dazugegeben.

## Zweite Erweiterung – Honigraumgabe Ganzzarge

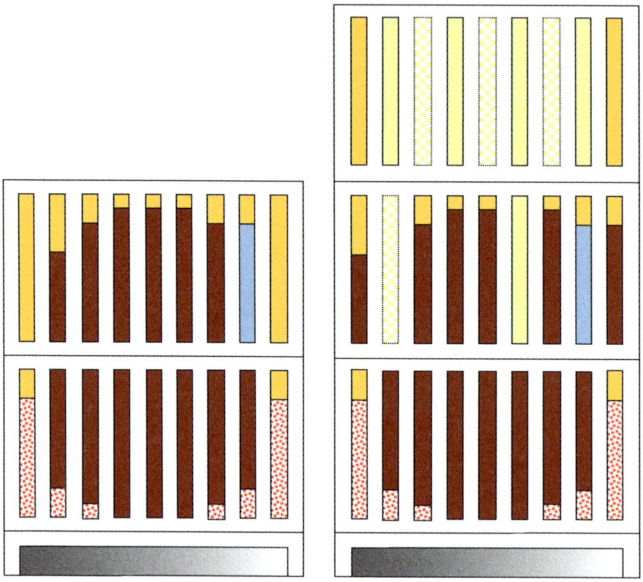

**Ausgangssituation** (links): Beide Zargen sind gut besetzt. Die meiste Brut befindet sich in der unteren Einheit. In der oberen Einheit werden die Waben bereits mit Honig gefüllt.
**Erweiterung** (rechts): Die nicht bebrüteten aber bereits mit Honig gefüllten Waben werden am Rand der dritten Einheit gehängt und durch Mittelwände und Leerwaben ersetzt. Der Rest des Honigraums wird abwechselnd mit Leerwaben und Mittelwänden ausgestattet. Wer möchte kann nun den Honigraum von den Bruträumen durch das Absperrgitter trennen.

## Vergleich Ganzzarge – Flachzarge – Dadant im Mai

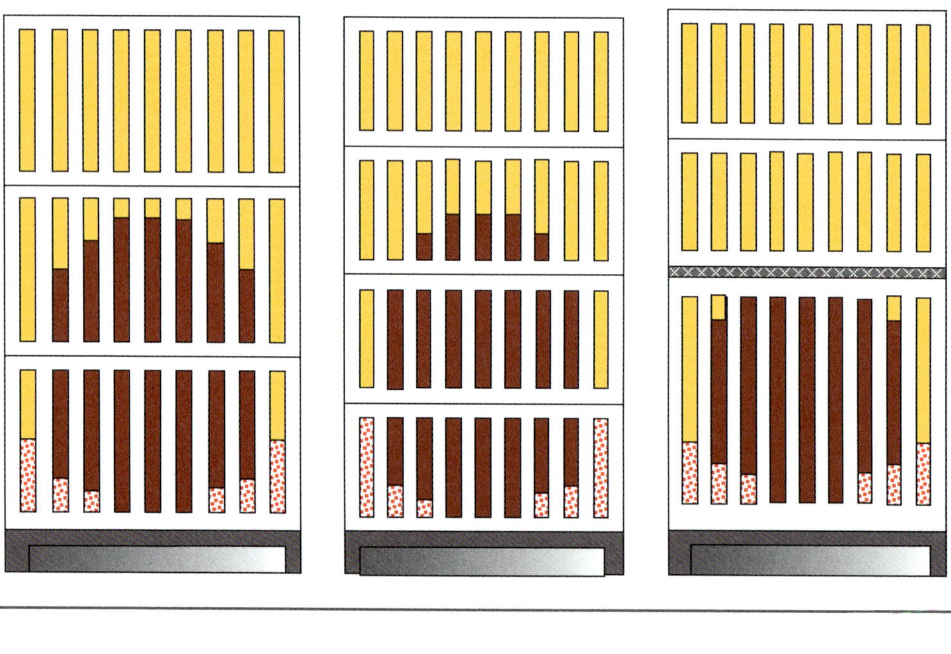

Vergleich Ganzzarge – Flachzarge – Dadant im Juli

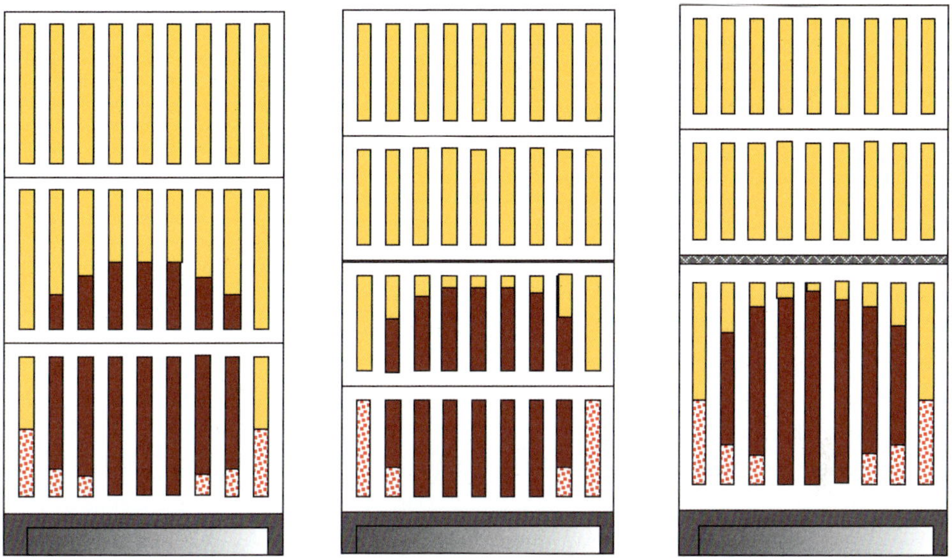

den dritten Raum für das Brutnest in Anspruch nehmen kann, somit wird eine aufkommende Schwarmgefahr gedämpft. Die Bienen sind ständig angeregt, den leeren Raum zwischen Brut und Honig zu schließen, was eine **bessere Trachtausnützung** bewirkt. Der reifere Honig kommt immer weiter nach oben und kann bei vollständiger Verdeckelung abgeräumt werden – **Sortenhoniggewinnung**.

Bei sehr gutem Trachtangebot, wie Raps und Akazie, wird man fünf bis sechs Einheiten benötigen. Bei einer Läppertracht wird man mit vier Einheiten das Auslangen finden. Bei einer ausgezeichneten Akazientracht ist das Zwischenschieben von zwei Einheiten durchaus keine Seltenheit. Die Akazie ist sehr schwarmdämmend, deshalb wird bei dieser Tracht nicht in das Brutnest eingegriffen und die Erweiterungszarge als vierte Zarge zwischengeschoben.

Da bei Zander und Breitwabe als Brutraum zwei Einheiten auf jeden Fall ausreichen, kann man zwischen zweiter und dritter Einheit das Absperrgitter einlegen. Hier wirkt es nicht brutbeschränkend, sondern dient lediglich der Brutfreihaltung des Honigraumes.

# Jungvolkbildung

Die Jungvolkbildung und damit verbundene Verjüngung des Völkerbestandes ist ein wichtiger Bestandteil einer erfolgreichen Imkerei. Ableger können zum Umweiseln und damit zur Verjüngung der Völker erstellt werden. In erster Linie dienen sie zur Ergänzung und Vermehrung des Volksbestandes. Nach Möglichkeit sollte man die Jungvolkbildung in die Schwarmvorbeugung einplanen. Auch zur Varroareduktion und der damit verbundenen Entlastung der Ertragsvölker trägt er bei. Deshalb sollten die Ableger sobald als möglich varroabehandelt werden. Herrscht in den Völkern keine Schwarmstimmung, ist es nicht notwendig, einen Ableger pro Volk zu entnehmen. Man sollte aus mehreren Völkern Sammelableger erstellen. Grundsätzlich soll die Jungvolkbildung bis zur Sommersonnenwende abgeschlossen sein. Später erstellte Ableger oder Kunstschwärme müssen so erstellt werden, dass sie bis zur Einwinterung zwei Flachzargen oder eine Ganzzarge (Zander, Breitwabe) besetzen.

Grundsätzlich kann man den Ableger mit einer offenen Brutwabe erstellen, damit er sich selbst eine Königin aus dieser ziehen kann. Diese Königin ist aufgrund der schlechten Aufzucht noch im selben Jahr umzuweiseln. Dasselbe trifft auch auf die Königin zu, die aus den Schwarmzellen entstanden ist. Je nachdem, ob man eine begattete Jungkönigin oder eine schlupfreife Weiselzelle hat, unterscheidet man zwischen Ablegerbildung mit einer begatteten Königin und Zellablegerbildung mit einer schlupfreifen Weiselzelle.

## Zellableger

Zur Ablegerbildung benötigt man eine neue Beute, ausgestattet mit Mittelwänden und Leerwaben. Man entnimmt nun den Ertragsvölkern 2 bis 4 verdeckelte Brutwaben, eine Pollenwabe und eine Futterwabe mit den darauf sitzenden Bienen. Werden die Ableger nicht auf einen eigenen Ablegerstand aufgestellt, werden zusätzlich von zwei Brutwaben die Bienen dazugekehrt. Dies ist notwendig, da die Flugbienen zu den Völkern zurückfliegen und die Ableger nicht die gewünschte Stärke erreichen. Besonders ist darauf zu achten, dass sich keine Königin auf den Waben befindet. Um sich das Einengen mit einem Trennschied zu ersparen, erstellt man die Ableger

*Ablegerstand*

*Zellableger*

so stark, dass man sich dies erspart. Nachdem man den Ableger aufgestellt hat, gibt man eine schlupfreife Edelzelle (gezüchtete Königin einen Tag vor dem Schlupf) in den Ableger. Vor dem Ausbeißen wird die Edelzelle am einfachsten dadurch geschützt, dass man sie in ein Kuststoffröhrchen schiebt. Die Spitze der Weiselzelle soll hervorragen. Noch einfacher ist es, die Weiselzelle mit einem Klebeband zu umwickeln. Anschließend gibt man einen Futterstoß von zwei Litern Flüssigfutter. Nach ca. 1 bis 2 Tagen schlüpft die Königin und nach weiteren 8 bis 10 Tagen sollte die Königin in Eilage gehen. Nun müssen die Ableger auf die Weiselrichtigkeit überprüft und bei Bedarf mit zwei Litern Flüssigfutter gefüttert werden. Weisellosen Ablegern kann man jetzt noch eine begattete Königin zusetzen. Ein nochmaliges Nachsetzen einer Weiselzelle hat sich als nicht sinnvoll erwiesen, da die Ableger die Einwinterungsstärke nicht mehr erreichen. Steht keine begattete Königin zur Verfügung, verwendet man die weisellosen Ableger zum Verstärken der weiselrichtigen Ableger. Nach weiteren zwei Wochen wird der Flachzargen-Ableger mit Mittelwänden und Leerwaben erweitert. Herrscht keine nennenswerte Tracht wird er wiederum gefüttert.

**WICHTIG** **Räuberei ausschließen**

**Werden die Ableger am Bienenstand neben den Ertragsvölkern aufgestellt, muss Tracht herrschen, da diese sonst ausgeraubt werden!**

## Zellableger – Ablegerbeute Flachzarge

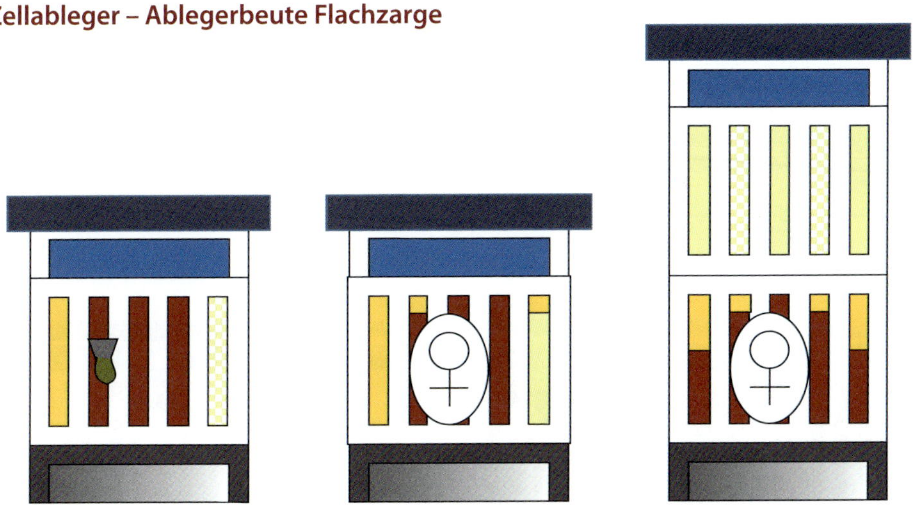

**Erstellung** (links): Aus verschiedenen Völkern werden drei bis vier verdeckelte Brutwaben und eine Futterwabe mit den darauf sitzenden Bienen in die Ablegerbeute gegeben. Nach der Aufstellung wird eine geschützte Edelzelle dazugegeben und mit zwei Litern Flüssigfutter gefüttert.
**Kontrolle der Weiselrichtigkeit** (Mitte): Nach 14 Tagen ist die junge Königin in Eilage. Nun wird bei Bedarf ein Futterstoß von zwei Litern Flüssigfutter gegeben.
**Erweiterung** (rechts): Zwei Wochen später wird der Ableger aufgesetzt. Die Erweiterungszarge ist abwechselnd mit drei Leerwaben und zwei Mittelwänden ausgestattet. Bei Trachtlosigkeit werden wiederum zwei Liter Flüssigfutter verabreicht.

Betreibt man Zucht nicht, wie im Kapitel Königinnenzucht, S. 134 beschrieben, ist der Bogenschnitt eine Möglichkeit, um Weiselzellen für die Zellableger zu gewinnen. Dem ausgewählten Volk (Zuchtvolk) wird die Königin mit einem Ableger entnommen. Auf einer Wabe mit ein- bis zweitägigen Maden wird diese im unteren Drittel bogenförmig abgeschnitten. In den durchschnittenen Zellen wird jede vierte oder fünfte Larve belassen. Die Weiselzellen müssen spätestens am 10. Tag in die Zellableger verbracht werden. Dem Volk kann man eine Weiselzelle lassen oder mit dem Königinnenableger wieder vereinigen.

## Zellableger – Flachzarge

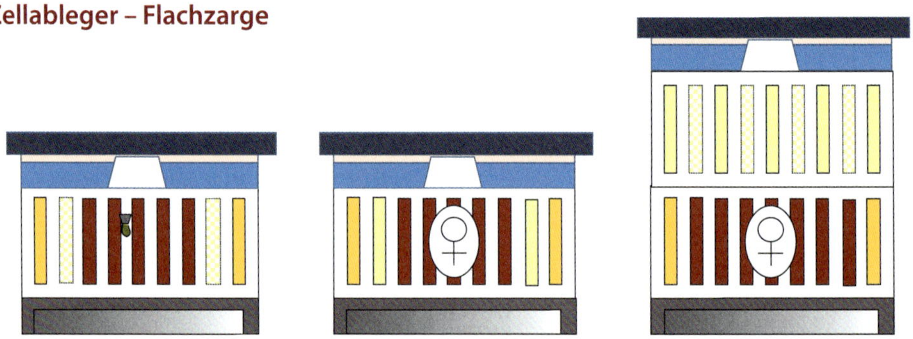

**Erstellung** (links): Aus verschiedenen Völkern werden verdeckelte Brutwaben und zwei Futterwaben mit den darauf sitzenden Bienen in eine neue Beute gegeben. Nach der Aufstellung wird eine geschützte Edelzelle dazugegeben und mit zwei Litern Flüssigfutter gefüttert.
**Kontrolle der Weiselrichtigkeit** (Mitte): Nach 14 Tagen ist die junge Königin in Eilage. Bei Bedarf wird wiederum ein Futterstoß von zwei Litern Flüssigfutter gegeben.
**Erweiterung** (rechts): Nach weiteren zwei Wochen wird der Ableger aufgesetzt. Die Erweiterungszarge ist abwechselnd mit Leerwaben und Mittelwänden ausgestattet. Bei Bedarf werden wiederum zwei Liter Flüssigfutter verabreicht.

## Zellableger – Ganzzarge

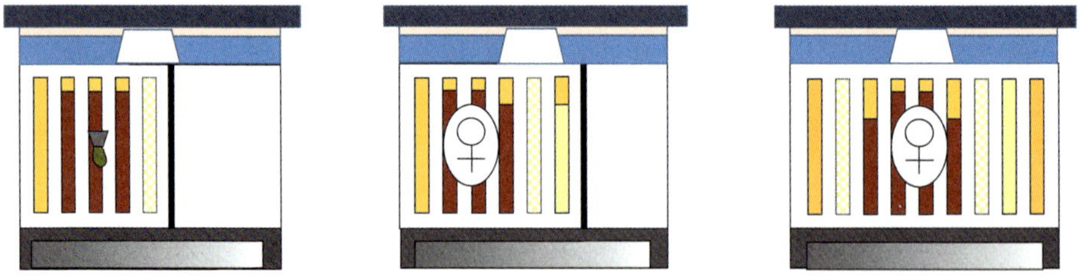

**Erstellung** (links): Aus verschiedenen Völkern werden zwei bis vier verdeckelte Brutwaben und eine Futterwabe mit den darauf sitzenden Bienen in die Ablegerbeute gegeben und mit einem Schied eingeengt. Nach der Aufstellung wird ein geschützte Edelzelle dazugegeben und mit zwei Litern Flüssigfutter gefüttert.
**Kontrolle der Weiselrichtigkeit** (Mitte): Nach 14 Tagen ist die junge Königin in Eilage. Nun wird bei Bedarf ein Futterstoß von zwei Litern Flüssigfutter gegeben.
**Erweiterung** (rechts): Eine Woche später wird das Schied entnommen und der Rest der Beute mit Mittelwänden und Leerwaben aufgefüllt und bei Trachtlosigkeit ein Futterstoß von zwei Litern verabreicht.

*Bogenschnitt*

*Zusetzen der Königin im Ableger*

## Ableger mit begatteter Königin

Hier geht man ähnlich vor. Der Unterschied besteht darin, dass man anstelle der Edelzelle eine begattete Königin zusetzt. Dabei ist darauf zu achten, dass sich der Ableger weisellos fühlt. Deshalb wird die Königin erst nach mindestens zwei Stunden in einem Zusatzkäfig unter Zuckerteigverschluss zugesetzt. Hier empfiehlt sich die gleiche Vorgangsweise wie beim Umweiseln: Vormittags erstellen, am Abend die Königin zusetzen und füttern. Eine Woche später wird der Ableger auf Weiselrichtigkeit überprüft und bei Bedarf mit zwei Litern Flüssigfutter gefüttert. Wiederum eine Woche später wird der Ableger erweitert und bei Trachtlosigkeit nochmals gefüttert.

### Ableger mit begatteter Königin – Ablegerbeute Flachzarge

**Erstellung** (links): Die Erstellung erfolgt wie beim Zellableger. Anstelle der Edelzelle wird nach Eintreten der Weiselunruhe eine begattete Königin unter Zuckerteigverschluss zugesetzt. Fütterung mit zwei Litern Flüssigfutter.
**Kontrolle** (Mitte): Nach einer Woche wird der Ableger auf die Weiselrichtigkeit kontrolliert und bei Bedarf wiederum mit zwei Litern Flüssigfutter gefüttert.
**Erweiterung** (rechts): Nach einer Woche wird der Ableger aufgesetzt und bei Trachtlosigkeit gefüttert.

### Ableger mit begatteter Königin – Flachzarge

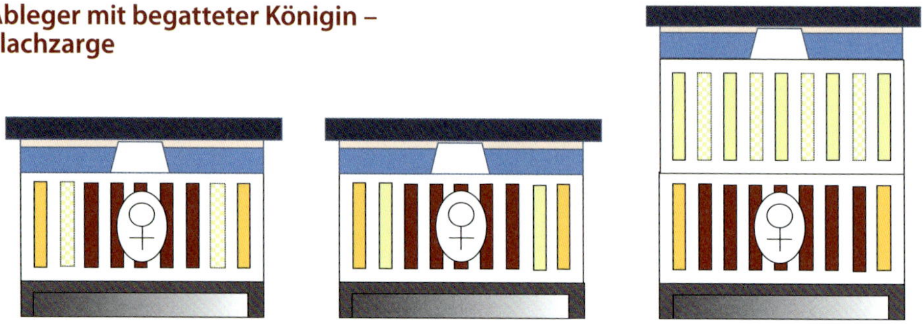

**Erstellung** (links): Die Erstellung erfolgt wie beim Zellableger. Anstelle der Edelzelle wird nach Eintreten der Weiselunruhe eine begattete Königin unter Zuckerteigverschluss zugesetzt. Fütterung mit zwei Litern Flüssigfutter.
**Kontrolle** (Mitte): Nach einer Woche wird der Ableger auf die Weiselrichtigkeit kontrolliert und bei Bedarf wiederum mit zwei Litern Flüssigfutter gefüttert.
**Erweiterung** (rechts): Nach zwei Wochen wird der Ableger aufgesetzt und bei Trachtlosigkeit gefüttert.

### Ableger mit begatteter Königin – Ganzzarge

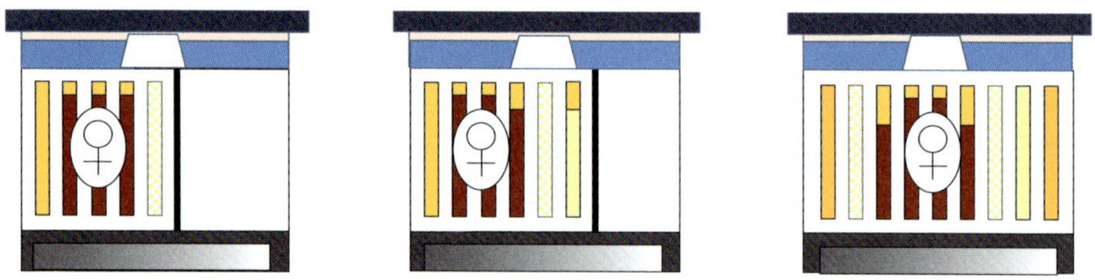

**Erstellung** (links): Die Erstellung erfolgt wie beim Zellableger. Anstelle der Edelzelle wird nach Eintreten der Weiselunruhe eine begattete Königin unter Zuckerteigverschluss zugesetzt. Fütterung mit zwei Litern Flüssigfutter.
**Kontrolle** (Mitte): Nach einer Woche wird der Ableger auf die Weiselrichtigkeit kontrolliert und bei Bedarf wiederum mit zwei Litern Flüssigfutter gefüttert.
**Erweiterung** (rechts): Eine Woche später wird das Schied entnommen und der Rest der Beute mit Mittelwänden und Leerwaben aufgefüllt und bei Trachtlosigkeit ein Futterstoß von zwei Litern verabreicht.

## Ruck-Zuck- oder Feglingskasten

Der Feglingskasten ist sehr hilfreich bei der Ablegerbildung, um keine Stockkönigin in den Ableger zu verbringen. Es befindet sich auf einer Seite des Kastens ein Absperrgitter mit einer Schütte oder einem Trichter. Die Bienen auf den entnommen Brutwaben werden vor das Absperrgitter gekehrt und mit einigen Rauchstößen in den Kasten getrieben. Die bienenfreien Brutwaben werden in den Kasten gehängt. Sollte sich eine Königin auf den Waben befunden haben, kann man sie nun außen vom Absperrgitter nehmen und in das Volk zurückgeben. Optimal sind gezeichnete Königinnen mit Nummernschild, vorausgesetzt dass diese auch in den Stockkarten vermerkt sind. Ein zweiter Vorteil besteht darin, dass alte Flugbienen nicht durch das Absperrgitter gehen, sondern sofort zu den Völkern zurückfliegen. Da somit hauptsächlich junges Bienenmaterial in den Ableger kommt, wird die neue Königin besser angenommen. Sobald genug Brut und Bienen im Feglingskasten sind, werden sie

*Ruck-Zuck-Kasten*

in die eigentliche Ablegerbeute umgehängt und der Kasten kann für die Erstellung des nächsten Ablegers verwendet werden.

## Saugling

Die Sauglingsbildung stellt eine Erleichterung der Ablegerbildung dar und kann zur Umweiselung der Völker dienen. Hier benötigt man vorerst nur eine Zarge, ausgestattet mit Mittelwänden und Leerwaben und ein Absperrgitter. Die verdeckelten Brutwaben werden in die Zarge über das Absperrgitter umgehängt. Wenn man die Brutwaben abkehrt, erspart man sich das Suchen der Königin. Die nach oben gehängten Brutwaben und die Futterwabe ersetzt man mit Leerwaben oder Mittelwänden. Innerhalb kurzer Zeit werden sehr viele Bienen von den Brutwaben „angesaugt". Sobald die Brutwaben dicht mit Bienen besetzt sind, wird der Saugling (Ableger) auf einen eigenen Standplatz gestellt. Weitere Vorgangsweise siehe Zellableger und Ableger mit begatteter Königin, S. 110 f.

## Kunstschwarmbildung

Für die Bildung eines Kunstschwarmes benötigt man eine Kiste mit Lüftungsgitter (Schwarmkistchen). Eine normale Zarge mit entsprechender Belüftungsmöglichkeit (offener Gitterboden) reicht auch. Mit dem Kunstschwarm versucht man, dem Naturschwarm möglichst nahe zu kommen. Zwei wesentliche Unterschiede können allerdings nicht vermieden werden. Erstens befinden sich die Bienen, die man zur Bildung des Kunstschwarmes verwendet, nicht in Schwarmstimmung und zweitens kommt die Königin des Muttervolkes nicht mit.

Beim Abkehren der Bienen ist es von großem Vorteil, wenn man die Bienen durch ein Absperrgitter laufen lässt. Man erspart sich dadurch das Suchen nach der Königin. Verwendet man kein Kunstschwarmkistchen mit ausklappbarem Einkehrtrichter mit Absperrgitter (Ruck-Zuck-Kasten), so verwendet man zwei übereinandergestellte Zargen und legt dazwischen ein Absperrgitter ein. Stößt man die Königin mit ab, so kann sie vom Absperrgitter leicht abgefangen und in das Volk zurückgegeben werden. Wenn man die Waben vor dem Abstoßen der Bienen leicht mit Wasser bestäubt, fliegen die Bienen nicht auf. Die

*Kunstschwarmkiste*

ideale Zusammensetzung des Naturschwarmes – **zwei Drittel Jungbienen und ein Drittel Sammelbienen** – muss nachvollzogen werden. Um das zu erreichen, verwendet man Bienen von Brutwaben und von Honigwaben in diesem Verhältnis. In der Praxis hat sich gezeigt, dass die Kunstschwarmbildung mit den Bienen, die bei der Honigernte auf den Honigwaben sitzen, am besten durchzuführen ist. Die Mischung von Bienen verschiedener Völker für die Erstellung des Kunstschwarmes ist nicht nur möglich, sondern sogar zu empfehlen.

Werden Kunstschwärme zu Vermehrungszwecken erstellt und sollen diese Schwärme bis zum Herbst noch überwinterungsfähige Völker ergeben, so müssen rund zwei Kilogramm Bienen dafür verwendet werden.

**Mai 1,5 kg Bienen – Juni 2 kg Bienen – Juli 2,5 kg Bienen**

Sobald man die Bienen abgekehrt hat, stellt man die Kunstschwarmkiste an einen dunklen, nicht zu kühlen Ort. Jetzt ist es sinnvoll, eine Varroabehandlung wie bei der Restentmilbung durchzuführen. Da die Bienen nicht wie Bienen eines Naturschwarmes mit Futter vollgesogen sind, wird sofort mit Flüssigfutter gefüttert. Aufgrund der Weisellosigkeit und der fehlenden Einlagerungsmöglichkeit für das Futter werden die Bienen sehr aufgeregt – sie heulen. Das ist jedoch normal und kein Grund zur Beunruhigung.

Nach zwei Stunden, spätestens aber am Abend desselben Tages, wird die Königin unter Teigverschluss zugesetzt.

Den Kunstschwarm kann man nicht wie einen Naturschwarm am gleichen Abend in eine neue Beute einschlagen, sondern erst nach drei Tagen. Zwei Gründe sind dafür entscheidend. Im Gegensatz zum Naturschwarm brauchen die Bienen des Kunstschwarmes einige Zeit, ihren Heimstock zu vergessen und zu einer neuen Ein-

## Kunstschwarm – Flachzarge

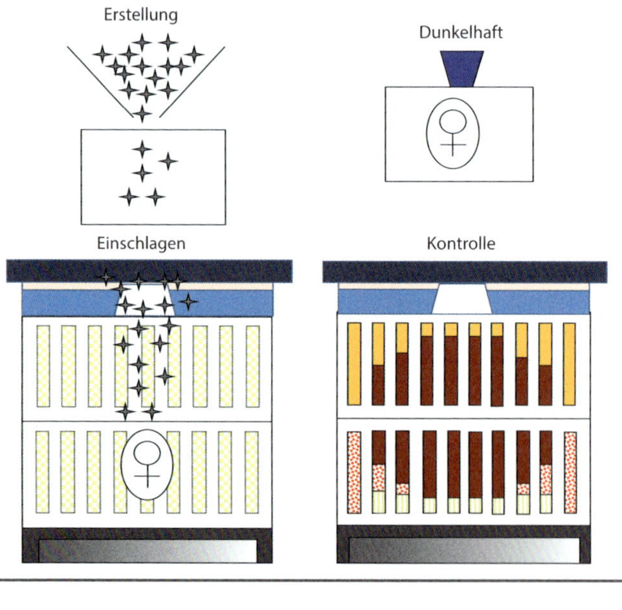


**Erstellung Kunstschwarm** (oben links): Aus verschiedenen Völkern werden zwei Kilo Bienen im Verhältnis von 2/3 Pflegebienen und 1/3 Flugbienen in die Kunstschwarmkiste gekehrt.
**Dunkelhaft** (oben rechts): Der Kunstschwarm wird für drei Tage in Dunkelhaft gestellt. Eine begattete Königin wird unter Zuckerteigverschluss zugesetzt und mit einem Liter Flüssigfutter gefüttert.
**Einschlagen** (unten links): Nach der Dunkelhaft wird der Kunstschwarm auf zwei Zargen, ausgestattet mit Mittelwänden, eingeschlagen und mit vier Litern Flüssigfutter gefüttert.
**Kontrolle** (unten rechts): Nach einer Woche wird er auf Weiselrichtigkeit kontrolliert und bei Bedarf noch einmal gefüttert.

## Kunstschwarm – Ganzzarge

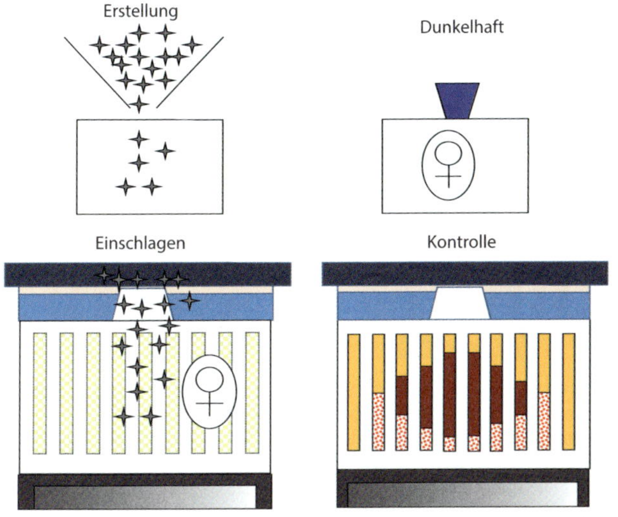


**Erstellung Kunstschwarm** (oben links): Aus verschiedenen Völkern werden zwei Kilo Bienen im Verhältnis von 2/3 Pflegebienen und 1/3 Flugbienen in die Kunstschwarmkiste gekehrt. **Dunkelhaft** (oben rechts): Der Kunstschwarm wird für drei Tage in Dunkelhaft gestellt. Eine begattete Königin wird unter Zuckerteigverschluss zugesetzt und mit einem Liter Flüssigfutter gefüttert. **Einschlagen** (unten links): Nach der Dunkelhaft wird der Kunstschwarm in eine Beute, ausgestattet mit Mittelwänden, eingeschlagen und mit vier Litern Flüssigfutter gefüttert. **Kontrolle** (unten rechts): Nach einer Woche wird er auf Weiselrichtigkeit kontrolliert und bei Bedarf noch einmal gefüttert.

heit zu verschmelzen. Außerdem müssen sich bei den Kunstschwarmbienen erst die Wachsdrüsen entwickeln. Der Kunstschwarm kommt in eine Zarge mit neun Mittelwänden und wird sofort kräftig mit Flüssigfutter gefüttert, damit die Mittelwände rasch ausgebaut werden.

Nach einigen Tagen kann man nichtbesetzte Mittelwände entfernen und durch ausgebaute Waben ersetzen.

### Saugling zur Kunstschwarmbildung

Beim Flachzargenimkern fallen bei der letzten Honigernte viele zwei- bis dreimal bebrütete Waben an, wobei es schade ist, diese einzuschmelzen. Ohne Kühlraum sind sie auch schwer gegen die Wachsmotte zu schützen. Bei Völkern, die jetzt noch durchhängen, legt man ein Absperrgitter auf und setzt eine Zarge mit diesen Waben darüber. Eine weitere Zarge auf ein zweites. Zwei Stunden später sind diese mit Bienen angesaugt, welche die honigfeuchten Waben ausschlecken. Nun werden die beiden Zargen auf ein neues

*Kunstschwarm einschlagen – anschließend werden die Zargen mit den Mittelwänden aufgesetzt.*

## Saugling zur Kunstschwarmbildung

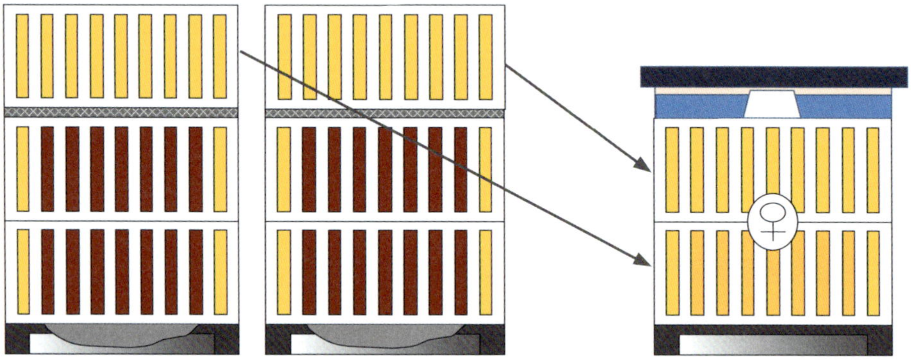

**Links:** 2–3 mal bebrütete und honigfeuchte Waben werden noch durchhängenden Völkern über Absperrgitter aufgesetzt **Rechts:** Zwei Stunden später werden diese auf ein neues Bodenbrett gesetzt, verschlossen und auf einen neuen Standort gebracht. Nach dem Öffnen wird eine Königin zugesetzt und gefüttert. Eine Woche später wird er kontrolliert und varroabehandelt.

*Schwarmzellen*

Bodenbrett gestellt und mit der Futterzarge und einem Dach verschlossen. Der nun entstandene Kunstschwarm muss aus dem Flugradius (5 km) verbracht werden. Nachdem er aufgestellt ist, wird er vorsichtig mit kräftigen Rauchstößen geöffnet, eine Königin unter Zuckerteigverschluss zugesetzt und mit Flüssigfutter gefüttert. Die Erstellung muss am Abend erfolgen, damit es zu keinem Bienenverflug kommt. Eine Woche später wird er auf Weiselrichtigkeit kontrolliert und gegen die Varroamilbe behandelt.

## Zwischeneingriffe – Die Schwarmzeit

Jene Völker, die sich im Frühjahr problemlos entwickeln, bereiten auch während der Schwarmzeit keine Schwierigkeiten. Etwa ab Mitte Mai kommt in manchen Völkern Schwarmstimmung auf. In der Natur ist das Schwärmen lebensnotwendig für die Biene. Daher muss man anerkennen, dass es nie möglich sein wird, den Schwarmtrieb ganz zu unterdrücken. Der Imker muss aber bemüht sein, das Schwärmen in wirtschaftlich erträglichen Grenzen zu halten. Schwärmende Völker bereiten dem Imker mehr Arbeit und bringen vor allem eine schlechtere Honigernte. Für die Praxis gilt, dass man bis zu 10 % Schwarmvölker tolerieren kann.

**Schwarmanlässe**

- Alte Königin
- Schlechtwetterperiode
- Platzmangel
- Futtersaftstau
- Erbliche Veranlagung

**Grundsätzlich haben wir zwei Möglichkeiten, gegen den Schwarmtrieb vorzugehen:**

- Die Schwarmvorbeugung
- Die Schwarmverhinderung

Man sollte unter normalen Umständen mit vorbeugenden Maßnahmen das Auslangen finden, da es erfahrungsgemäß sehr schwierig ist, das Schwärmen bei fortgeschrittener Schwarmstimmung zu verhindern. Für den wirtschaftlich orientierten Imker erhebt sich auch die Frage, ob der zusätzliche Arbeitsaufwand für die Schwarmverhinderung durch den Erfolg gerechtfertigt ist. Um vorbeugend entgegenwirken zu können, muss man die Schwarmanlässe kennen.

Dass Völker mit **älteren Königinnen** stärker zum Schwärmen neigen, ist allgemein bekannt. In manchen Jahren beobachtet man aber auch eine starke Schwarmneigung bei jungen Königinnen.

Die Ursache ist in diesem Fall meist eine **Schlechtwetterperiode**, die auf gute Pollentracht folgt. Während der Pollentrachtphase werden große Brutflächen angelegt – die Völker erstarken rasch. Folgt darauf eine Trachtlücke, so schränkt die Königin die Legetätigkeit ein und die in großer Anzahl vorhandenen Pflegebienen sind zur Untätigkeit verurteilt, wodurch es zum so genannten **Futtersaftstau** kommt. Verstärkt wird die Schwarmneigung zusätzlich noch bei jenen Völkern, die über zu wenig Futtervorräte verfügen.

Einer der wichtigsten Auslösefaktoren für das Schwärmen ist der Platzmangel, wenn die Königin keine Möglichkeit mehr hat, Eier abzulegen. Verwendet man zwei bis drei Bruteinheiten, so kann kein **Platzmangel** entstehen.

Außer den eben **genannten Umweltfaktoren** ist auch die erbliche Veranlagung sehr maßgeblich für die Schwarmneigung, die bei den einzelnen Bienenrassen sehr unterschiedlich ist. Aber auch innerhalb einer Bienenrasse gibt es große Unterschiede. Züchterisch ist es nicht weiter schwierig, die Veranlagung zum Schwärmen zu minimieren. Dazu ist es nötig, grundsätzlich nicht von schwarmlustigen Völkern nachzuziehen. Die Schwarmzellen dürfen auf keinen Fall zur Vermehrung verwendet werden. Tut man es trotzdem, muss man damit rechnen, dass damit die erbliche Schwarmneigung des ganzen Bienenstandes vergrößert wird.

Aus den wichtigsten Ursachen für das Schwärmen ergeben sich die vorbeugenden Maßnahmen, die der Imker setzen muss.

**Futtersaftstau = legt die Königin durch Platzmangel täglich anstelle von 2.000 nur noch 1.000 Eier, so stehen einige Tage später 2.000 Ammenbienen vor 1.000 Maden, um diese zu füttern. Das bedeutet eine 50 %ige Jugendarbeitslosigkeit (Ammenbienenarbeitslosigkeit) im Bienenvolk.**

## Schwarmvorbeugung

**Schwarmvorbeugung**

- Zweijähriger Königinnenumtrieb
- Gestaltung der Raumverhältnisse
- Ausreichende Futterversorgung
- Erbliche Veranlagung
- Jungvolkbildung

In einer modernen Magazinbetriebsweise berücksichtigt man alle Schwarmanlässe, sodass alle Völker hinsichtlich der Schwarmvorbeugung gleich behandelt werden können.

### Zweijähriger Königinnenumtrieb

Nicht nur wegen der stärkeren Schwarmneigung, sondern vor allem wegen der schlechteren Honigleistung sollen sich am Stand nur ein- und zweijährige Königinnen befinden. Einzige Ausnahme sind die Zuchtvölker.

### Gestaltung der Raumverhältnisse

Damit immer genug Raum für die Bienenbrut zur Verfügung steht, sind bei 9- bzw. 10-rahmigen Beuten (Zander oder Breitwabe) zwei und bei der Flachzarge drei Bruträume erforderlich. Steht nur ein Brutraum zur Verfügung (ausgenommen Dadant), so kommt es unweigerlich zum Schwärmen. Das laufende Umhängen von Brutwaben ist dann die einzige Möglichkeit, für Abhilfe zu sorgen. Da dies nicht bienengemäß und auch sehr arbeitsaufwändig ist, bietet nur die Magazinbeute optimale Verhältnisse.

### Ausreichende Futterversorgung

Vor allem bei der Carnica-Biene muss immer auf entsprechende Futterversorgung und Futtervorräte geachtet werden. Sobald in der aufstrebenden Entwicklungsphase eine Trachtlücke eintritt, besteht Schwarmgefahr, da die Königin auf mangelnde Futterversorgung mit einer Einschränkung der Legetätigkeit reagiert. Trachtlücken müssen daher mit einer Lückenfütterung überbrückt werden.

### Erbliche Veranlagung

Schwarmzellen dürfen keinesfalls zur Vermehrung verwendet werden. In der Zucht ist darauf zu achten, nicht von schwarmlustigen Völkern nachzuziehen. Verwendet man trotzdem Schwarmzellen zur Ablegerbildung, so sind diese Ableger unbedingt noch im selben Jahr mit Königinnen schwarmträger Herkunft umzuweiseln! Befolgt man diese Grundsätze in der Vermehrung nicht, so nimmt die Schwarmneigung am Bienenstand von Jahr zu Jahr zu.

### Ablegerbildung

Die Ablegerbildung sollte man schon als Schwarmvorbeugung durchführen. Gewisse Trachtlücken, z. B. nach der Löwenzahntracht oder der Futtersaftstau gegen Ende der Rapstracht, sind voraussehbar. Zu diesen Zeiten, sollte man die Jungvolkbildung durchführen, um der Schwarmlust vorzubeugen.

Durch das Entnehmen der Brutwaben und durch die Gabe von neuem Wabenmaterial (ideal sind ausgebaute Waben aus dem Vorjahr) wird Platz geschaffen, damit die Königin weiterhin ihre 1.500 bis 2.000 Eier täglich legen kann. Andererseits entsteht kein Ammenbienenüberschuss, damit besteht keine Gefahr von Futtersaftstau.

Beachtet man alle Grundsätze der Schwarmvorbeugung, so erübrigt sich in den meisten Fällen eine generelle Schwarmkontrolle. Grundsätzlich reichen die vorbeugenden Maßnahmen aus, um die Schwarmtätigkeit auf einen Anteil von weniger als 5 % zu beschränken. Spezielle Schwarmkontrollen und daraus folgende

Schwarmverhinderung sind dann nicht mehr nötig.

## Schwarmverhinderung

Wie schon vorher erwähnt, begegnet man der Schwarmlust durch eine durchdachte, bienengemäße Betriebsweise. Findet man Völker in fortgeschrittener Schwarmstimmung (angepflegte oder verdeckelte Weiselzellen), so sind schwarmverhindernde Maßnahmen nötig. Alle Schwarmverhinderungsmaßnahmen basieren auf einer Schwächung des schwarmlustigen Volkes. Da man immer bemüht sein sollte, die Wirtschaftsvölker so stark als möglich zur Tracht zu bringen, muss die gewählte Schwarmverhinderungsmethode gut überlegt sein. Von den vielen Methoden, die empfohlen werden, ist unbedingt jenen der Vorzug zu geben, bei denen eine Wiedervereinigung vor der Tracht möglich ist.

# Zwischenablegerbildung

Die Zwischenablegerbildung ist immer dann zu empfehlen, wenn es gilt, das Volk in voller Stärke zu erhalten. Die Zwischenablegerbildung als Flugling ist eine der sichersten und der Magazinimkerei am besten angepasste Methode der Schwarmverhinderung.

## Flugling

Findet man in einem Volk Weiselzellen, so stellt man den Honigraum (dritte Einheit) nach unten auf das Bodenbrett. In die Mitte dieser Zarge kommt eine beliebige offene Brutwabe (ohne Königin). Auf den nach unten gestellten Honigraum wird der Zwischenboden gegeben, darüber kommen die Bruträume mit der Königin (Muttervolk). Die schwarmverhindernde Wirkung beruht darauf, dass die aus den beiden Bruträumen abfliegenden Bienen unten in den verstellten Honigraum zurückfliegen. Dadurch

*Zwischenableger zur Schwarmverhinderung*

verlieren die Bruträume sehr viele Bienen und der Schwarmtrieb erlischt. Normalerweise werden die Weiselzellen von den Bienen ausgebissen. Das Ausbrechen der Weiselzellen ist vor allem dann notwendig, wenn auf die Erstellung des Zwischenablegers fluglose Tage folgen, sodass nicht genug Bienen abfliegen können. Im verstellten Honigraum sammeln sich die Flugbienen. Bei sehr starken Völkern und guter Tracht empfiehlt es sich, unter den Honigraum noch eine Zarge mit Mittelwänden zu stellen. Bei dieser Methode ist besonders darauf zu achten, dass in den Bruträumen genug Futter vorhanden ist. Da die Flugbienen dem verstellten Honigraum zufliegen, kann nichts eingetragen werden. Ist das Futter knapp, so gibt man den Bruträumen zwei Futterwaben (Honigwaben) aus dem Honigraum. Zusätzlich kann man den Bruträumen etwas Wasser verabreichen, indem man anstelle der entnommenen Brutwaben zwei mit Wasser getränkte Leerwaben einsetzt. Nach zehn Tagen erfolgt die Rückvereinigung. Aus der Brutwabe des Honigraumes werden alle Weiselzellen ausgebrochen. Man stellt die Bruträume auf das Bodenbrett, legt durchlöchertes Zeitungspapier darauf und der Honigraum wird über die beiden Bruträume gestellt.

## Flugling – Flachzarge

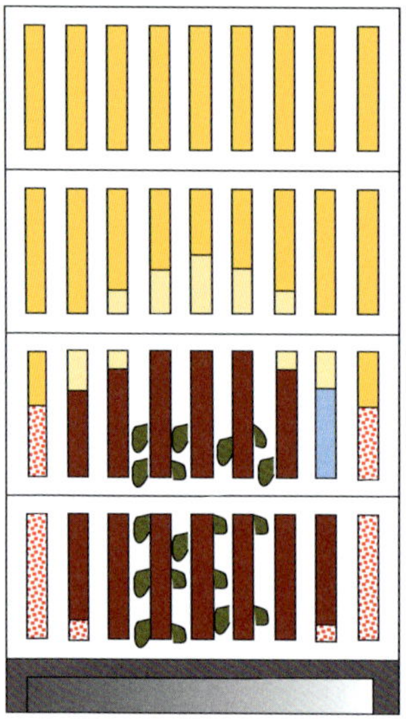

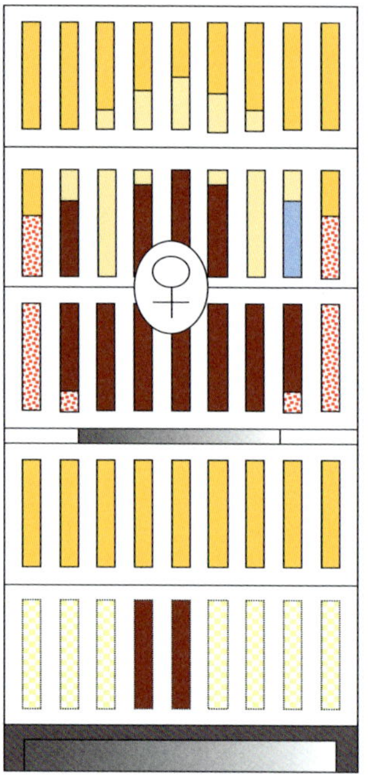

**Ausgangssituation** (links): Bienenvolk mit Schwarmzellen
**Zwischenablegerbildung** (rechts): Eine Einheit mit Mittelwänden, zwei offenen Brutwaben und der Honigraum werden auf das Bodenbrett gestellt. Über den Zwischenboden kommt das Muttervolk mit der Königin. Flugling bei gutem Bienenflug erstellen. Flugbienen fliegen dem Flugling zu.

## Rückvereinigung – Flugling

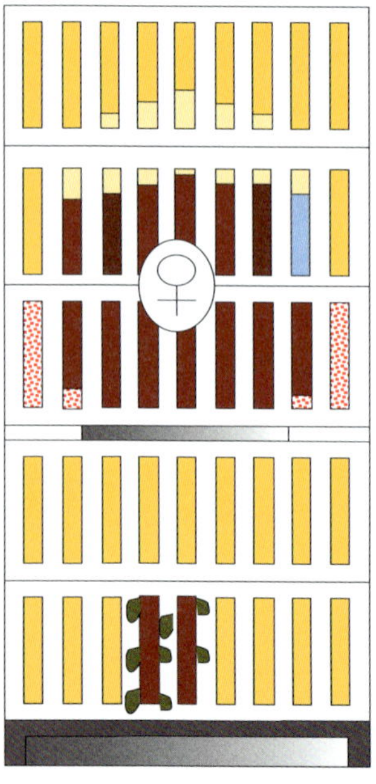

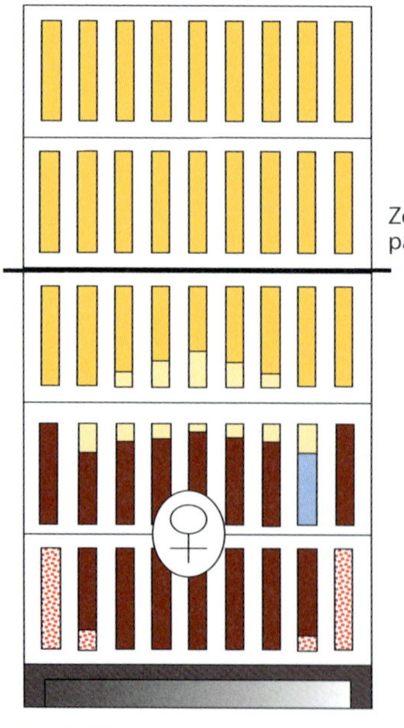


**Ausgangsituation** (links): Am zehnten Tag nach der Erstellung wird der Flugling rückvereinigt.
**Rückvereinigung** (rechts): Das Muttervolk wird zur Seite gestellt.
Auf den Brutwaben müssen die Nachschaffungszellen ausgebrochen werden. Der Flugling wird zur Seite gestellt. Das Muttervolk wird auf das Bodenbrett gestellt. Der Flugling wird über Zeitungspapier mit dem Muttervolk vereinigt.

## Flugling – Ganzzarge

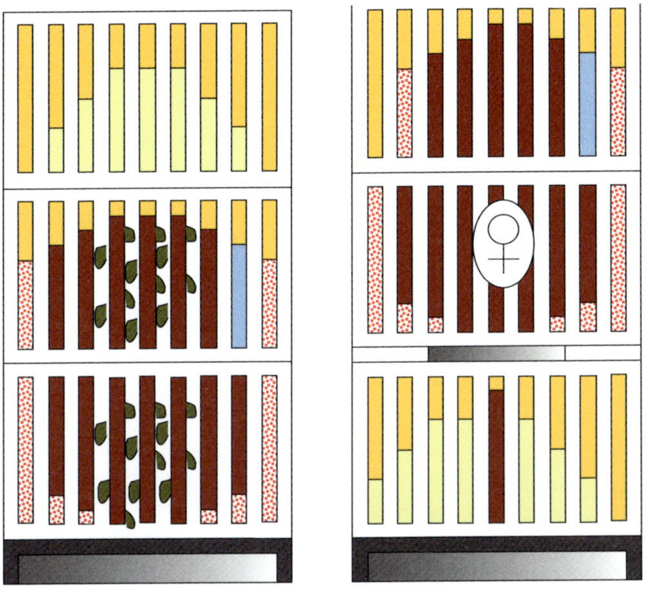

**Ausgangssituation** (links): Bienenvolk mit Schwarmzellen
**Zwischenablegerbildung** (rechts): Der Honigraum wird auf das Bodenbrett gestellt. Eine offene Brutwabe wird in diese Einheit gegeben. Über dem Zwischenboden kommt das Muttervolk mit der Königin. Die vom Muttervolk abfliegenden Bienen fliegen dem verstellten Honigraum (Flugling) zu.

## Rückvereinigung Flugling – Ganzzarge

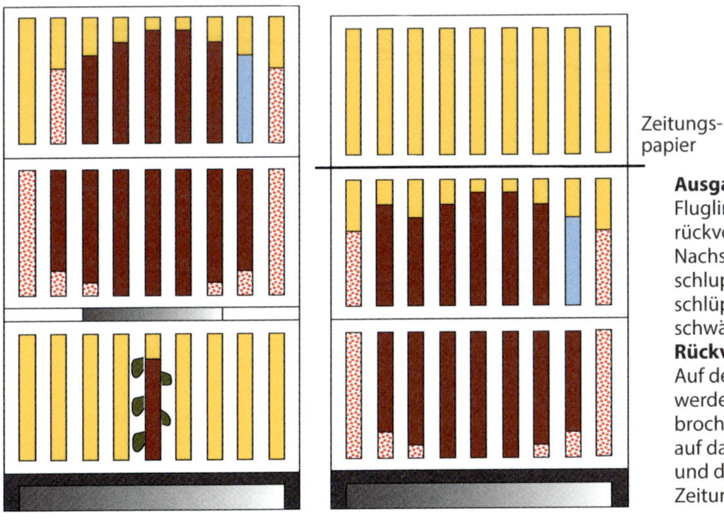


**Ausgangssituation** (links): Der Flugling muss nach 10 Tagen rückvereinigt werden. Die Nachschaffungszellen sind jetzt schlupfreif. Lässt man diese schlüpfen, wird der Flugling schwärmen!
**Rückvereinigung** (rechts): Auf der Brutwabe im Flugling werden alle Weiselzellen ausgebrochen. Das Muttervolk wird auf das Bodenbrett gestellt und der Flugling wird über ein Zeitungspapier aufgesetzt.

Die Erstellung eines Fluglings sollte immer bei gutem Bienenflug erfolgen, da die Wirkung darauf beruht, dass die Flugbienen vom Muttervolk dem Flugling zufliegen!

## Flugling mit gleichzeitiger Königinnenerneuerung

Bei dieser Methode wird wieder der Honigraum auf das Bodenbrett gestellt. Anstelle der offenen Brutwabe gibt man eine verdeckelte Brutwabe hinein. Gleichzeitig wird eine schlupfreife Edelzelle (selbst gezüchtete Weiselzelle), die seitlich geschützt sein muss, vorsichtig auf der Brutwabe angebracht. Hat man keine Edelzelle zur Verfügung, so kann man auch eine Brutwabe mit einer Weiselzelle aus dem Muttervolk verwenden.

Über den Zwischenboden kommt das Muttervolk. Nach ein bis zwei Tagen schlüpft die junge Königin und nach weiteren acht bis zehn Tagen kann man damit rechnen, dass sie begattet und in Eilage gegangen ist. Wenn mind. 4 Waben von der jungen Königin bestiftet wurden oder bereits verdeckelte Brut vorhanden ist, entnimmt man die alte Königin aus dem Muttervolk und vereinigt dieses mit dem Flugling. Bei der Vereinigung bleibt der Flugling am Bodenbrett stehen und das entweiselte Muttervolk wird über ein durchlöchertes Zeitungspapier mit dem Flugling vereinigt. Verwendet man eine Schwarmzelle aus dem Muttervolk, so muss das Volk noch im selben Jahr umgeweiselt werden.

**Flugling mit gleichzeitiger Königinnenerneuerung**

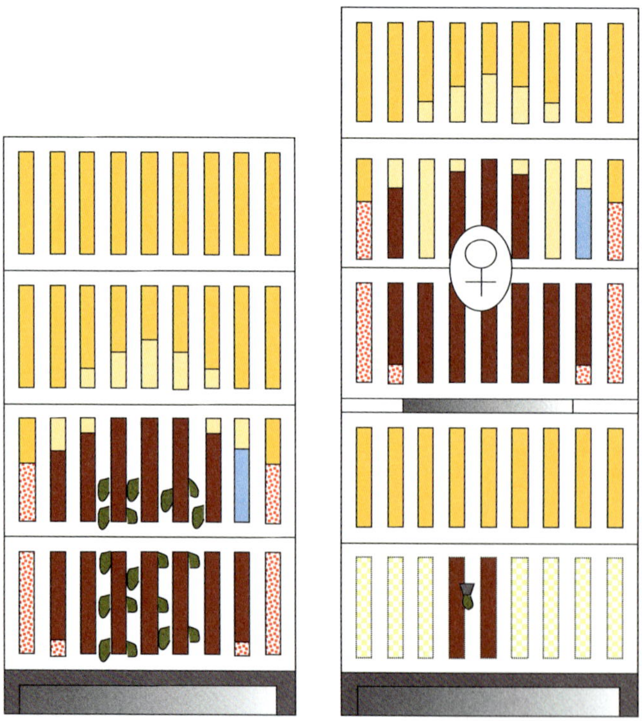

**Ausgangssituation** (links): Bienenvolk mit Schwarmzellen **Zwischenablegerbildung mit einer Edelzelle** (rechts): Anstelle der offenen Brutwaben werden in den Flugling zwei verdeckelte Brutwaben gegeben. Zusätzlich wird eine geschützte Edelzelle auf einer der Brutwaben befestigt.

## Rückvereinigung des Fluglings mit gleichzeitiger Königinnenerneuerung

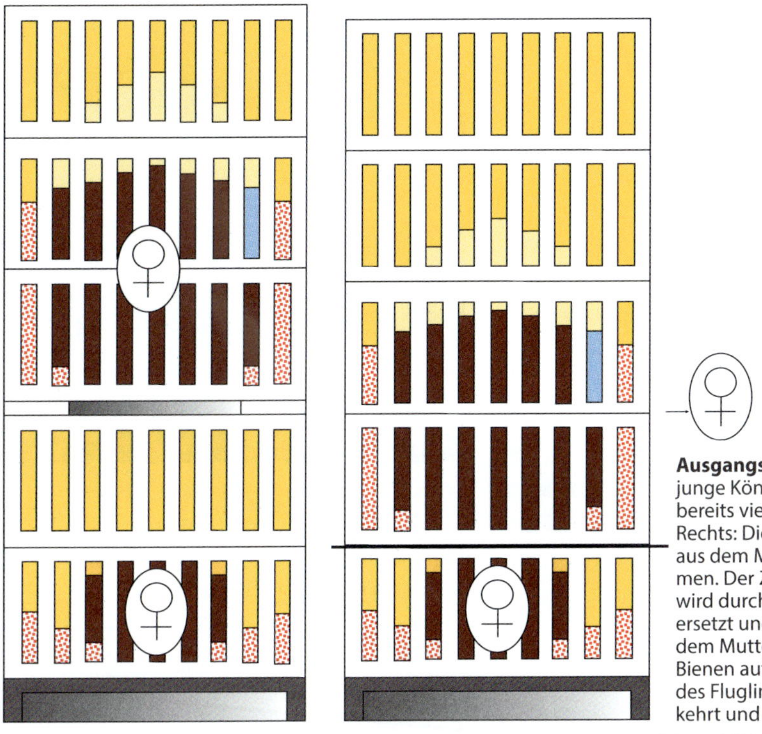

**Ausgangssituation** (links): Die junge Königin im Flugling hat bereits vier Waben bestiftet. Rechts: Die **alte Königin** wird aus dem Muttervolk entnommen. Der Zwischenboden wird durch ein Zeitungspapier ersetzt und der Flugling mit dem Muttervolk vereinigt. Die Bienen auf den Honigwaben des Fluglings werden abgekehrt und aufgesetzt.

## Ableger mit der Königin zur Schwarmverhinderung

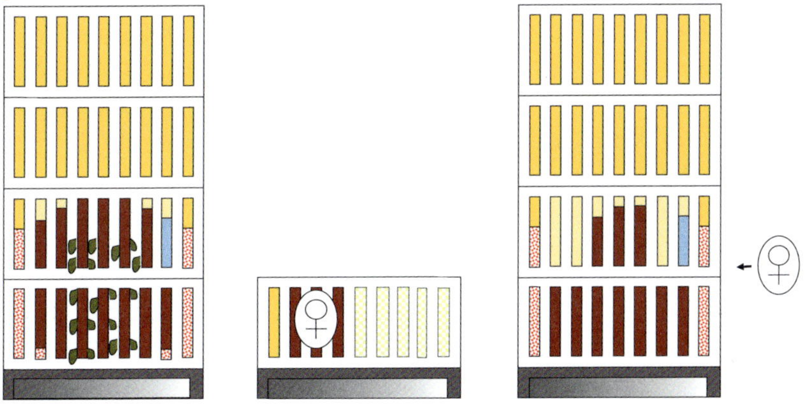

Links: Volk mit Weiselzellen. Alle Weiselzellen werden ausgebrochen.
Mitte: Die Königin wird mit drei Brutwaben und einer Futterwabe in einen Ableger gegeben
Rechts: Neun Tage später werden alle Nachschaffungszellen ausgebrochen und eine neue Königin zugesetzt.

## Ableger mit der Königin zur Schwarmverhinderung

Ist die Schwarmstimmung schon so weit fortgeschritten, dass durch eine Fluglingbildung keine Schwarmverhinderung mehr zu erwarten ist, so entnimmt man dem Volk die Königin. Man erstellt mit zwei bis drei Brutwaben und einer Futterwabe einen Ableger mit der Königin. Beim Volk werden alle Weiselzellen ausgebrochen. Neun Tage später werden sämtliche Nachschaffungszellen entfernt und eine neue Königin zugesetzt. Hat man keine Königin zur Verfügung, kann man eine Nachschaffungszelle belassen.

Eine weitere Möglichkeit besteht darin, dass man die jüngste Weiselzelle beim Entnehmen der Königin im Volk belässt. Nach neun Tagen muss man die zusätzlich entstandenen Nachschaffungszellen ausbrechen, damit nur diese eine Königin schlüpft. Ansonsten wird die junge Königin vor dem Schlupf der Nachschaffungsköniginnen schwärmen.

*Schwarmfang*

## Stutzen des Flügels

Der Königin wird zuvor ein Drittel des rechten oder des linken Flügelpaares mit einer feinen Schere gekürzt.

Sobald der Schwarm mit der Königin den Stock verlässt, fällt die Königin durch die dadurch enstandene Flugunfähigkeit zu Boden. Der Großteil der Bienen wird in den Stock zurückkehren. Man erspart sich dadurch das Einfangen des Schwarmes. Außerdem kann der Schwarm nicht wegfliegen und in einen hohlen Baum oder einen anderen natürlichen Bau einziehen, wo er im darauffolgenden Jahr an der Varroamilbe sterben wird.

Diese Maßnahme ist für den Imker nur ein Zeitgewinn von einigen Tagen. Eine Nachschwarmverhinderung ist so rasch wie möglich durchzuführen, da der Nachschwarm schon kurz nach dem Schlupf der jungen Königinnen abgeht. Das bedeutet, dass alle Weiselzellen ausgebrochen werden müssen. Das Stutzen des Flügels ist in Bio-Imkereien nicht erlaubt!

## Schwarmfang und Schwarmbehandlung

Die oft empfohlene Schwarmkontrolle in kurzen Zeitabständen ist zeit- und arbeitsaufwändig. Beachtet man in der Völkerführung alle Auslösefaktoren für das Schwärmen, so ist die Schwarmkontrolle überflüssig! Es ist weit wirtschaftlicher, die Schwärme, die dann noch fallen (in der Praxis ca. 5 %), in Kauf zu nehmen.

Wenn ein Schwarm fällt, so muss er gefangen und eingeschlagen werden. Zum Schwarmfang kann man jeden beliebigen Behälter (Kiste, Korb) mit einer entsprechenden Belüftungsmöglichkeit verwenden. Am besten verwendet man spezielle Schwarmfangkisten.

Damit der Schwarm ruhig sitzt, wird er mit Wasser besprüht. Danach hält man die Schwarmkiste unter den hängenden Schwarm und stößt ihn mit einem kräftigen Ruck in die Kiste. Sitzt der Schwarm auf einem Baum, so kann man versuchen, den Zweig mit dem Schwarm abzuschneiden. Hat sich der Schwarm an einer schwer zugänglichen Stelle niedergelassen (z. B. in einer Astgabel), ist es oft schwierig, den Schwarm samt der Königin zu fassen. Man muss versuchen, die Bienen mit einem kleinen feuchten Besen in die Kiste zu kehren. Wenn man die Königin nicht mit fängt, zieht der Schwarm wieder aus.

Der eingefangene Schwarm wird in der Nähe an einem schattigen Platz aufgestellt, damit die restlichen herumfliegenden Bienen einziehen können. Am Abend wird der Schwarm in eine Beute eingeschlagen, die mit Mittelwänden ausgestattet ist. Bevor man die Bienen in die Beute schüttet, muss die Schwarmkiste kräftig aufgestoßen werden, damit sich die Schwarmtraube lockert.

Wird der Schwarm sofort gefüttert, so baut er die Mittelwände besonders gut aus. Ein Schwarm ist grundsätzlich nur flüssig zu füttern!

Bei fremden Schwärmen empfiehlt es sich, den Schwarm zwei bis drei Tage in Dunkelhaft zu stellen und aushungern zu lassen, um der Gefahr von Brutkrankheiten vorzubeugen.

## Nachschwarmverhinderung

Nachdem man den Vorschwarm eingefangen hat, muss man am Bienenstand kontrollieren, aus welchem Volk der Schwarm abgegangen ist. Bei diesem Volk müssen alle Weiselzellen ausgebrochen werden, um einen Nachschwarm zu verhindern. Eine Woche später sind alle Nachschaffungszellen auszubrechen und eine begattete Königin wird zugesetzt. Sinnvoll ist es, den eingeschlagenen Vorschwarm auf das abgeschwärmte Volk zu stellen und nach dem Ausbrechen der Nachschaffungszellen die beiden wieder zu vereinen.

## Honigernte

Jede Schleuderung vor der Sommersonnenwende kann mit der Jungvolkbildung verbunden werden. Die letzte Schleuderung erfolgt – mit Ausnahme der Sonnenblumen- und Tannentrachtgebiete – spätestens Ende Juli. Der Schleudertermin wird ausschließlich vom Reifezustand des Honigs bestimmt. Es ist daher nicht möglich, generell einen bestimmten Termin für die Honigernte zu nennen. In der Regel ist Honig reif, wenn die Zellen verdeckelt sind. Ist etwa ein Drittel der Wabenfläche mit noch nicht verdeckeltem Honig gefüllt, so kann man es tolerieren, wenn der Wassergehalt des Honigs niedrig genug ist. Dies kontrolliert man mit der so genannten Spritzprobe. Wenn man die Wabe waagrecht hält und ruckartig nach unten stößt, darf kein Honig aus den Zellen spritzen. Ist dies aber der Fall, so ist der Wassergehalt noch zu hoch. Der Honig würde in relativ kurzer Zeit gären!

Bei Waben mit einem großen Anteil an nicht verdeckeltem Honig ist es äußerst wichtig, sofort nach der Wabenentnahme zu schleudern, da der offene Honig sehr leicht Feuchtigkeit anzieht. Schwierigkeiten ergeben sich, wenn sich

*Volle Honigwaben*

Trachtquellen überschneiden. Dies erschwert die Gewinnung von reinen Sortenhonigen. Es ist auf alle Fälle besser, einen reifen gemischten Honig zu ernten als einen unreifen Sortenhonig. Bei völliger Trachtlosigkeit empfiehlt es sich, die Völker am Abend abzuernten. Die bienenleeren Honigraumaufsätze werden bienendicht abgestellt, ehe man sie zum Schleuderraum bringt. Am nächsten Tag gibt man den Völkern die ausgeschleuderten Waben zurück. Bei der Honigernte gibt es verschiedene Möglichkeiten der Honigwabenentnahme.

## Abschütteln und Abkehren der Waben

Das Abschütteln und Abkehren der Honigwaben ist die herkömmlichste Art der Honigernte. Die Entnahme der reifen Honigwaben ist zeitraubend und arbeitsaufwändig. Vor allem in trachtloser Zeit können wegen der Raubgefahr nur wenige Völker in einem Arbeitsgang abgeerntet werden. Die Waben müssen abgekehrt oder abgestoßen werden. Die ansitzenden Bienen kann man vor das Flugloch abstoßen. Eine weitere Möglichkeit besteht darin, den Honigraum abzunehmen und anstelle dessen eine leere Einheit aufzusetzen, in welche die Bienen gekehrt werden. Bei völliger Trachtlosigkeit empfiehlt es sich, die Völker zeitig am Morgen oder am Abend abzuernten.

*Honigernte mit gleichzeitiger Kunstschwarmbildung*

## Bienenflucht

Um das Abernten zu erleichtern, hat sich der Einsatz von Bienenfluchten sehr gut bewährt. Die Wirkung der Bienenflucht besteht darin, dass die Bienen durch Fluchtschlitze den Honigraum verlassen, jedoch nicht mehr zurückkehren können. Besonders ist darauf zu achten, dass sich keine Brutwaben im Honigraum befinden. Ein bis zwei Tage vor der Schleuderung werden die Bienenfluchten zwischen Honigraum und Brutraum eingelegt. Am nächsten oder übernächsten Tag können die bienenleeren Honigräume entnommen werden.

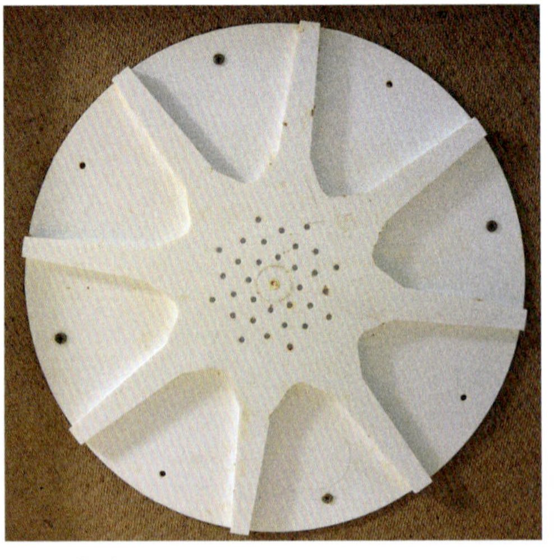

*Bienenflucht*

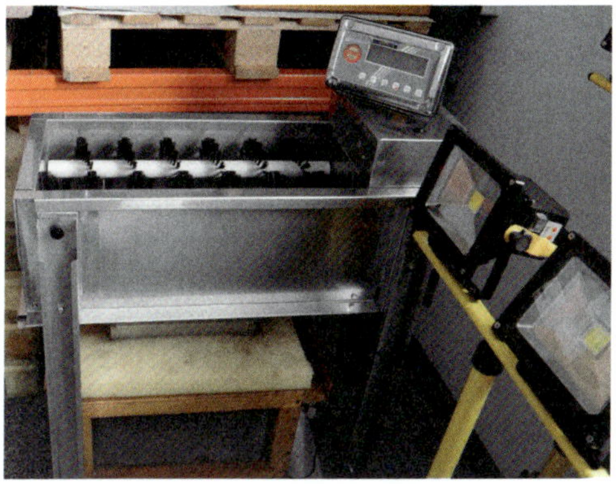

*Abkehrmaschine*

## Abkehrmaschine

Die Verwendung einer Abkehrmaschiene hat sich für größere Betriebe bestens bewährt. Durch das sehr rasche Abernten, stellt die Raubgefahr während einer trachtlosen Zeit keine große Gefahr dar. Durch das wabenweise Abkehren der Honigwaben sind Königinnenverluste auszuschließen. Zusätzlich werden die Bienen in einen Auffangbehälter gekehrt. Anschließend werden die Bienen in das Volk zurückgeschüttet. Dabei besteht nun die Möglichkeit, sehr leicht Kunstschwärme zu bilden.

## „Bee Blower"

Dabei handelt es sich um ein starkes Gebläse, mit dem die Bienen aus den Wabengassen geblasen werden. Es stellt die schnellste Art der Honigernte dar. Besonders ist darauf zu achten, dass sich keine Brutwaben in den Honigräumen befinden. Bei Ganzzargen empfiehlt sich der Einsatz des Absperrgitters um etwaige Königinnenverluste zu vermeiden. Bei der Flachzarge wird erst ab der vierten Einheit der Bee Blower eingesetzt. Hält man sich nicht daran, muss man mit mind. 10 % Königinnenverlusten rechnen. In Amerika und Australien ist diese Art der Honigernte weit verbreitet.

*Mit dem „Bee-Blower" werden die Bienen aus den Wabengassen geblasen.*

## Mittelwandgabe

Ideal ist es, Mittelwände oberhalb des Brutnestes im Honigraumaufsatz während der Haupttracht ausbauen zu lassen. Die auf diese Weise aufgebauten Mittelwände eignen sich als honigfeuchte Waben bestens zur Erweiterung im nächsten Jahr.

Grundsätzlich sollen Mittelwände bei Ganzzargen nie zwischen Brutwaben gehängt werden. Die Mittelwände werden dort zwar besonders gut ausgebaut, doch wird dadurch das Kleinklima im Brutnestbereich nachhaltig gestört! Ein schwerer Fehler besteht bei Zander und Breitwabe auch darin, Brutwaben und Mittelwände auf alle drei Einheiten zu verteilen, denn spätestens bei der Honigernte wird man bemerken, dass dies der falsche Weg war.

Die ausreichende Verjüngung des Wabenbaues ist aus hygienischen Gründen unbedingt

*Frischer Wabenbau*

*Mittelwände einlöten.*

erforderlich. Wie gelingt es nun, der Forderung nach einem dreijährigen Wabenumtrieb nachzukommen?

Aufgrund der vielen unterschiedlichen Betriebsweisen gibt es die verschiedensten Methoden der Bauerneuerung. Grundsätzlich ist es wichtig den Wabenumtrieb bei der Aufwärtsentwicklung zu schaffen. Für Flachzargenimker ist es selbstverständlich, dass man mit den Waben innerhalb des Volkes rotieren kann. So lange das Brutnest sich noch ausdehnt, lässt man Mittelwände im Brutraum ausbauen. Das heißt beim Zargenwechsel und bei der zweiten Erweiterung. Bei der Honigraumgabe und den Ablegerbildungen gibt man Leerwaben im Brutnestbereich und lässt Mittelwände nur mehr im Honigraum ausbauen. Nach jeder Zwischenschleuderung gibt man die Randwaben in die Dritte Einheit und ersetzt sie im Brutnest durch die ausgeschleuderten Waben. So schafft man in Blütentrachtgebieten auch einen zweijährigen Wabenumtrieb. Eine weitere Möglichkeit ergibt sich durch eine Dreiraumüberwinterung (Flachzarge). Bei der richtigen Futtermenge wird sich nach der Überwinterung das Volk in den oberen zwei Einheiten befinden und die untere kann vor der Salweidenblüte entfernt werden.

Kunstschwarmbildung bzw. die Entnahme der Brutwaben zur Varroahauptbehandlung sind auch Möglichkeiten, um den Wabenumtrieb zu schaffen. Dabei werden sämtliche Brutwaben aus dem Volk entfernt und durch Mittelwände ersetzt.

Da ein enger Zusammenhang zwischen dem Alter der Waben, der Bienengröße und der Gefahr einer Infektion der Brut besteht, ist die Verwendung von ein- und zweijährigen Waben im Brutnestbereich anzustreben.

## Sinnvolle Anwendung des Absperrgitters

Die Entscheidung, mit oder ohne Absperrgitter auszukommen, muss jeder Imker für sich treffen. Wer das Absperrgitter verwendet, muss wissen, dass es nur der Trennung von Brut und Honig dienen soll.

Die Verwendung des Absperrgitters hängt sehr eng mit der Frage des zu erwartenden Trachterträges zusammen. Bei einer starken Honigtautracht ist ein Absperrgitter sicher verfehlt. Das Problem liegt nur darin, dass man vorher nicht weiß, wie ertragreich die Tracht sein wird. Schwächere Trachten lassen sich durch das Absperrgitter besser ausnützen. Das Einlegen des Absperrgitters führt zur räumlich getrennten Ablagerung der Futtervorräte. Keinesfalls darf das Absperrgitter brutbeschränkend eingesetzt werden! Das wäre beispielsweise der Fall, wenn man die Königin in der aufstrebenden Entwicklungsphase auf einen Brutraum sperrt. Bei der Flachzarge ist der Einsatz des Absperrgitters nicht notwendig.

*Absperrgitter*

## Bedeutung der Völkerführung gegenüber Bienenkrankheiten

Wie jedes andere Lebewesen ist auch die Biene ständig durch verschiedene Krankheitserreger bedroht. Das Bienenvolk bietet in seiner Behausung vielen Schädlingen besonders günstige Bedingungen. Vor allem die Temperatur, die hohe Luftfeuchtigkeit und das reiche Futterangebot schaffen ideale Vermehrungs- und Lebensbedingungen für verschiedene Vieren, Bakterien, Pilze und Parasiten. Das Bienenvolk hat gegen die Krankheitserreger sehr wirksame Abwehrmechanismen, die es ihm ermöglichen, in den meisten Fällen mit den im Stock immer vorhandenen Erregern selbst fertigzuwerden. Eine wichtige Aufgabe des Imkers besteht darin, die natürliche Abwehrbereitschaft des Bienenvolkes zu unterstützen und zusätzliche Belastungen zu vermeiden. Falsche, nicht bienengemäße Völkerführung führt zu einer Zunahme des Infektionsdruckes. Jeder Eingriff in das Bienenvolk bedeutet grundsätzlich eine Störung des Bienenlebens und muss daher gut überlegt werden. Der positive Effekt des Eingriffes muss immer die Störung überwiegen. Fehler in der Bienenpflege führen noch nicht unbedingt zum Auftreten einer Krankheit, aber sie machen es dem Bienenvolk schwerer, sich selbst gegen den Erreger zu wehren.

Neben der Völkerführung ist eine weitere Voraussetzung für gesunde Bienenvölker die Selektion und die Königinnenerneuerung. Nur junge Königinnen aus kontrollierter Zucht können starke Völker mit hohem Bienenumsatz und entsprechendem Putztrieb aufbauen. Die Forderung nach einem zweijährigen Königinnenumtrieb bringt nicht nur höhere Erträge, sondern ist auch Voraussetzung für den guten Gesundheitszustand der Völker.

### Auslösefaktoren für Bienenkrankheiten

Praktisch ist jedes Bienenvolk mit dem einen oder anderen Krankheitserreger infiziert, ohne dass Krankheitserscheinungen sichtbar werden.

Nur einige wenige Völker eines Bienenstandes erkranken sichtbar. Für das akute Auftreten einer Bienenkrankheit sind so genannte Auslösefaktoren verantwortlich. Diese Auslösefaktoren haben ihre Ursache in den Umweltbedingungen, im genetischen schlecht veranlagten Bienenmaterial oder in Fehlern des Imkers. Die Auslösefaktoren für Krankheiten stellen nur den letzten unmittelbaren Anlass dar; ihnen geht eine Reihe von ungünstigen Einflüssen voraus.

**Auslösefaktoren Bienenkrankheiten**

- Geschwächte Bienenpopulation
- Gebremster Bienenumsatz
- Mangelhafte Brutaufzucht
- Unterbrochener Futterstrom – längere Trachtlücken
- Gestörte Feuchtigkeits- und Wärmeregulation
- Alte Königin
- Gering, genetisch veranlagte Widerstandskraft
- Gestörter Putztrieb
- Mangelhaft aufgezogene, kurzlebige Winterbienen
- Extreme Klimabedingungen – nicht bienengemäßer Standort
- Zusätzliche Belastung durch chemische Substanzen

**Auslösefaktoren sind Folge von**

- Fehlern in der Bienenpflege
- Unzureichender Selektion und Königinnenerneuerung
- Falscher Wahl des Bienenstandortes
- Mangelnder und falscher Varroabehandlung

Die Hauptaufgabe des Imkers liegt nicht in der Diagnose und Bekämpfung von Bienenkrankheiten, sondern in der Ausschaltung jener Bedingungen, die zum Auftreten der Krankheiten führen. Wie überall gilt auch hier: „Vorbeugen ist besser als heilen." Der Imker hat die Aufgabe, das Bienenvolk in die Lage zu versetzen, mit dem Krankheitserreger selbst fertigzuwerden. Gesunde Bienenvölker sind die wesentliche Grundlage einer erwerbsorientierten Imkerei.

## Fehler in der Völkerführung

**Die hauptsächlichsten Fehler in der Völkerführung, die zu einer Zunahme des Infektionsdruckes führen, sind:**

- Honigentnahme ohne rasche und ausreichende Ergänzung der Vorräte; ein Bienenvolk benötigt für seine ungestörte Entwicklung ständig einen Mindestvorrat von 5 bis 10 kg Futter.
- Zerteilung des Brutnestes durch Zwischenschieben von Mittelwänden
- Teilung des Volkes (Ablegerbildung) bei zu geringer Volksstärke
- Mittelwandgabe bei fehlendem Bautrieb.
- Brutbeschränkung – das Volk wird in seiner natürlichen Entwicklung behindert.
- Laufendes Umhängen von Brutwaben führt zur Entfernung der Pollenvorräte aus dem Brutnestbereich und damit zu schlechterer Bruternährung.
- Langfristiger Mangel an verdeckelten Futterreserven.
- Reizfütterung im Frühjahr. Die oft angewendete Reizfütterung im Frühjahr mit nicht bienengemäßem Futterteig beansprucht die Bienen und kann zu einer Verkürzung der Lebensdauer führen. Das Bienenvolk ist aufgrund seiner Natur darauf eingerichtet, sich im Frühjahr aus den Vorräten des Vorjahrs zu ernähren. Die Futterversorgung hat so zu erfolgen, dass das Bienenvolk mit den vorhandenen Futtervorräten den Anschluss an die erste Tracht des Jahres schafft.
- Fehlende Anpassung des Raumes an die Volksstärke.
- Verspätete Nachsommerbehandlung (Sommerrevision) – nach Mitte August.
- Einwinterung zu schwacher Ableger bzw. Reservevölker.
- Zu viele Eingriffe in zu kurzen Zeitabständen.
- Mangelnde Varroakontrolle und damit verbundene Behandlung.
- Zu späte und zu unsachgemäße Varroabehandlung.

# Königinnenzucht

## Arten und Rassen

Die Honigbiene zeigt den allgemeinen Bauplan der Insekten. Man hat Insekten auch die „Herren der Erde" genannt, weil sie mit etwa 1 Million Arten dem gesamten übrigen Tierreich, das insgesamt etwa 1,4 Millionen Arten umfasst, in vieler Hinsicht weit überlegen sind. Wie keine andere Tiergruppe haben sie es fertiggebracht, alle nur erdenklichen ökologischen Nischen des Erdballs als Lebensraum zu besetzen. Diese Leistung verdanken sie nicht zuletzt ihrem Körperbau, indem sie als behende Flieger den Luftraum erobert haben; er ermöglicht ihnen aber auch, in der Vegetation, über dem Erdboden und in der Erde selbst zu leben, und es gibt auch viele Arten, die sich im Wasser wohlfühlen.

*Königin*

**Bienen-Steckbrief**

**Familie:** BIENEN

**Gattung:** **Honigbiene** Solitärbiene Hummel Stachelbiene

↓

**Arten:** Riesenhonigbiene, Rote Honigbiene, Asiatische Honigbiene, *Apis Nigrocincta*, Zwerghonigbiene, Kliffhonigbiene, **Westliche Honigbiene** ➡ **Rassen:** 25 Rassen in Europa, wie z. B.: Italienische Honigbiene, Dunkle Honigbiene, Carnica (Kärtner Honigb.), Kaukasische Honigbiene ...; Zwergbuschbiene, Östliche Honigbiene

Der Begriff „Biene" ist ein Überbegriff und umfasst eine sehr große Insektenfamilie. Weltweit gibt es rund 20.000 Bienenarten (700 davon in Europa). Manche Arten bilden Staaten, produzieren Honig und sind wehrhaft, andere wiederum leben solitär.

Zur Gruppe der Bienen zählen Wildbienen (werden auch Solitärbienen genannt), die Stachellose Biene, die Hummeln, unsere Honigbiene und viele weitere.

Von den Honigbienen gibt es weltweit nur 9 verschiedene Arten. Die meisten dieser 9 Arten kommen im asiatischen Bereich vor. Die Art *Apis mellifera* (westliche Honigbiene) wurde vom Menschen weltweit verbreitet. Arten können sich untereinander nicht paaren.

Eine Art wird in Rassen unterteilt. Von der in Europa vorkommenden Art *Apis mellifera* gibt es ca. 25 verschiedene Rassen. Rassen untereinander können sich kreuzen.

Unsere heimische Honigbienenrasse ist die *Apis mellifera carnica*. Diese wird auch als „graue Biene" oder als „Kärntner Biene" bezeichnet.

| | | |
|---|---|---|
| **APIS** | steht für | Honigbiene allgemein |
| **MELLIFERA** | steht für die Art | Westliche Honigbiene |
| **CARNICA** | bezeichnet die Rasse | Rasse |

## Die Bienenrassen in Mitteleuropa

Seit jeher gibt es in Mitteleuropa drei Bienenrassen:

- *Apis mellifera carnica* – Kärntner Biene
- *Apis mellifera mellifera* – Dunkle Biene
- *Apis mellifera ligustica* – Italienerbiene

Carnica und Mellifera waren ursprünglich durch den Alpenhauptkamm deutlich voneinander getrennt. Nördlich davon lag das Verbreitungsgebiet der Mellifera, südlich davon jenes der Carnica.

Durch den starken Bienenhandel der letzten hundert Jahre hat sich vieles verändert. Die Melli-

Zeichnung: Prof. M. Wimmer (†), Wien

Die **„Kärtner Biene“** (*Apis mellifera carnica*) hat sich in Europa als die leistungsfähigste Bienenrasse erwiesen. Aufgrund ihrer großen Anpassungsfähigkeit gewinnt sie weltweit immer mehr an Bedeutung.

Die **„Italienische Biene“** (*Apis mellifera lingustica*) hat in Europa nur auf der Apenninenhalbinsel Bedeutung. Typisch sind die gelben Hinterleibsringe.

Die **„Dunkle Biene“** (*Apis mellifera mellifera*) war ursprünglich nördlich des Alpenhauptkammes heimisch. Sie wurde von der Carnica-Biene verdrängt.

**Die drei Bienenrassen in Europa**

fera wird zusehends von der Carnica verdrängt; es gibt heute in ganz Mitteleuropa keine geschlossenen Gebiete mit Mellifera. Die so genannte „Landrasse“ ist ein unkontrolliertes Gemisch von Mellifera und Carnica. Man trifft die „Landrasse“ vor allem in ehemaligen Mellifera-Gebieten, in die zwar die Carnica eingeführt, die Mellifera aber nicht konsequent verdrängt wurde.

## Rassetypische Merkmale

In der Tabelle erkennt man die rassentypischen Merkmale der drei verbreitetsten Bienenrassen:

| Merkmal | Carnica | Lingustica | Mellifera |
|---|---|---|---|
| Verbreitung | SO-Alpen, Nordbalkan, Donauraum | Apeninnenhalbinsel | N-, W-, NO-und Mitteleuropa, Nordrussland |
| Gestalt | mittelgroß, schlank, lange Körperanhänge | mittelgroß, schlank, lange Körperanhänge | groß, breit, kurze Körperanhänge |
| Panzer | dunkel, lederbraune Ecken oder ein Ring | deutlich 1–3 gelbe Ringe | dunkel |
| Filzbinden | breit, auffällig grau | breit, gelblich | schmal, schütter |
| Cubitalindex | über 2,0 | über 2,0 | unter 2,0 |
| Besondere Eigenschaften | Frühbrüter, brutfreudig, neigt eher zum Schwärmen, sanftmütig, anflugfest, überwintert in rel. kleinen Kolonien, sehr ruhig, wabenfest, rotkleefähig | Frühbrüter, schwarmträge, sanftmütig, nicht anflugfest, überwintert in großen Kolonien, viel Brut im Winter, ruhig, wabenfest, rotkleefähig | Spätbrüter, schwarmträge, stechlustig, wenig anflugfest, überwintert in großen Kolonien, rel. ruhig, wenig wabenfest, nicht rotkleefähig |

## Die Unverträglichkeit der Bienenrassen

Bei der Wahl der Bienenrasse ist jeder Imker an jene Rasse gebunden, die in seinem Gebiet vorkommt (Landesgesetze)!

Die Begründung ist einfach: Königin und Drohn paaren sich für den Imker unkontrollierbar in der Luft. Der Flugbereich der Drohnen ist beträchtlich, sodass Drohnen eines Bienenstandes auch alle anderen Bienenstände in der Umgebung beeinflussen. Bringt nun jemand Bienenvölker einer fremden Rasse auf seinen Bienenstand, so wird in kurzer Zeit das ganze Gebiet bastardisiert. Die Folge davon ist, dass eine planmäßige Zucht nicht mehr möglich ist, da bei der Weitervermehrung von Kreuzungstieren Aufspaltungen beobachtet werden (vergl. Kapitel „Grundlagen der Zucht" – Mendelsche Gesetze, S. 139). Wenn man dies erkennt, so ist es unumgänglich, über Belegstellen, Reinzuchtgebiete und die künstliche Besamung die Rassenreinheit aufrechtzuerhalten.

## Grundlagen der Zucht

Unter Zucht versteht man die planmäßige Vermehrung von Individuen mit erwünschten Eigenschaften bei gleichzeitigem Ausschluss von Exemplaren mit unerwünschten Eigenschaften von der Vermehrung!

Charakteristisch für alle Lebewesen ist eine Fortpflanzung, bei der die Anzahl der Individuen erhöht wird. Träger und Einheit der Fortpflanzung ist die Eizelle. Sie verfügt über die Erbsubstanz (Chromosomen), die eine artspezifische Kontinuität sicherstellt und diese von Generation zu Generation überträgt. Bei der sexuellen Fortpflanzung vereinigen sich geschlechtlich unterschiedliche Zellen (Gameten) oder Zellkerne. Dabei wird die Erbsubstanz zweier Elterntiere zum Genotyp einer neuen Generation kombiniert. Träger der Erbinformation sind die Chromosomen, von denen wir wissen, dass sie Träger der Gene sind. Chromosomen werden nie neu gebildet, sondern gehen stets durch Teilungsvorgänge aus vorhandenen Chromosomen hervor. Reife Geschlechtszellen enthalten nur einen Satz von Chromosomen – sie sind haploid. Mit der Befruchtung wird ein Doppelsatz (diploid) kombiniert. Die Anzahl der Chromosomen ist artspezifisch. Die Biene hat 32 Chromosomen. Bei der Befruchtung vereinigen sich stets zwei Zellkerne, meist zwei Zellen.

Der weibliche Gamet (Geschlechtszelle), die Eizelle, enthält neben seinem Kern viel Zytoplasma, in das Nährstoffe eingelagert sind. Der männliche Gamet, die Samenzelle, ist eine hochentwickelte Bewegungszelle. Sie besteht aus einem Kopf, dem Spitzenstück, der den Zellkern mit den väterlichen Chromosomen enthält; an den Kopf anschließend folgen das Mittelstück und der Schwanz. Bei der Befruchtung dringen meist nur der Kopf und das Mittelstück in die Eizelle ein, während der Schwanz abgeworfen wird. Anschließend an die Befruchtung kommt es zur ersten Furchungsteilung.

Eine eigentümliche Abwandlung der sexuellen Fortpflanzung ist die Parthenogenese (Jungfernzeugung), eine eingeschlechtliche Zeugung, bei der die Eizelle ohne Befruchtung durch männliche Gameten zur Entwicklung kommt. Bei Bienen (auch Wespen und Ameisen) entstehen die Drohnen aus unbefruchteten Eiern. Alle Bieneneizellen machen Reifungsteilungen durch, haben daher den halben Chromosomensatz (haploid) und sind befruchtungsfähig. Ob eine Befruchtung eintritt oder nicht, bestimmt die Königin, indem sie entweder Spermen aus der Samenblase austreten lässt oder das Ei unbesamt legt.

Im ersten Fall wird aus dem Ei ein Weibchen (Arbeiterin oder Königin), im zweiten Fall entsteht ein Männchen (Drohn). Die unbefruchteten Eier treten mit einem haploiden Chromosomensatz (16 Chromosomen) in die Entwicklung ein. Wenn der Drohn Keimzellen bildet, entfällt daher die Reduktionsteilung (Reifungsteilung).

Bei der Befruchtung des Bieneneies vereinigen sich 16 mütterliche mit 16 väterlichen Chromosomen. Wenn die Königin später Eier erzeugt, trennen sich die mütterlichen und väterlichen Chromosomen voneinander und verteilen sich zufällig zu je 16 auf die Eizellen. Wie viel väterliche und mütterliche Chromosomen in einer Eizelle vorhanden sind, ist also dem Zufall überlassen.

Beim Drohn entfällt, wie schon oben erwähnt, die Reduktionsteilung, da seine Zellen ja nur 16 Chromosomen enthalten. Die Samenzellen des Drohns haben also dasselbe Erbgut wie das Ei, aus dem der Drohn selbst entstanden ist.

## Vererbungslehre

Das Erscheinungsbild (Phänotyp) der Nachkommen wird durch die elterlichen Erbanlagen bestimmt.

Die Genetik (Erblehre) erforscht vor allem Wirkungen und Wechselbeziehungen von Erbanlagen und Umwelteinwirkungen sowie die Regeln, nach denen Erbanlagen von einer Generation auf die nächste weitergegeben werden. Die Erkenntnisse der Genetik bilden die Grundlage für die Tier- und Pflanzenzucht.

## Grundbegriffe der Vererbungslehre

### Grundbegriffe

- **Populationen** sind Tiergruppen mit bestimmten gemeinsamen Kennzeichen (z. B. alle Carnica-Bienenvölker in Niederösterreich).
- **Populationsgenetik** befasst sich mit den Vererbungsvorgängen in einer Population.
- **Erbgut** = die Gesamtheit aller erblichen Anlagen eines Tieres.
- **Vererbung** = die Weitergabe des Erbgutes auf die Nachkommen.
- **Gene** sind Träger der Erbinformation und treten wie die Chromosomen paarig auf.

Jedes Gen ist ein Auslöser für die Verwirklichung erblicher Merkmale. Wir kennen drei mögliche Genwirkungen:

- Ein Genpaar bewirkt ein Merkmal (sehr selten)
- Ein Genpaar bewirkt viele Merkmale (öfter), z. B. Albino
- Viele Genpaare bewirken ein Merkmal (sehr oft), alle Leistungen (z. B. Honigleistung).

### Genotyp <=> Phänotyp

- **Genotyp** ist die Summe aller Erbanlagen eines Tieres.
- **Phänotyp** ist das Erscheinungsbild, d. h. die tatsächlich verwirklichten Erbanlagen in einer bestimmten Umwelt.

**Das Erscheinungsbild ist eine Funktion aus Genotyp und Umwelteinflüssen.**

Der Genotyp ändert sich durch die Umwelt nicht, er kann jedoch nur durch die Umwelt erkennbar (messbar) gemacht werden. Grundsätzlich ist das genotypisch bessere Bienenvolk in jeder Umwelt besser als das genotypisch schlechtere!

Alle Merkmale, die man messen, zählen, wägen oder sonstwie feststellen kann, sind Merkmale des Phänotyps! Den Genotyp kann man nur schätzen, indem man Umwelteinflüsse möglichst vereinheitlicht. Für die Schätzung des Genotyps können die Eigenleistung, die Ahnenleistung, die Nachkommenleistung oder die Geschwisterleistung herangezogen werden.

## Die Mendelschen Gesetze

Johann Gregor Mendel (1822–1884) beobachtete die Vererbung einzelner Merkmale, wobei er große Nachkommenschaften berücksichtigte. Er wählte Eigenschaften, die von der Umwelt kaum beeinflusst werden (Farbmerkmale). In der Folge erkannte man, dass die von Mendel aufgestellten Gesetze für alle Merkmale gelten.

Um die drei Mendelschen Gesetze zu verstehen, müssen vorerst die Begriffe Reinerbigkeit, Gemischterbigkeit, intermediärer Erbgang und dominanter Erbgang erklärt werden (siehe Kasten rechts oben).

### Reinerbig <=> Gemischterbig

- **Reinerbig** sind Tiere, die zumindest in einem Genpaar die gleichen Erbanlagen besitzen. Solche Tiere haben von Vater und Mutter das gleiche Gen erhalten.
  Beispiel: Gen W = weiße Augen – Genpaar WW
- **Gemischterbig** sind Tiere, die in keinem wesentlichen Genpaar die gleichen Erbanlagen haben.
  Beispiel: Gen S – schwarze Haarfarbe von der Mutter
  Gen W – weiße Haarfarbe vom Vater
  Genpaar SW

### Erbgänge

- Intermediärer Erbgang: Darunter versteht man, dass sich die väterlichen und mütterlichen Merkmale mischen.
- Dominanter Erbgang: Ein herrschendes Merkmal (dominant) überdeckt ein weichendes (rezessives) Merkmal.

## Die Gleichheitsregel – Erstes Mendelsches Gesetz

Bei Kreuzung reinerbiger Eltern entsteht in der ersten Tochtergeneration (F1) eine gleichförmige Nachkommenschaft.

| | Dominanter Erbgang | | Intermediärer Erbgang | |
|---|---|---|---|---|
| Genpaar für Haarfarbe | S = schwarz; w = weiß | | S = schwarz; W = weiß | |
| Eltern | SS x ww | | SS x WW | |
| Erscheinungsbild | schwarz dominant reinerbig | weiß rezessiv reinerbig | schwarz reinerbig | weiß reinerbig |
| Erste Tochtergeneration F1 | Sw | | SW | |
| Erscheinungsbild der F1 | schwarz, gemischterbig | | grau, gemischterbig | |

## Die Spaltungsregel – Zweites Mendelsches Gesetz

Bei Kreuzung reinerbiger Eltern spalten sich die elterlichen Anlagen in der zweiten Tochtergeneration (F2) wieder rein auf. Dabei treten ganz bestimmte Zahlenverhältnisse auf.

| | Dominanter Erbgang | | | | Intermediärer Erbgang | | | |
|---|---|---|---|---|---|---|---|---|
| Erste Tochtergeneration wird untereinander gepaart | Sw x Sw | | | | SW x SW | | | |
| | SS | SW | wS | ww | SS | SW | WS | WW |
| Zweite Tochtergeneration F2 | reinerbig 25 % | gemischterbig 50 % | | reinerbig 25 % | reinerbig 25 % | gemischterbig 50 % | | reinerbig 25 % |
| Erscheinungsbild | schwarz | 75 % | schwarz | weiß 25 % | schwarz 25 % | grau 50 % | | weiß 25 % |

Bei dominantem Erbgang sind in der zweiten Tochtergeneration die reinerbig schwarzen und die gemischterbig schwarzen Tiere an ihrem Erscheinungsbild nicht auseinanderzuhalten!

## Die Unabhängigkeitsregel – Drittes Mendelsches Gesetz

Die Anlagen vererben sich unabhängig voneinander, sofern sie nicht im gleichen Chromosom liegen.

Die Erbanlagen sind demnach bis zu einem gewissen Grad frei kombinierbar. Das heißt z. B., dass Farbe und Leistung völlig unabhängig voneinander vererbt werden. Aus der Farbe (Panzerfarbe, Filzbinden) kann man nicht auf die Leistung schließen!

In der Praxis kann man die Gültigkeit der Mendelschen Gesetze kaum überprüfen, da wir nicht ein Merkmal, sondern viele verschiedene Merkmale sehen.

Wenn man nur zwei Merkmale (Genpaare) beobachtet, so ergeben sich aus den beiden Genpaaren ($n = 2$) $2^n = 4$ Phänotypen (Erscheinungsbilder), $3^n = 9$ Genotypen und $4^n = 16$ verschiedene Kombinationsmöglichkeiten! Mit der Zahl der beobachteten Merkmale steigt die Anzahl der zu erwartenden Genotypen rasch an.

Bei nur 10 gleichzeitig beobachteten Merkmalen ergeben sich in der zweiten Tochtergeneration 310 = 59.049 Genotypen!

Um einen möglichst raschen Zuchtfortschritt zu erreichen, ist es notwendig, nur wenige Merkmale zu berücksichtigen!

Wer in der Zucht alles erreichen will, wird nichts erreichen!

## Grundbegriffe der Zuchtstatistik

Man findet in der Natur immer wieder ähnliche, nie aber ganz gleiche Einzelwesen vor. Abweichungen in den Körpermerkmalen und in der Leistung sind die Regel. Man nennt diese Tatsache Variation (Varianz) oder Streuung.

Die Entwicklung und Ausbildung der Leistungsmerkmale innerhalb einer Zuchteinheit ist uneinheitlich. Neben einzelnen Spitzenvölkern findet sich eine größere Anzahl mittelmäßiger Völker, aber auch einige Versager.

Die Variation der Merkmale kann auch als Diagramm dargestellt werden. Man erhält dann eine so genannte Häufigkeitskurve, die der Normalverteilungskurve immer ähnlicher wird, je größer die Anzahl der Völker ist. Der Mittelwert (Durchschnitt) alleine genügt nicht für die Beurteilung der Leistung. Zusätzlich ist die durchschnittliche Abweichung vom Mittelwert (die Standardab-

## Wichtige Schlussfolgerungen für die Zucht

- Phänotyp und Genotyp stimmen vielfach nicht überein.
- Das bedeutet: Hohe Leistungen müssen nicht unbedingt vererbt werden.
- Auslese (Selektion), Königinnenzukauf und Verkauf ändern das Erbgut der Population.
- Je länger in eine bestimmte Nutzungsrichtung (z. B. Honigertrag) gezüchtet wird, umso sicherer vererben sich die erzüchteten Anlagen.
- Bei Kreuzungen (auch bei Kombinationen von Linien innerhalb einer Rasse) erhält man in der ersten Tochtergeneration nur Scheinerfolge, wenn man Kreuzungsprodukte untereinander vermehrt.
- Umwelteinflüsse ändern am Erbanlagenbestand nichts.
- Gute Einzelvölker sind für die Zucht wertvoll, der Erfolg zeigt sich aber erst in der guten Vererbung.
- In der Vererbung kann man nicht mit Sicherheiten, sondern nur mit Wahrscheinlichkeiten rechnen.
- Der Erfolg der Zucht beruht hauptsächlich auf der Zielstrebigkeit, mit der ein Zuchtziel verfolgt wird.

weichung s) wichtig. Sie gibt die Streubreite an und ist das Maß für die Streuung der Einzelwerte. Bei der Normalverteilung liegen 68,3 % der Einzelwerte zwischen der einfachen positiven und negativen Standardabweichung. Daraus folgt, dass ein Einzelwert, der mehr als eine einfache Standardabweichung über dem Mittelwert liegt, schon als hoch zu bezeichnen ist.

(Berechnung der Honigleistung siehe Tabelle und Formeln auf Seite 142).

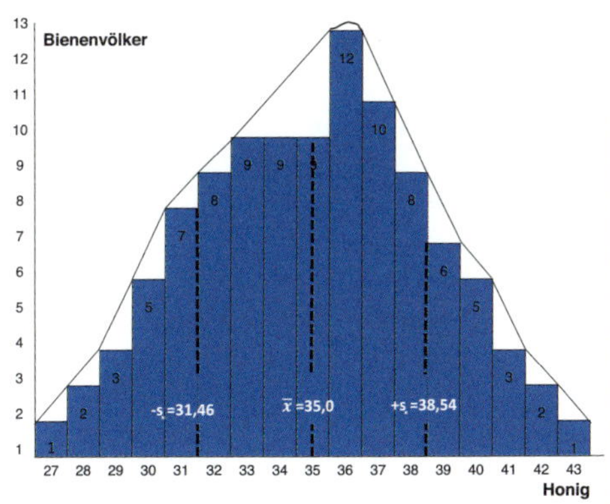


**Häufigkeitsverteilung** (Honigleistung von 100 Bienenvölkern). Die Häufigkeitsverteilung zeigt neben dem Mittelwert anschaulich die Streubreite der Einzelwerte.

## Umwelteinflüsse

Die ererbten Leistungsanlagen können nur in einer entsprechenden Umwelt zur Entfaltung gebracht werden. Die tatsächliche Leistungsfähigkeit eines Bienenvolkes zeigt sich nur bei guter Versorgung mit Nahrung (Honig, Pollen) und entsprechender Haltung und Pflege (= Betriebsweise). Weitere wichtige Umweltfaktoren sind der bienengemäße Standort, das Klima und Stressfaktoren.

## Das Zuchtziel

Das Zuchtziel ist das Ziel der züchterischen Bemühungen.

Ganz allgemein versteht man darunter das ideale Bienenvolk, das bei möglichst geringem

Aufwand hohe Honigerträge bringt und erhöhten Aufwand durch höheren Ertrag lohnt! Wege zum Zuchtziel sind: Auslese (Selektion), Leistungsprüfung, gezielte Anpaarung.

### Honigleistung von 100 Bienenvölkern – Häufigkeitsverteilung

| Anzahl der Völker = n | Honigleistung kg | Abweichung der Einzeilwerte vom Mittelwert $(s_x - \overline{x})$ | $(s_x - \overline{x})^2 - n$ |
|---|---|---|---|
| 1 | 27 | −8 | 64 |
| 2 | 28 | −7 | 98 |
| 3 | 29 | −5 | 108 |
| 5 | 30 | −5 | 125 |
| 7 | 31 | −4 | 112 |
| 8 | 32 | −3 | 72 |
| 9 | 33 | – | 36 |
| 9 | 34 | −1 | 9 |
| 9 | 35 | 0 | 0 |
| 12 | 36 | +1 | 12 |
| 10 | 37 | +2 | 40 |
| 8 | 38 | +3 | 72 |
| 6 | 39 | +4 | 96 |
| 5 | 40 | +5 | 125 |
| 3 | 41 | +6 | 108 |
| 2 | 42 | +7 | 98 |
| 1 | 43 | +8 | 64 |
| | | | **$1239{,}0 = \Sigma (s_x - \overline{x})^2$** |

$\overline{x}$= Mittelwert = Summe der einzelnen Honigleistungen, dividiert durch die Anzahl der Völker.

$\overline{x} = 35{,}0$ kg $\qquad s_x = \sqrt{\frac{\Sigma (s_x - \overline{x})}{n-1}} \qquad s_x = \sqrt{\frac{1239{,}0}{99}} = 3{,}54$

= die Wurzel aus der Summe der Quadrate der Einzelabweichungen, dividiert durch die Anzahl der Völker minus eins.

$\overline{x} + s_x = 35{,}0 + 3{,}54 = 38{,}54$

Alle Völker mit einer Leistung von über 38,54 kg sind besser als der Durchschnitt, wenn man die zufälligen Abweichungen der Einzelwerte berücksichtigt. Daher sind diese Völker für die Weiterzucht interessant!

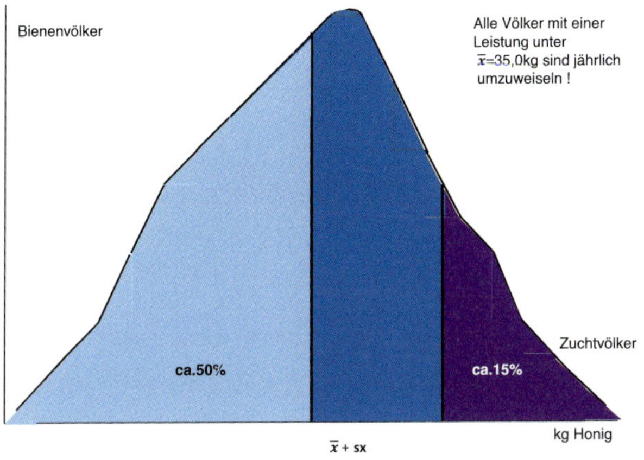


**Häufigkeitsverteilung – Selektion:** Innerhalb der einfachen positiven und negativen Standardabweichungen liegen rund 70 % der Werte. Über $\bar{x}+s_x$(= 38,54) liegen 15 % der Völker. Diese sind „sicher" (unter Berücksichtigung der zufälligen Streuung) besser als der Durchschnitt (x).

## Auslese (Selektion)

Die Selektion ist die Auswahl der für die Weitervermehrung geeigneten Völker. Die Auslese ist die wichtigste Aufgabe der praktischen Zucht. Die Anforderungen an Zuchtvölker müssen umso höher sein, je weniger Völker zur Bestandeserhaltung gebraucht werden. Den Prozentanteil jener Völker, die für die Weiterzucht verwendet werden, nennt man Remontierungsquote! Als Selektionsdifferenz (SD) bezeichnet man die mittlere Überlegenheit der ausgewählten Zuchtvölker gegenüber dem Durchschnitt aller Völker!

### Beispiel:

*100 Völker = 35 kg (siehe Tabelle Häufigkeitsverteilung) Remontierungsquote: 5 % (die 5 besten Völker) Die fünf besten Völker hatten folgende Honigleistungen: 2 Völker je 41 kg, 2 Völker je 42 kg, 1 Volk 43 kg.*

*Daraus ergibt sich ein Mittelwert der Zuchtvölker von (2 x 41 kg) + (2 x 42 kg) + 43 kg = 209 kg dividiert durch 5 = 41,8 kg*

*$\bar{x}$ = (der Remonte) = 41,8 kg*

*Die SD = $\bar{x}_R - \bar{x}$ = 41,8 – 35,0 = 6,8 SD = 6,8*

Die Selektion nach Leistung steht im Mittelpunkt der modernen Zucht. Ahnenleistung, Eigenleistung, Geschwisterleistung und Nachkommenleistung geben uns die Möglichkeit, die Leistungsveranlagung zu schätzen (= Zuchtwertschätzung)!

Die Selektion nach der Abstammung (Ahnenleistung) liefert zwar Hinweise für die Auswahl, wird aber uninteressant, sobald eine Eigenleistung oder gar Nachkommenleistungen vorliegen! Hohe Nachkommenzahlen ermöglichen eine sehr genaue Schätzung des Zuchtwertes. Daher ist die Nachkommenleistung das wichtigste Selektionsmerkmal.

Die Selektion nach äußeren Merkmalen ist nur berechtigt, wenn zwischen Körpermerkmalen und Leistung ein Zusammenhang besteht. Wichtig für den praktischen Nutzen der Zuchtarbeit ist die Konstitution des Bienenvolkes. Unter Konstitution versteht man die erblich bedingte Fähigkeit, in gegebenen Umweltverhältnissen zu bestehen und ungünstige Umwelteinflüsse auszugleichen. Die Konstitution ist äußerlich nicht sichtbar, sondern kann nur an der Lebensdauer, der Fruchtbarkeit, der Gesundheit und anderen beobachteten Eigenschaften ermittelt werden.

## Der Selektionserfolg

Der Selektionserfolg (SE) ist die Auswirkung der Zuchtwahl!

Der Selektionserfolg hängt im Wesentlichen von folgenden **Einflüssen** ab:
**Größe der Gesamtstreuung:** Je größer die Gesamtstreuung, umso leichter kann man die wirklich besten Völker von den schlechten unterscheiden. Wenn die Gesamtstreuung null ist, kann keine Auslese betrieben werden. Beispiel: Auf einem Bienenstand beträgt der Durchschnitt der Honigleistung 25 kg. Jedes Einzelvolk hat aber auch eine Honigleistung von 25 kg. Somit ist keine Selektion mehr möglich und damit auch kein Zuchtfortschritt!

**Der Erblichkeitsgrad (Heritabilität – h2):** Nur erblich bedingte Abweichungen vom Mittelwert können zur Verbesserung der Leistungseigenschaften beitragen. Der Erblichkeitsgrad gibt uns den erblichen Anteil an der Gesamtstreuung eines Merkmales an. Die gesamte Streuung (Varianz) eines Merkmales setzt sich zusammen aus der erblichen Varianz ($V_E$) und der Umweltvarianz ($V_U$).

Gesamtvarianz = erbliche Varianz + Umweltvarianz

$$V_{Ges.} = V_E + V_U$$

$$\text{Erblichkeitsgrad} = \frac{\text{erbliche Varianz}}{\text{Gesamtvarianz}}$$

Die Erblichkeitsgrade können für jedes Merkmal errechnet werden. **Der Erblichkeitsgrad für die Honigleistung beträgt ca. 25 %!** Je geringer der Erblichkeitsanteil ist, umso strenger muss man selektieren, um denselben Zuchterfolg zu erzielen.

**Anzahl der Zuchtmerkmale:** Je einseitiger das Zuchtziel ist, umso schneller kann man es erreichen. Man muss sich daher auf möglichst wenige Merkmale bei der Zucht beschränken.

**Wechselbeziehungen zwischen Merkmalen:** Die Auslese nach bestimmten Merkmalen führt oft ungewollt zu Änderungen bei anderen Merkmalen.

**Zuverlässigkeit der Zuchtwertschätzung:** Die höchste Zuverlässigkeit ergibt sich bei der Nachkommenprüfung.

**Strenge der Zuchtwahl:** Je größer die Selektionsdifferenz, umso größer ist der Zuchterfolg. Die Grenzen ergeben sich in der Bienenzucht durch die Gefahr von Inzuchtschäden bei Nachzucht von nur einigen wenigen Königinnen.

**Generationsintervall:** Je kürzer die Zeit von der Geburt bis zur Nachkommenschaft, umso höher ist die Nachkommenzahl in der Zeiteinheit. Da die Anzahl der Nachkommen einer Königin nahezu unbegrenzt ist, können sehr viele Nachkommen in der Zeiteinheit produziert werden.

**Populationsgröße:** Je größer die Population ist, umso größer ist die Wahrscheinlichkeit, Völker mit erwünschten Merkmalen zu finden. Außerdem können gute Zuchtvölker nur in großen Populationen ausreichend vermehrt werden (siehe ACA).

## Die Leistungsprüfung

Unter Leistungsprüfung versteht man den Leistungsvergleich aller Bienenvölker eines Bienenstandes unter gleichen Bedingungen.

Von allen Völkern müssen brauchbare, genaue Aufzeichnungen über den Honigertrag und die wichtigsten Hilfsmerkmale (Wabensitz,

Schwarmträgheit, Gesundheit) vorliegen. Das heißt, die Führung von Stockkarten ist unumgänglich.

**Voraussetzungen Leistungsprüfung**

- Die Standgröße soll mindestens 20 Völker umfassen.
- Alle Völker eines Betriebes sind in die Leistungsprüfung einzubeziehen. Ausnahme: Pflegevölker, Völker zur Produktion von Bienen.
- Die verwendete Beute (Rähmchenmaß) und die Betriebsweise müssen einheitlich sein.
- Nur gleichaltrige Königinnen pro Bienenstand sind miteinander vergleichbar.
- Alle Völker sind grundsätzlich gleich zu behandeln. Schröpfen und Verstärken der Völker muss unterlassen werden. Eine Ausnahme sind Schwarmverhinderungsmaßnahmen.
- Medikamente sollen nur in Ausnahmefällen eingesetzt werden. Der vorbeugende Einsatz von Medikamenten ist zu unterlassen.
- Stockkarten müssen geführt werden.

## Die Durchführung der Leistungsprüfung

Bei den Arbeiten im Jahresablauf sind folgende Daten zu erfassen. Um diese Daten erfassen zu können, ist die Verwendung von Stockkarten unumgänglich.

- **Sommerrevision**
  - Feststellen, ob Originalkönigin vorhanden ist
  - Anzahl der Brutwaben
  - Genaue Durchsicht auf Anzeichen von Brutkrankheiten

- **Frühjahrsrevision**
  - Anzahl der belagerten Waben
  - Weiselrichtigkeit
  - Futtervorrat (Gewicht)
  - Gesundheitszustand

- **Erweiterung(en)**
  - Anzahl belagerter Waben
  - Anzahl der Brutwaben
  - Futter- bzw. Honigvorrat
  - Wabensitz, Sanftmut
  - Datum der Erweiterung (Termin)
  - Schwarmneigung

- **Honigernte**
  Genaue Ermittlung des Honigertrages pro Volk.

Bei der Leistungsprüfung sollen für die spätere Selektion nur wenige wichtige Kriterien berücksichtigt werden.

*Führen von Stockkarten*

*Wiegen des Honigs bei der Ernte*

## Honigleistung

Die Honigleistung ist das entscheidende Selektionsmerkmal! Wenn die Honigleistung nicht entspricht, können auch andere Kriterien (Hilfsmerkmale) eine Verwendung des Volkes zur Weiterzucht nicht rechtfertigen. Die Hilfsmerkmale haben nur Bedeutung, wenn der Honigertrag den Anforderungen entspricht.

## Varroatoleranz

Der Zuchtwert für das Merkmal Varroatoleranz wird durch die Auszählung des Milbenabfalls im Frühjahr und im Juli sowie durch das Bruthygieneverhalten (50 Puppen werden mit einer Nadel totgestochen und nach 8 Stunden die ausgeräumten Zellen gezählt) ermittelt.

## Rassenreinheit

Jedes Volk, das aufgrund seiner Honigleistung für die Nachzucht verwendet werden soll, muss einer Rassenmerkmalsuntersuchung (Körung) unterzogen werden. Die Körung dient der Feststellung der Rassenreinheit und gibt damit einen wichtigen Hinweis auf die Wahrscheinlichkeit, mit der Merkmale weitervererbt werden.

## Hilfsmerkmale

Unter Hilfsmerkmalen versteht man Eigenschaften der Bienenvölker, die zwar keinen direkten Einfluss auf die Honigleistung haben, aber dennoch erwünscht sind.

Folgende **Hilfsmerkmale** können berücksichtigt werden:

- Sanftmut
- Wabensitz
- Schwarmträgheit
- Gesundheit
- Volksstärke
- Entwicklungsfreudigkeit

## Auswertung und Zuchtplanung

Nach der Schleuderung wird der Honigertrag pro Volk genau ermittelt. Bei der Honigernte wird die Anzahl der entnommenen Honigwaben auf der Stockkarte festgehalten. Die geerntete Honigmenge in kg wird dann mit der Anzahl der entnommenen Waben verglichen. So kann auf einfache Weise der Honigertrag pro Volk in kg ermittelt werden. Bei einer genaueren Ermittlung des Honigertrags müssen die Honigwaben gewogen werden. Man ermittelt das Durchschnittsgewicht einer Zarge mit leeren Honigwaben = Tara. Man wiegt die geerntete Honigzarge pro Volk. Dieses Ergebnis minus der Tara ergibt die Honigmenge pro Volk.

Danach wird der Standdurchschnitt errechnet, indem man die Honigernte pro Stand durch die Anzahl der Standvölker dividiert. Um Leistungen von Völkern verschiedener Bienenstände miteinander vergleichen zu können, ist die absolute Leistung in kg Honig aufgrund unterschiedlicher Umweltbedingungen nicht geeignet. Für den Vergleich von Bienenvölkern verschiedener Stände muss der so genannte relative Honigertrag (%-Leistung) ermittelt werden. Dafür ist es nötig, den Standdurchschnitt 100 % gleichzusetzen. Die Einzelleistungen der Standvölker werden nun gleichfalls in Prozentzahlen angegeben.

*Beispiel: Standdurchschnitt = 20 kg Honig = 100 %*
*Für ein Volk mit einer Leistung von 24 kg Honig ergibt sich:*
*20 kg ............................. 100 %*
*24 kg ................................. x %*

$$x\% = \frac{24 \times 100}{20} = 120\,\%$$

*Das Volk mit 24 kg Honigleistung hat eine relative Honigleistung von 120 %. Es liegt um 20 % über dem Durchschnitt.*

Bei der Auswahl der Zuchtvölker sind die Erkenntnisse der Zuchtstatistik zu berücksichtigen. Im Abschnitt „Grundbegriffe der Zuchtstatistik" wurde die Häufigkeitsverteilung erläutert. Wenn man diese Erkenntnisse auf die Praxis anwendet, ergibt sich Folgendes: Bei der Normalverteilungskurve liegen ca. 70 % (genau 68,3 %) der Einzelwerte innerhalb der einfachen positiven und negativen Standardabweichung. Das heißt, diese Werte sind nur „zufällig" vom Durchschnitt unterschiedlich. Jeweils ca. 15 % der Einzelwerte liegen darüber bzw. darunter.

Für die Praxis der Zuchtwahl ergibt sich daraus, dass man nur diese 15 % beste Bienenvölker zur Weiterzucht verwenden darf!

Gleichzeitig sind alle Völker mit einer unterdurchschnittlichen Honigleistung (unter 100 %) jährlich umzuweiseln!

Über 35,6 kg liegen drei Völker (Nr. 4, 6, 8) = Zuchtvölker! Unter 20,0 kg liegen vier Völker. Dazwischen liegen zehn Völker. In der Praxis ist es nicht nötig, die Standardabweichung zu errechnen. Verwendet man die besten 15 % der Völker zur Weiterzucht, so ergibt sich dasselbe Ergebnis. 15 % von 17 Völkern ergibt 2,55 – aufgerundet 3 Völker!

**Ergebnis einer Leistungsprüfung**

| Volk-Nummer | kg | % |
|---|---|---|
| 1 | 31 | 112 |
| 2 | 27 | 97 |
| 3 | 35 | 123 |
| 4 | 40 | 144 |
| 5 | 24 | 86 |
| 6 | 39 | 140 |
| 7 | 13 | 47 |
| 8 | 37 | 133 |
| 9 | 22 | 79 |
| 10 | 19 | 68 |
| 11 | 32 | 115 |
| 12 | 33 | 118 |
| 13 | 19 | 68 |
| 14 | 29 | 104 |
| 15 | 27 | 97 |
| 16 | 27 | 97 |
| 17 | 19 | 68 |

**Gesamtertrag: 473 kg** **Durchschnitt: 27,8**

**umzuweiselnde Völker** **Zuchtvölker**

**Auswertung Leistungsprüfung**

- Ermittlung der Honigleistung pro Volk
- Ermittlung des Standdurchschnittes
- Ermittlung der %-Leistung der Völker
- Umweiselung aller Völker, die unter 100 % liegen
- Verwendung der 15 % besten Völker als Zuchtvölker

# Die Zuchtwertschätzung

Der Zuchtwert ist der auf die Nachkommen übertragbare Wert der Erbanlagen. Der Erbwert ist der Wert der Erbanlagen eines Tieres.

Der Zuchtwert eines Tieres kann nicht exakt ermittelt, sondern nur geschätzt werden! Basis der Zuchtwertschätzung sind Leistungen!

Das Ergebnis der Zuchtwertschätzung ist umso sicherer, je mehr Informationsquellen über die Leistung zur Verfügung stehen. Es ist leicht verständlich, dass Nachkommenleistungen am ehesten geeignet sind, den Zuchtwert zu schätzen – es geht ja darum, den auf die Nachkommen übertragbaren Wert der Erbanlagen zu schätzen.

Im Folgenden findet sich eine Zusammenstellung über die Zuverlässigkeit der Zuchtwertschätzung bei verschiedenen Informationsquellen für das Merkmal „Honigleistung":

| Informationsquelle | Zuverlässigkeit Zuchtwertschätzung |
|---|---|
| Mutterleistung | 25 % |
| Eigenleistung | 50 % |
| 10 Nachkommenleistungen | 63 % |
| 30 Nachkommenl. | 82 % |
| 100 Nachkommenl. | 93 % |

Die Zuverlässigkeitswerte zeigen deutlich, dass die Nachkommenleistung am besten geeignet ist, den Zuchtwert eines Bienenvolkes zu schätzen!

## Die Körung der Honigbiene

Von den besten zur Weiterzucht geeigneten Völkern wird eine Körprobe entnommen und die Körung durchgeführt.

Die Körung (Merkmalsuntersuchung) der Biene soll in verschiedenen Lebensaltern der Königin durchgeführt werden. Einmal im Volk der Jungkönigin – als erste Orientierungshilfe – (Vorkörung). Zum zweiten Mal nach dem ersten Leistungsjahr der einjährigen Königin (Hauptkörung).

Die Vorkörung junger Reinzuchtköniginnen hat den Zweck, eventuelle Fehlpaarungen auf der Belegstelle frühzeitig zu erkennen. Dadurch kann eine fehlbegattete Reinzuchtkönigin rechtzeitig ausgeschieden werden. Für die Vorkörung reicht eine Probe von 30 Bienen. Bei der Hauptkörung soll die Körprobe mindestens 50, besser 100 Bienen umfassen.

## Probenentnahme

Um ein Gesamtbild über das Bienenvolk zu erhalten, sollen bei einer Hauptkörung 100 Bienen entnommen werden.

Es ist genau darauf zu achten, dass alle Bienen der Körprobe Nachkommen der Stockmutter sind. Dazu muss zuerst festgestellt werden, ob sich die Originalkönigin noch im Stock befindet. Da immer damit zu rechnen ist, dass sich unter den Flugbienen auch Bienen von anderen Völkern (Verflug) befinden, muss man zur Körung Jungbienen entnehmen.

Junge Stockbienen entnimmt man von offenen Brutwaben oder man lässt, wenn die Möglichkeit besteht, Bienen in einem Brutschrank schlüpfen. Vor der Merkmalsprüfung müssen die Bienen getötet werden (Abschwefeln oder Tieffrieren).

**Rassenmerkmale**

- Flügelindex (Cubitalindex)
- Haarlänge
- Panzerzeichen
- Filzbinden

## Der Flügelindex

Zur Indexmessung werden die Flügel auf eine durchsichtige Folie gegeben und in ein Computerprogramm (PEXA) eingescannt. Anschließend werden an den Adern der Flügel der Cubitalindex, der Hantelindex und die Discodialverschiebung gemessen.

Der Cubitalindex ist das wichtigste Unterscheidungsmerkmal zwischen Carnica- und Mellifera-Rasse. Einkreuzungen können bei beiden Bienenrassen durch Messung des Cubitalindex einwandfrei erkannt werden.

Die Adern, die den Vorderflügel der Biene durchziehen, umschließen eine Anzahl von Zellen, die mit bestimmten Namen versehen wurden. Am Rücken des Flügels liegt die Radialzelle. Unter ihr folgen drei kleine Zellen – die Cubitalzellen (I, II, III). Unter den Cubitalzellen liegt die große Discoidalzelle. Bedeutung für die Rassenbeurteilung hat die dritte Cubitalzelle. Allein aus ihrer Form erhält man schon einen Hinweis auf die Rasse. Bei der Carnica ist sie lang und schlank, während sie bei der Mellifera breit und gedrungen ist. Der messbare Unterschied ist das Verhältnis der Strecken A und B.

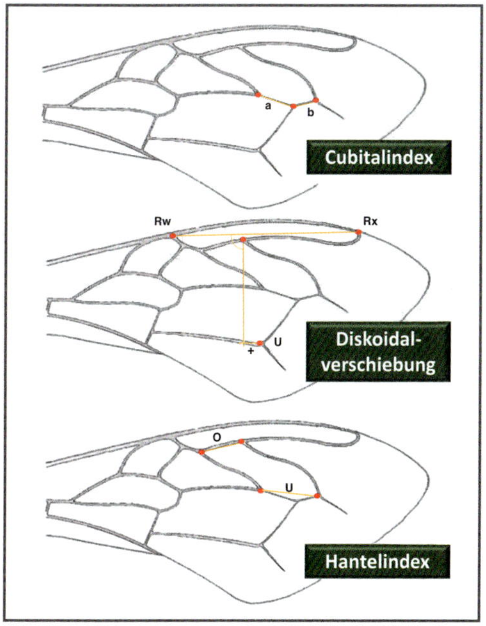


Der Cubitalindex gibt an, wievielmal die Strecke A länger ist als die Strecke B.

Ein Cubitalindex von z. B. 3,0 besagt, dass die Strecke A 3-mal so lang ist wie die Strecke B.

Die Durchschnittswerte liegen bei:

- Carnica zwischen 2,4 und 3,0
- Mellifera zwischen 1,6 und 1,9

**Klassen des Cubitalindex nach Ruttner**

| Realer Indexwert | Klasse | Realer Indexwert | Klasse |
|---|---|---|---|
| 0,71 | 1 | 2,0 | 16 |
| 0,76 | 2 | 2,16 | 17 |
| 0,81 | 3 | 2,33 | 18 |
| 0,87 | 4 | 2,53 | 19 |
| 0,93 | 5 | 2,75 | 20 |
| 1,00 | 6 | 3,00 | 21 |
| 1,07 | 7 | 3,29 | 22 |
| 1,14 | 8 | 3,62 | 23 |
| 1,22 | 9 | 4,00 | 24 |
| 1,31 | 10 | 4,45 | 25 |
| 1,40 | 11 | 5,00 | 26 |
| 1,50 | 12 | 5,67 | 27 |
| 1,61 | 13 | 6,50 | 28 |
| 1,73 | 14 | 7,57 | 29 |
| 1,86 | 15 | 9,00 | 30 |

Sobald eine Probe gemessen ist, wird die Anzahl der Bienen der jeweiligen Indexklasse zugeteilt (siehe Tabelle auf Seite 150).

Einprägsamer und anschaulicher ist es, die Streuung der Einzelwerte in Form einer Kurve darzustellen. Auf der waagrechten Achse sind die Indexklassen aufgetragen und auf der senk-

### Bienenanzahl je Klasse

| Klasse | 17 | 18 | 19 | 20 | 21 | 22 | 23 | Summe |
|---|---|---|---|---|---|---|---|---|
| Anzahl | 4 | 8 | 12 | 23 | 21 | 21 | 9 | **98** |

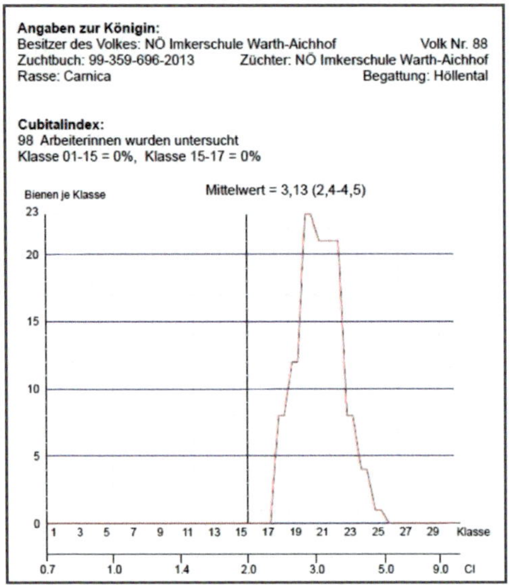


rechten Achse die Anzahl der Bienen. In die Kurve kann der Mittelwert als senkrechte Linie eingezeichnet werden.

Die Indexkurve veranschaulicht die Streuung des Cubitalindex am besten. Besonders ist darauf zu achten, dass bei einem Carnica-Volk kein Wert unter die Klasse 16 (2,00 bis 2,16) fällt. Weiters zeigt eine schmale, hohe Kurve große Einheitlichkeit des Bienenmaterials. Bienenvölker mit Fremdrasseneinschlag erkennt man daran, dass die Kurve zwei „Gipfel" hat – solche Völker sind von der Zucht auszuschließen.

## Panzerzeichen

Bei der Carnica ist der Hinterleibspanzer meist einheitlich dunkel gefärbt. In manchen Fällen zeigen sich am zweiten Hinterleibssegment lederbraune Ecken, manchmal sogar ein lederbrauner Ring. Diese Ecken bzw. der lederbraune Ring sind bei der Carnica keine Bastardzeichen, sondern durchaus rassentypisch.

Bei der Mellifera sind Ringe nicht zulässig.

Bei der Ligustica (Italienerbiene) sind zwei gelbe Ringe typisch, manchmal auch nur einer oder drei.

Bewertung der Panzerzeichen: O = ganz dunkel, 1 R = ein Ring, E = große Ecken, 2 R = zwei Ringe

## Haarlänge

Betrachtet man die Haarlänge der fünften Rückenschuppe, so fällt auf, dass die Behaarung der Mellifera länger ist als jene der Carnica. Am einfachsten misst man die Haarlänge, indem man die Biene gegen eine helle Unterlage hält und die Länge der Haare mit der Dicke eines Rähmchendrahtes vergleicht. Die Verwendung einer Lupe ist nötig. Wird die Discoidalverschiebung mittels PEXA-Programm durchgeführt, erübrigt sich die Haarlängenmessung.

### Bewertung der Haarlänge

k = Behaarung ist kürzer als die Rähmchendrahtstärke
m = Behaarung ist gleich lang
l = Behaarung ist länger als die Rähmchendrahtstärke

Typisch für Carnica ist „k".
Typisch für Mellifera ist „l", eventuell auch „m".

## Filzbinden

Den Unterschied zwischen der „grauen" Carnica und der „dunklen" Mellifera kann man mit einem Blick leicht feststellen. Verursacht wird dieses unterschiedliche Erscheinungsbild durch die Filz-

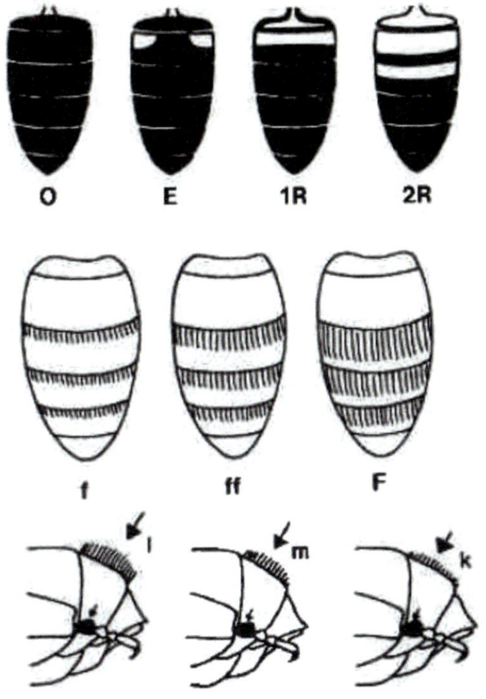


## Panzerzeichen, Filzbinden und Haarlänge

**Panzerzeichen** (oben)
O = ganz dunkel
E = große Ecken
1R = ein Ring
2R = zwei Ringe

**Filzbinden** (Mitte)
f = Filzbinde ist schmäler als das halbe Hinterleibssegment
ff = Filzbinde ist etwa so breit wie das halbe Hinterleibssegment
F = Filzbinde ist breiter als das halbe Hinterleibssegment

**Haarlänge** (unten)
l = Haarlänge ist länger als Rähmchendrahtstärke
m = Haarlänge ist gleich lang
k = Haarlänge ist kürzer als Rähmchendrahtstärke

bindenbehaarung. Bei der Merkmalsbeurteilung wird die mittlere (II) der drei Filzbinden bewertet.

### Bewertung der Filzbindenbreite:

f = die Filzbinde ist schmäler als das halbe Hinterleibssegment.
ff = die Filzbinde ist etwa so breit wie das halbe Hinterleibssegment.
F = die Filzbinde ist breiter als das halbe Hinterleibssegment.

Typisch für Carnica ist „F", eventuell auch „ff". Typisch für Mellifera ist „f".

Alle Ergebnisse der Merkmalsuntersuchung werden in der so genannten Körformel zusammengefasst. Neben dem Cubitalindex-Mittelwert wird die Anzahl der Bienen in den einzelnen Bewertungsklassen für Panzerzeichen, Haarlänge und Filzbindenbreite angegeben.

### Körformel für Carnica und Mellifera

| Rasse | Panzerzeichen | | | Haarlänge | | | Filzbinden | | | Cubitalindex |
|---|---|---|---|---|---|---|---|---|---|---|
| | O | E | R | l | m | k | f | ff | F | CI |
| Carnica | 90 | 10 | – | – | – | 100 | – | 5 | 95 | 2,8 (2,1–3,5) |
| Mellifica | 100 | – | – | 96 | 4 | – | 100 | – | – | 1,7 (1,4–1,9) |

# Aufzucht der Königin

## Der Zuchtstoff

Zuchtstoff sollte nur aus leistungsgeprüften und gekörten Völkern verwendet werden.

Zur Aufzucht von Königinnen bevorzugen Bienen normalerweise ein- und zweitägige Maden – sie nehmen allerdings auch ältere Maden oder Eier. Grundsätzlich unterschieden wird nach der Auswahl des Zuchtstoffes die Zucht aus Maden und die Zucht aus dem Ei.

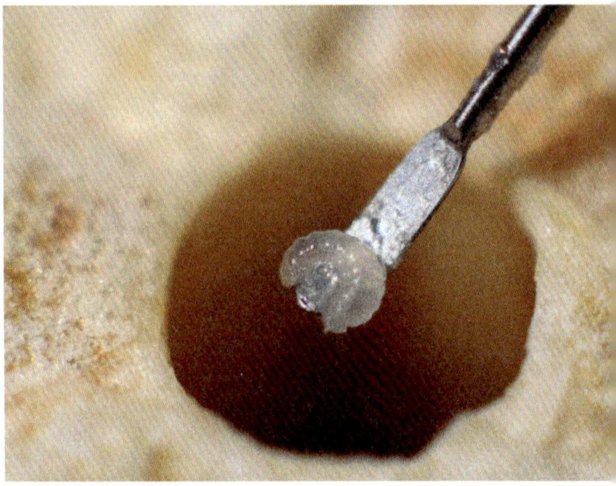

*Made am Umlarvlöffel*

### Zucht aus Maden (Larven)

Verwendet man als Zuchtstoff Larven, so ist das Alter der Larven wesentlich für den Erfolg. Ob aus einem Ei eine Arbeiterin oder eine Königin entsteht, hängt im Wesentlichen von der Fütterung der Larve ab. Während Königinnenlarven bis zur Verdeckelung klaren und weißen Futtersaft in einem Verhältnis von 1 : 1 erhalten, fehlt bei Arbeiterinnenlarven die weiße Futtersaftkomponente ab dem dritten Tag des Larvenstadiums. Der Unterschied in der Zusammensetzung des Futtersaftes am ersten Tag des Larvenstadiums ist sehr gering.

### Zusammensetzung des Larvenfuttersaftes

(Planta, 1889)

| Inhaltsstoff | Königin | Arbeiterin bis zum 4. Tag | Arbeiterin nach dem 4. Tag |
|---|---|---|---|
| Protein | 45,14 | 53,38 | 27,87 |
| Fett | 13,55 | 8,38 | 3,69 |
| Glucose | 20,39 | 18,09 | 44,93 |

Aus der chemischen Zusammensetzung der Futtersäfte geht hervor, dass ältere Arbeiterinnenmaden aufgrund der Inhaltsstoffe keine vollwertigen Königinnen mehr werden können.

Zur Königinnenzucht müssen unbedingt Arbeiterinnenmaden verwendet werden, die höchstens zwei Tage alt sind!

Will man sicher sein, keine zu alten Larven zu verwenden, so sperrt man die Königin mit einem Absperrgitter auf eine Wabe. Nach 4 bis 4½ Tagen kann man sicher sein, dass die ältesten Maden 1 bis 1½ Tage alt sind (3 Tage Eistadium). In letzter Zeit wurden spezielle Waben entwickelt, die in die einzelnen Zellen zerlegt werden können. Die Königin wird für 4 bis 4½ Tage auf die Kunststoffwabe gesperrt. Die Kunststoffwabe wird nach der Bestiftung zerlegt und die einzelnen Kunststoffzellböden bilden den Boden der Weiselnäpfchen. Dieses Verfahren ist jenen zu empfehlen, die das Umlarven nicht beherrschen. Dies gilt vor allem bei Personen, die schlecht sehen oder zu unruhige Hände haben. Es sei in diesem Zusammenhang aber darauf hingewiesen, dass das Umlarven durchaus nicht vom Imker, sondern auch von einem Laien ausgeführt werden kann.

### Zucht aus dem Ei

Die zweite Möglichkeit besteht darin, als Zuchtstoff Eier zu verwenden. Verschiedene Zuchtmethoden aus dem Ei wurden entwickelt, haben aber bisher nur geringe Verbreitung gefunden. Ursprünglich nahm man an, dass die Qualität von Königinnen, die aus einem Ei gezogen werden,

*Umlarven*

höher ist. Diese Annahme konnte bisher durch praktische Ergebnisse nicht bestätigt werden. Die Zucht aus dem Ei gelingt nur bei hoffnungslos weisellosen Völkern (9 Tage weiselbeschränktes und 2 Stunden weiselloses Pflegevolk).

## Umlarven

Das Umlarven ist die gebräuchlichste Methode und wird derzeit allgemein empfohlen.

Beim Umlarven wird eine junge Made aus einer Arbeiterinnenzelle in ein Weiselnäpfchen übertragen. Bei der Umlarvmethode kann der Zuchtstoff ohne Verluste voll ausgenutzt werden. Für große Züchter ist diese Methode unentbehrlich.

**Geräte für das Umlarven**

- Schweizer Umlarvlöffel oder Umlarvinstrument
- gute Lichtquelle, am besten eine Stirnlampe
- Formholz von 9 mm Stärke zur Herstellung der Weiselnäpfchen
- Weiselnäpfchen aus Kunststoff

Die künstlichen Weiselnäpfchen sollen einen Durchmesser von 9 mm (Formholz) und eine Tiefe von ca. 8 mm haben. Man erwärmt Bienenwachs im Wasserbad auf ca. 70 °C. Das Formholz wird gut mit Wasser angefeuchtet, damit sich das Weiselnäpfchen leicht vom Holz löst. Danach taucht man das Formholz zweimal in ganzer Höhe und einmal bis zur Hälfte in das flüssige Wachs. Die abgenommenen Weiselnäpfchen befestigt man mit einem kleinen Tropfen Wachs an der Zuchtlatte. Je Zuchtlatte sollen nicht mehr als 15 Weiselnäpfchen befestigt werden. Je zwei Zuchtlatten werden in einem Zuchträhmchen befestigt. Auch wenn mehr Weiselnäpfchen angenommen werden, soll eine Zuchtserie wegen der besseren Pflege der Larven aus nicht mehr als 30 Weiselzellen bestehen.

Man kann auch Weiselnäpfchen aus Kunststoff verwenden. Die heute gebräuchlichen Kunststoffnäpfchen haben sich ausgezeichnet bewährt. Die Annahme und Pflege der Larven ist genauso gut wie in Wachsweiselnäpfchen.

Beim Umlarven ist wichtig, dass man die Larven gut erkennen kann. Als Zuchtstoffwabe sollte man daher keine Jungfernwabe verwenden, da man die Larven auf einer mehrfach bebrüteten hellbraunen Wabe wesentlich besser sieht. Weiters ist eine geeignete Lichtquelle unbedingt zu empfehlen, da man damit direkt in die Zelle hin-

*Zuchtrahmen*

einleuchten kann. Wer nicht gut sieht, kann sich mit einer Lupe behelfen und außerdem die Zellen einkürzen. Mit dem Umlarvlöffel nimmt man die Larve vorsichtig in der Mitte, so dass beide Enden der Larve über den Löffel hinausragen. Das erleichtert das Abstreifen der Larve am Boden des Weiselnäpfchens.

Das Umlarven auf Futtersaft (Nass-Umlarven) bringt in der Praxis keine Vorteile. Dazu gibt es zwei Möglichkeiten:

- **Doppelt Umlarven:** Man belarvt den Zuchtrahmen zuerst mit beliebigen Maden. Sobald sie mit Futtersaft versorgt sind (2 Tage), werden die Larven entnommen, der Futtersaft auf alle Zellen verteilt und durch jüngste Maden ersetzt.
- **Frischen Weiselfuttersaft** von schwarmlustigen Völkern zu sammeln und im Kühlschrank in verschlossenen Glasbehältern aufbewahren. Bei Bedarf wird er zum Nass-Umlarven verwendet. Man nimmt einen feinen Haarpinsel und gibt einen kleinen Tropfen Weiselfuttersaft in die Zelle. Der Larve steht dadurch zwar mehr Futtersaft zur Verfügung, doch sind die so aufgezogenen Königinnen qualitativ nicht besser.

Einige Stunden, nachdem man den Zuchtrahmen im Pflegevolk untergebracht hat, kann man den Erfolg – die Annahme der Weiselnäpfchen – bereits sehen. Weiselnäpfchen, die angenommen wurden, sind mit einem Wachsrand versehen. Ein Nachlarven nicht angenommener Weiselnäpfchen ist nicht zu empfehlen. Werden nur wenige Weiselnäpfchen angenommen, so entspricht in der Regel die Zuchtstimmung des Pflegevolkes nicht. Wenn es gelingt, durch das Nachlarven noch einige Königinnen mehr zu erhalten, so sind diese meist mangelhaft gepflegt.

Die Umlarvmethode ist die einzige heute zu empfehlende Zuchtmethode, wenn als Zuchtstoff Larven verwendet werden.

## Pflege der Königin

Königinnen kann man auf verschiedene Weise aufziehen. Bei den einzelnen Zuchtmethoden sind die Erfolge allerdings recht unterschiedlich. Um in der Praxis hochwertige Königinnen mit hoher Leistung und Lebensdauer zu erhalten, sind folgende Grundsätze zu beachten:

- Die Methode muss dem natürlichen Geschehen möglichst nahekommen.
- Die Methode soll möglichst einfach sein.

### Erfolgsentscheidende Faktoren

- **Das Pflegevolk**
  Zustand des Pflegevolkes
  Erstellung des Pflegevolkes
  Das Pflegeverfahren
- **Die Zuchtstimmung**
  Einflüsse auf das Pflegeverhalten
  Das Zuchtverfahren: Verschiedene Methoden der Zuchtstoffgewinnung

## Das Pflegevolk

Der Zustand und die Qualität des Pflegevolkes sowie seine Zuchtstimmung sind für den Zuchterfolg wichtiger als die Zuchttechnik! Ein Pflegevolk muss folgende Anforderungen erfüllen:

- Die Volksstärke muss einem guten Ertragsvolk mit optimaler Frühjahrsentwicklung entsprechen.
- Das Pflegevolk muss überwiegend aus Jungbienen (Pflegebienen) bestehen.
- Das Pflegevolk muss vollkommen gesund sein. Völker, bei denen ein Medikamenteneinsatz notwendig war, sind auszuscheiden.

- Das Pflegevolk muss von sich aus in Zuchtstimmung sein und sich kurz vor dem Entwicklungshöhepunkt befinden, aber keine Schwarmstimmung entwickeln.
- Der vorhandene Raum (Zarge) muss überquellend voll mit Bienen sein (Verhältnis Bienen : Raum).
- Der Brutumfang muss überdurchschnittlich sein.
- Die Pflegetüchtigkeit muss gewährleistet sein. Die Maden der Arbeiterinnenbrut muss auf saftigen Futtersaftpolstern liegen.

Mit einem optimalen Pflegevolk sollen ideale Aufzuchtbedingungen geschaffen werden. Mit der Pflege der Larven kann man allerdings nicht die Qualität des Ausgangsmaterials verbessern. Das heißt, die wichtigste Grundvoraussetzung für guten Zuchterfolg ist die Auslese (Selektion).

Grundsätzlich sind nur Pflegeverfahren zu empfehlen, bei denen das Pflegevolk speziell für die Aufzucht von Königinnenlarven erstellt wurde. Man kann also ein Bienenvolk, das zur Pflege von Königinnen herangezogen wird, nicht auch noch zur Nutzung einer Tracht verwenden!

Im Folgenden sind die für die Praxis brauchbaren Pflegeverfahren beschrieben.

**Pflegevarianten**

- Pflegeableger
- Zucht im neun Tage weiselbeschränkten, 1 bis 2 Stunden weisellosen Volk
- Zucht im weiselrichtigen Volk
- Kombination – Vorbrüter und Finisher
- Kombination – Starter und Finisher

## Pflegeableger

Hierfür benötigt man eine Fünfwaben-Ablegerbeute oder man engt die Beute ein.

Bei dieser Variante der Pflege ist es unumgänglich, die Bienen ausschließlich aus den Bruträumen zu verwenden. Diese müssen sehr genau kontrolliert werden, um keine Königin in den Ableger zu bringen. Die Vorteile liegen darin, dass man sehr zeitig (Obstblüte) mit der Zucht beginnen kann und dass die Bienen für das Füllen der Begattungskästchen verwendet werden.

### Weitere Vorgangsweise:

- Von verschiedenen Völkern werden drei verdeckelte Brutwaben und eine Pollenwabe in die Fünfwabenablegerbeute gegeben.
- Zusätzlich werden von acht bis zehn Brutwaben die Bienen dazugekehrt.
- Ein bis zwei Stunden nach der Erstellung wird der Zuchtrahmen eingehängt.

Fünf Tage später sind die Weiselzellen verdeckelt und müssen verschult werden. Dabei werden die Brutwaben auf Nachschaffungszellen kontrolliert und ausgebrochen.

*Einhängen des Zuchtrahmens*

Zwölf Tage später schlüpfen die Königinnen. Die Bienen werden in eine Kunstschwarmkiste gekehrt, die Drohnen ausgesiebt und die Begattungskästchen gefüllt.

**Pflegeableger**

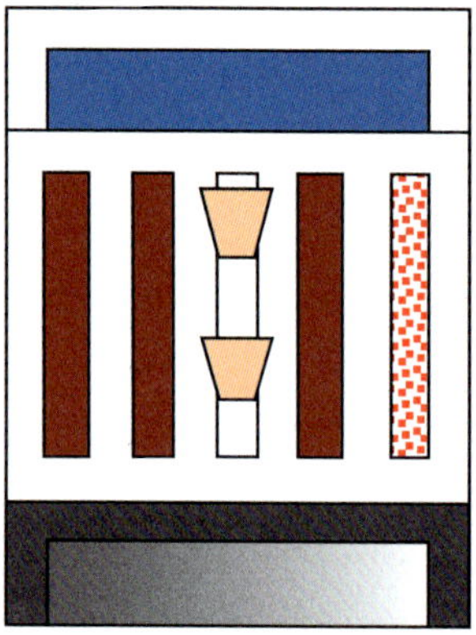

Von verschiedenen Völkern werden drei verdeckelte Brutwaben und eine Pollenwabe in die Fünfwaben-Ablegerbeute gegeben. Zusätzlich werden von ca. 10 Brutwaben die Bienen dazu gekehrt. Zwei Stunden nach der Erstellung wird ein Zuchtrahmen mit ca. 25 Weiselzellen eingehängt. Es werden 15–20 Weiselzellen fertiggepflegt. Die Bienen werden zum Füllen der Begattungskästchen verwendet.

## Zucht im neun Tage weiselbeschränkten, 1 bis 2 Stunden weisellosen Volk

Die Annahme der Zuchtserie ist bei diesem Verfahren sehr gut, da das Pflegevolk sicher über keine offene Brut mehr verfügt.

Die Vorgangsweise der Zucht im neun Tage weiselbeschränkten Volk besteht aus folgenden Maßnahmen:

- Die Königin wird nicht aus dem Volk entfernt, sondern neun Tage lang über Absperrgitter in der zweiten Einheit gehalten.
- Nach neun Tagen ist die Brut in der ersten Einheit vollkommen verdeckelt.
- Die Königin wird mit zwei Brutwaben und einer Futterwabe in eine Ablegerbeute gegeben.
- Alle Bienen aus dem zweiten Brutraum und aus dem Honigraum kommen in das Pflegevolk.
- Die offenen Brutwaben und die Honigwaben werden auf andere Völker aufgeteilt.
- Nach ein bis zwei Stunden wird die Zuchtserie eingehängt.

Der Vorteil dieses Verfahrens liegt einerseits darin, dass man sich das Ausbrechen der wilden Weiselzellen weitgehend erspart. Der größere Vorteil ist allerdings der, dass die Pflegebienen leistungsfähiger sind, da sie noch keine Weiselzellen zu pflegen hatten. Wichtig ist, dass die Weiselzellen am fünften Tag nach dem Umlarven verschult werden. Anschließend verwendet man, wie schon beim Pflegeableger, die Bienen zum Füllen der Begattungskästchen.

Wird das neun Tage weiselbeschränkte Volk als Starter verwendet, wird der Zuchtrahmen nach 24 Stunden in ein weiselrichtiges Pflegevolk zur Weiterpflege umgehängt. Als Starter kann man das Pflegevolk 6- bis 8-mal verwenden.

## Zucht im weiselrichtigen Volk

Bei diesem Verfahren benötigt man besonders starke und brutfreudige Völker. Der Vorteil der Zucht im weiselrichtigen Volk liegt darin, dass man im gleichen Volk die ganze Zuchtsaison über Weiselzellen pflegen lassen kann. Grundvoraussetzung für die Pflege ist, dass das Volk drei Einheiten voll besetzt. Bei dieser Variante empfiehlt es sich, nass umzularven. Dazu benötigt man Weiselfuttersaft, den man in die Zelle gibt. Man geht folgendermaßen vor:

- Die Königin wird mit den verdeckelten Brutwaben in die unterste Einheit gegeben.

## Zucht im 9 Tage weiselbeschränkten, 2 Stunden weisellosen Volk

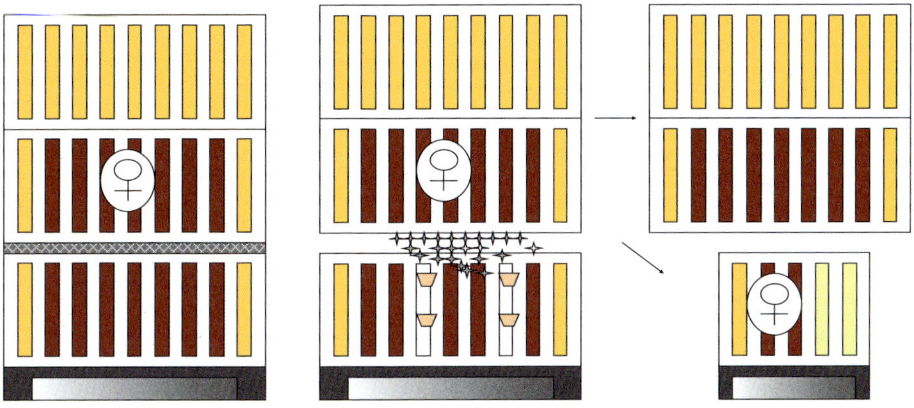

Links: Die Königin wird für 9 Tage über das Absperrgitter auf die zweite Einheit gesperrt. In der unteren Einheit muss sich der Großteil der offenen Brut befinden.
Mitte: Nach 9 Tagen wird die Königin mit zwei Brutwaben und einer Futterwabe in eine Ablegerbeute gehängt. Die Bienen aus dem zweiten Brutraum und dem Honigraum werden in die untere Einheit gekehrt. Nach zwei Stunden wird der Zuchtrahmen eingehängt.
Rechts: Die Brutwaben und die Honigwaben werden auf andere Völker aufgeteilt.

## Zucht im weiselrichtigen Volk

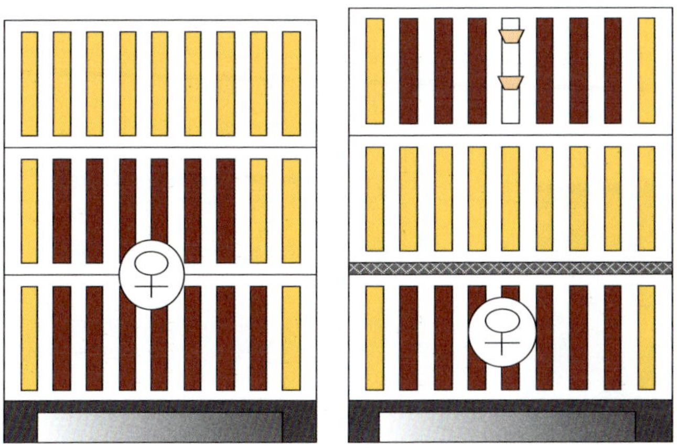

Links: Das Pflegevolk muss drei Einheiten besetzen.
Rechts: In die untere Einheit wird die Königin mit den verdeckelten Brutwaben gegeben. Über das Absperrgitter kommt der Honigraum und darüber die zweite Bruteinheit mit der offenen Brut. Nach dem Umlarven wird der Zuchtrahmen eingehängt.

- Über Absperrgitter kommt der Honigraum.
- Die oberste Einheit wird mit 4 bis 6 offenen Brutwaben ausgestattet.
- In das Zentrum der Dritten Einheit wird zwei Stunden später der Zuchtrahmen eingehängt.

Bei dieser Methode beruht der Erfolg auf der Nachschaffungsstimmung der Bienen im Zuchtraum. Die Zucht im weiselrichtigen Volk ist für Imker, die mehrere Zuchtserien in einer Saison anlegen, sehr gut geeignet. Nach der Entnahme des Zuchtrahmens wird wieder offene Brut in die dritte Einheit gehängt und ein neuer Zuchtrahmen eingehängt. Das weiselrichtige Pflegevolk wird sehr häufig in Kombination mit Vorbrütern oder Startern als Finisher verwendet.

### Kombination – Vorbrüter und Finisher

Bei der Flachzargenbetriebsweise hat sich die Verwendung von Fünfwabenablegebeuten bestens bewährt. Für den Vorbrüter benötigt man zusätzlich eine Abdeckung, die mit ca. 70 Kunststoffweiselzellen bestückt werden kann. Bei größeren Stockmaßen sind Anbrütekästen für drei Waben gebräuchlich. Ausgezeichnet bewährt hat sich auch der Ruck-Zuck-Kasten nach Pfefferle.

**Vorbrüter oder Anbrütekasten:**

- Von verschiedenen Völkern wird mind. 1 Kilo Bienen (10 bis 12 Waben mit vorwiegend Pflegebienen) in den Vorbrüter gekehrt.
- Zusätzlich wird er mit zwei offenen Honigwaben, zwei Pollenwaben und einer mit Wasser besprühten Wabe bestückt. (Drei-Waben-Anbrütekasten – 1 Honigwabe, 1 Pollenwabe und 1 Wasserwabe)
- Nach der Erstellung wird er für einige Stunden bei einer Temperatur von nicht weniger als 18 °C in einen dunklen Raum gestellt (Dunkelhaft).
- Danach wird er mit den umgelarvten Kunststoffweiselzellen bestückt und verbleibt weitere 24 Stunden in Dunkelhaft.
- Nach der Dunkelhaft werden die vorgebrüteten Weiselzellen auf den Zuchtrahmen gesteckt und in weiselrichtige Pflegevölker (Finisher) gehängt. Man kann im Vorbrüter mit einer Annahme von ca. 50 Weiselzellen rechnen.

*Umstecken der vorgebrüteten Weiselzellen auf den Zuchtrahmen*

**Vorbrüter**

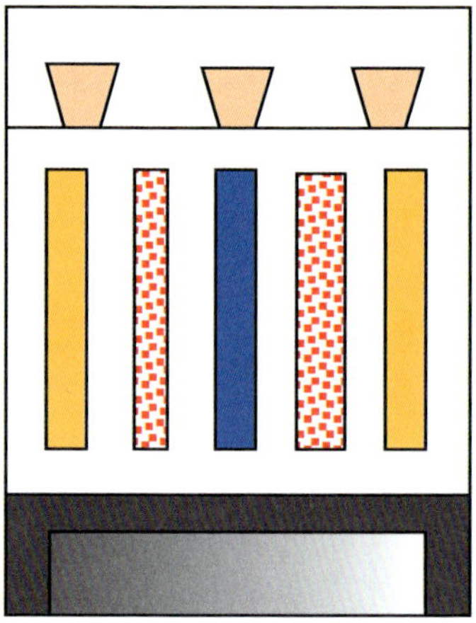

Von verschiedenen Völkern werden 1,5 Kilo Bienen (vorwiegend Ammenbienen) in den Anbrüter gekehrt. Zusätzlich wird er mit zwei Futterwaben, zwei Pollenwaben und einer mit Wasser getränkten Wabe bestückt. Nach der Erstellung wird er für einige Stunden bei einer Temperatur von nicht weniger als 18 °C in einen dunklen Raum gestellt (Dunkelhaft). Danach wird er mit den umgelarvten Kunststoffzellen bestückt und verbleibt weitere 24 Stunden in Dunkelhaft. Nach der Dunkelhaft werden die vorgebrüteten Weiselzellen auf den Zuchtrahmen gesteckt und in die vorbereiteten weiselrichtigen Pflegevölker gehängt. Man kann mit einer Annahme von ca. 50 Weiselzellen rechnen.

## Kombination – Vorbrüter und Finisher

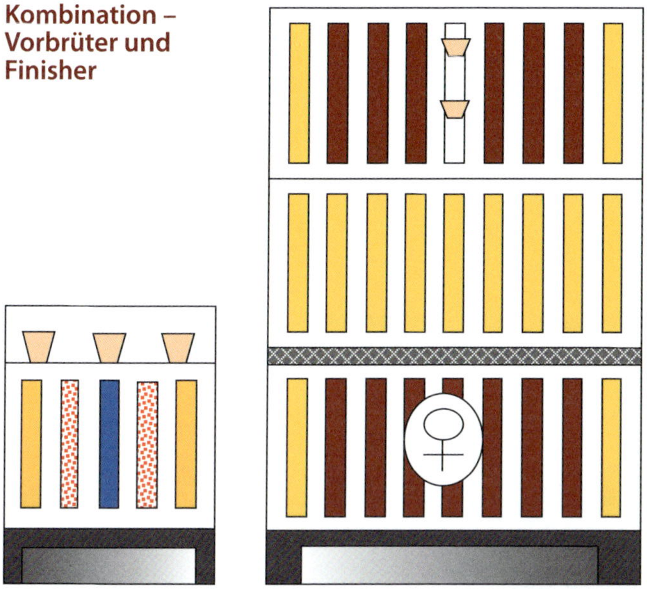

Links: Vorbrüter: Mindestens 1 kg Bienen, zwei offene Honigwagen, zwei Pollenwaben und eine mit Wasser gefüllte Wabe werden in den Anbrütekasten gegeben. Nach einigen Stunden Dunkelhaft können ca. 70 belarvte Weiselnäpfchen in die Abdeckung gesteckt werden. Anschließend bleibt der Vorbrüter weitere 24 Stunden in Dunkelhaft.
Rechts: Weiselrichtige Pflegevölker werden zur Weiselpflege hergerichtet (Finisher). Die vorgebrüteten Weiselzellen werden auf die Zuchtrahmen gesteckt und in die Finisher gegeben.
Diesen Vorgang kann man anschließend mit demselben Vorbrüter noch 2-mal wiederholen.

Der Vorbrüter kann ein zweites und drittes Mal mit belarvten Kunststoffweiselzellen bestückt werden.

### Kombination – Starter und Finisher

Verwendet man zum Vorbrüten anstelle des Anbrütekastens das 9 Tage weiselbeschränkte und zwei Stunden weisellose Volk, so nennt man es Starter. 6- bis 8-mal kann man alle 24 Stunden die vorgebrüteten Weiselzellen entnehmen und in weiselrichtigen Pflegevölkern (Finisher) weiterpflegen lassen. Diese Methode wird sehr gerne auch zur Produktion von Gelée Royale verwendet. Wenn die Weiselzellen verdeckelt sind, werden sie verschult. Am zweckmäßigsten erfolgt die Verschulung – das Unterbringen in Schlupfkäfigen – am 5. bis 11. Tag nach dem Umlarven. Ideal jedoch ist der 5. Tag, da bei guter Tracht die Zellen von den Bienen verbaut werden und damit das Verschulen erschwert wird. Bei den Pflegeablegern und den weiselrichtigen Pfle-

*Verschulen*

*Einhängen des Zuchtrahmens nach dem Verschulen*

### Kombination – Starter und Finisher

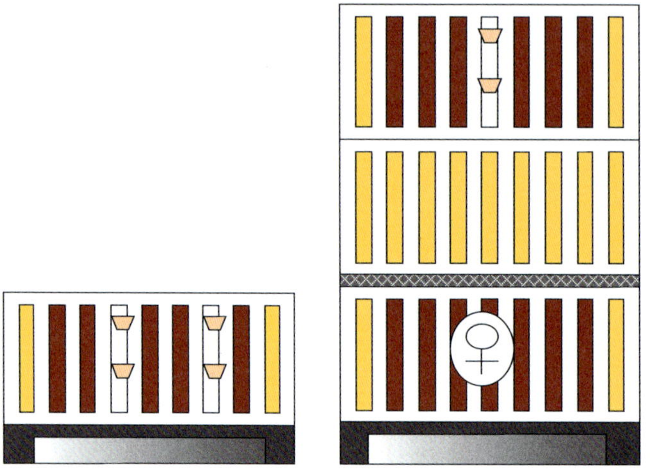

Links: Erstellung siehe „9 Tage weiselbeschränktes, 2 Stunden weiselloses Volk". 24 Stunden nach dem Einhängen des Zuchrahmens wird er wieder entnommen. Die Weiselzellen sind jetzt vorgebrütet und werden im Finisher (weiselrichtiges Volk) sehr gut weitergepflegt. Der Starter wird mit einem neuen Zuchtrahmen bestückt. Der Starter kann zum Vorbrüten 6–8-mal verwendet werden. Rechts: Die Zuchtrahmen mit den vorgebrüteten Weiselzellen werden zur Endpflege in weiselrichtige Pflegevölker umgehängt.

gevölkern müssen zusätzlich sämtliche Brutwaben auf Nachschaffungszellen kontrolliert und diese ausgebrochen werden. Man kann nun die Königinnen in Schlupfkäfigen im Volk belassen oder in einen Brutschrank stellen. Bei der Zucht im weiselrichtigen Volk als Finisher empfiehlt es sich, die Königinnen im Brutschrank schlüpfen zu lassen. In den Schlupfkäfig muss man einen Tag vor dem Schlupf ein paar Tropfen Honig und zwei bis drei Bienen geben, damit die Königin mit Futter versorgt wird. Diese Tätigkeit erübrigt sich, wenn man die Königinnen in den Pflegevölkern schlüpfen lässt, da diese von den Bienen durch die Schlupfkäfige versorgt werden.

## Behandlung der geschlüpften Königin

Am 12. Tag nach dem Umlarven schlüpft die Königin. Die Königinnen müssen dann so bald wie möglich aus dem Brutschrank oder aus dem Volk genommen und mit Bienen versorgt werden. Die Jungköniginnen sollen aber so schnell wie möglich nach dem Schlupf in Begattungskästchen eingeweiselt werden.

Grundsätzlich sollte man die Königin im Käfig schlüpfen lassen. Verwendet man Weiselzellen zur Bildung von Ablegern, so hat man nicht die Möglichkeit, die Königin rechtzeitig auf körperliche Fehler zu untersuchen. Es kommt dann sehr rasch zum stillen Umweiseln. Es kommt auch vor, dass die Königin in der Weiselzelle abgestorben ist.

*Geschlüpfte Königin im Käfig*

Die Überprüfung der Weiselzelle erfolgt durch Kontrolle des Futters. Der vorhandene Rest an Weiselfuttersaft ist ein wichtiger Hinweis auf die optimale Ernährung der Königinnenmade.

Die Königin muss auf körperliche Fehler genau untersucht werden. Dabei kontrolliert man die Größe, Beine, Fühler und intakte Flügel als Voraussetzung für eine erfolgreiche Absolvierung des Begattungsfluges.

Man erspart sich in der Praxis viel Ärger, wenn man nicht entsprechende Königinnen schon jetzt ausscheidet!

## Unterbringung der Königin

Grundsätzlich sollen Königinnen möglichst rasch zu Bienen gebracht werden. Man kann die Königin in einem Ableger oder in einem Begattungsvölkchen unterbringen.

### Unterbringung im Ableger

In der Regel werden unbegattete Königinnen von Ablegern nur sehr schlecht angenommen. Einfacher ist es, hier mit schlupfreifen Weiselzellen zu arbeiten – so genannte Zellableger. Die Weiselzellen sollte man gegen das Ausbeißen durch ein Stück Kunststoffröhrchen schützen. Bei dieser Erstellung von Zellablegern hat man allerdings keine Möglichkeit, die geschlüpfte Königin zu prüfen.

Will man geschlüpfte unbegattete Königinnen verwenden, so muss der Ableger ausschließlich über verdeckelte Brut verfügen. Solche Ableger bereitet man über Absperrgitter vor (Saugling). Nach neun Tagen sieht man sie auf vorhandene Weiselzellen durch und kann nach Verstellen auf einen neuen Standplatz oder über einen Zwischenboden die unbegattete Königin unter Teigverschluss im Käfig zusetzen. Der große Vorteil der Unterbringung einer Königin im Ableger liegt darin, dass die junge begattete Königin unverzüglich ein großes Brutnest anlegen kann. Ableger, deren Königinnen beim Hochzeitsflug verlorengehen, vereinigt man mit anderen Ablegern.

*Edelzelle auf Ablegerwabe*

Die Unterbringung im Ableger ist nur bei Standbegattung möglich, da bei der Begattung auf Belegstellen die Drohnenfreiheit der Begattungsvölker garantiert sein muss!

### Unterbringung im Begattungsvölkchen

Begattungsvölkchen sind kleine Kunstschwärme, die in so genannten Begattungskästchen untergebracht sind.

Man unterscheidet grundsätzlich Einwabenkästchen und Dreiwabenkästchen. Das Einwabenkästchen ist heute kaum mehr gebräuchlich, da eine einzige kleine Wabe den Bedürfnissen der Biene nicht entspricht. Vorteilhaft beim Einwabenkästchen ist die leichte Überprüfung der Drohnenfreiheit, da die Seitenwände aus Glasplatten bestehen.

Heute werden nur mehr Dreiwabenkästchen empfohlen. Die Rähmchen müssen mit einer Kunststoffolie abgedeckt werden, damit man

## Besiedlung der Begattungskästchen

- Die Begattungskästchen müssen durch Einlöten von Mittelwänden in die Rähmchen vorbereitet werden.
- Die Besiedlung der Kästchen soll spätestens einen Tag nach dem Schlupftag der Königin erfolgen.
- Der Anteil an Pflegebienen soll hoch sein, Bienen aus alten Pflegevölkern dürfen nicht verwendet werden.
- Die Bienen aus den Pflegeablegern oder aus weiselbeschränkten Pflegern sind ideal.
- Bei Aufführung auf eine Belegstelle muss Drohnenfreiheit garantiert werden (Sieben der Bienen durch einen Drohnensiebkasten).
- Zur Füllung eines Dreiwabenkästchens benötigt man etwa 100–150 g Bienen = 1 Schöpflöffel.
- Zusetzen der Königin unter Teigverschluss oder die Königin in Honigwasser tauchen und einlaufen lassen.
- Bei Verwendung der Pflegebienen kann man die Königin sofort dazu geben!
- Das Begattungsvölkchen soll grundsätzlich flüssig gefüttert werden! Flüssiges Futter ist bienengemäß, kann leichter aufgenommen werden und beansprucht daher die Bienen nicht so stark. Durch Flüssigfütterung werden außerdem die Waben schneller ausgebaut. Am besten Zuckerwasser mind. 3 : 2 oder Apiinvert verwenden.
- Zwei bis drei Tage Dunkelhaft. Das Aufstellen der Kästchen im Keller bei niedrigen Temperaturen soll unbedingt vermieden werden. Die Temperatur sollte nicht unter 15 °C betragen. Zu kühle Aufstellung verkürzt die Lebensdauer der Bienen. Wichtig ist, für eine entsprechende Belüftung der Kästchen zu sorgen.
- Nach der Dunkehaft werden die Begattungskästchen auf der Belegstelle oder am Stand aufgestellt.

*Füllen der Begattungskästchen*

die Drohnenfreiheit ohne Öffnen des Kästchens prüfen kann.

Die Besiedelung des Kästchens mit einer schlupfreifen Weiselzelle bringt den Vorteil, die Weiselzellen nicht verschulen zu müssen. Der Nachteil liegt darin, dass man die geschlüpfte Königin auf etwaige Fehler nicht kontrollieren kann. Bei der mehrmaligen Verwendung des Begattungskästchens muss man die schlupfreifen Weiselzellen geschützt nachsetzen. Ist das Kästchen schon länger weisellos müssen etwaige Nachschaffungzellen ausgebrochen werden.

Geschlüpfte Königinnen werden von den Bienen abgelehnt. Deshalb bedarf es einer guten Koordination, um bei der Entnahme der begatteten Königin schlupfreife Weiselzellen zur Verfügung zu haben. Die Erstbesiedelung des Kästchens soll immer mit einer unbegatteten Königin durchgeführt werden.

**WICHTIG** Drohnenfreiheit

**Begattungskästchen mit nachgesetzten Königinnen werden auf der Belegstelle nicht angenommen, da die Drohnenfreiheit nicht mehr garantiert werden kann!**

## Drohnenzucht und Paarung

Wer Zucht betreiben will, darf sich bei der Auslese nicht nur mit der Königin befassen. Genauso wie die Zuchtvölker sind die Drohnenvölker nach ihrer Honigleistung auszuwählen. Wer sich nur mit der Aufzucht der Königin beschäftigt, ohne für die gewünschte Paarung zu sorgen, wird langfristig keinen Erfolg haben. Die Kontrolle und Beeinflussung der Paarung stellt eines der größten Probleme in der Bienenzucht dar.

### Drohnenzucht

Völker, die zur Aufzucht von Drohnen dienen, nennt man Drohnenvölker oder Vatervölker.

### Auswahl der Muttervölker

Bei der Auswahl (Selektion) der Muttervölker ist nach den Grundsätzen der Selektion vorzugehen, wie sie im Kapitel „Grundlagen der Zucht", S. 139, besprochen werden. Das bedeutet, dass ein Muttervolk eines späteren Drohnenvolkes unter den 15 % besten Bienenvölkern einer Population liegen muss!

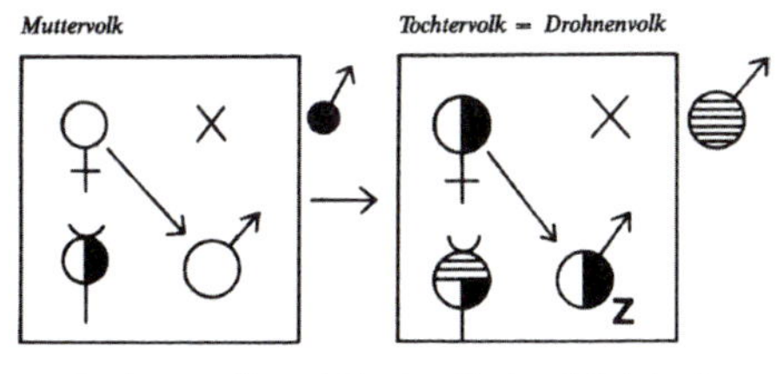


Das Drohnenvolk enthält eine Tochterkönigin des selektierten Muttervolkes. Die Tochterkönigin ist eine Schwester der wertvollen Arbeiterinnen des Muttervolkes. An die Zuchtdrohnen gibt die Tochterkönigin ihr wertvolles Erbgut ohne Zusatz weiter (Z = Zuchtdrohnen).

**WICHTIG** Leistungsprüfung

**Entscheidend für die Auswahl ist nicht die Leistung des Drohnenvolkes, sondern die Leistung des Muttervolkes!**

### Bildung der Drohnenvölker

Wenn man das Erbgut eines wertvollen Bienenvolkes mit seinen leistungsfähigen Arbeiterinnen durch Drohnen fortpflanzen will, darf man nicht das Volk selbst zur Drohnenzucht verwenden. Die Drohnen, die sich in diesem Volk befinden, sind aus unbefruchteten Eiern entstanden und besitzen daher nicht das volle Erbgut jener Arbeiterinnen desselben Stockes, welche die hohe Leistung erbracht haben. Da die Drohnen nur das Erbgut von der Mutter erhalten, muss man zuerst eine Königin aus dem Muttervolk nachziehen. Diese Königin entsteht aus einem Ei, aus dem genauso gut eine Arbeiterin des Muttervolkes entstehen hätte können. Sie gibt dann ihrerseits ihr Erbgut an den Drohn weiter.

In der Praxis zieht man nicht nur eine Königin, sondern mehrere nach. Da das Erbgut einer Königin nur jenem einer Arbeiterin entspricht, wäre die Erstellung nur eines Drohnenvolkes sehr risikoreich, denn in einem guten Bienenvolk sind nicht alle Einzelbienen gleich wertvoll.

**In der Drohnenzucht steht also das Muttervolk im Vordergrund!**

**Bildung der Drohnenvölker**

- Auswahl einer Geschwisterlinie
- Vor der Herbstauffütterung oder spätestens bei der Salweidenblüte ein Drohnenrähmchen und bei der ersten Erweiterung das zweite Drohnenrähmchen geben.
- Zusätzlich flüssig reizfüttern = schnelleres Bestiften der Drohnenwabe
- Drohnenvölker dürfen nicht mit anderen Völkern bei der Frühjahrsentwicklung stehen.

**Drohnenrähmchen 1**

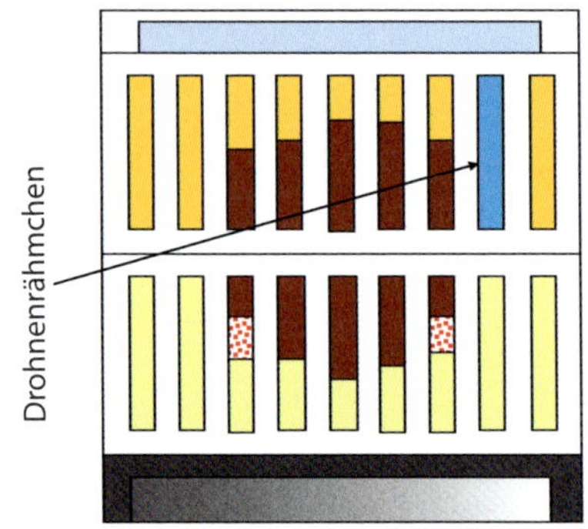


Zur Salweidenblüte werden den Vatervölkern die Drohnenwaben eingehängt. Gleichzeitig wird die Futterwabe daneben aufgeritzt und mit Flüssigfutter gefüttert.

**Drohnenrähmchen 2**

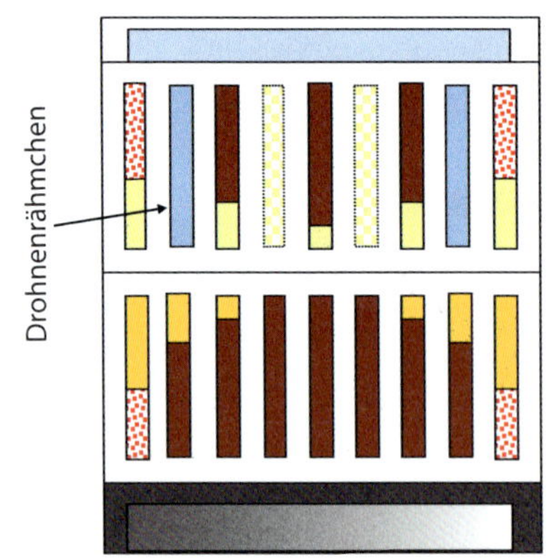


Beim Zargenwechsel wird das zweite Drohnenrähmchen gegeben.

## Behandlung der Drohnenvölker

Sobald das Drohnenvolk erstellt ist, muss mit geeigneten Maßnahmen dafür gesorgt werden, dass es so stark wie möglich wird. Über den Sommer bis zur Einwinterung ist darauf zu achten, dass ständig genug Futtervorrat vorhanden ist und dass der Futterstrom nicht unterbrochen wird. Vor der Herbstauffütterung sollte das Drohnenvolk eine ausgebaute Drohnenwabe in den Wintersitz bekommen. Spätestens zur Salweidenblüte muss die Drohnenwabe ins Volk gegeben werden. Da Drohnen zu ihrer Entwicklung von der Eiablage bis zur Begattungsfähigkeit ca. 40 Tage benötigen, ist es außerordentlich wichtig, durch flüssige Reitzfütterung für eine frühe Bestiftung der Drohnenwaben zu sorgen.

## Paarung

Es ist eine der schwierigsten Aufgaben der Zucht, die Paarung unter Kontrolle zu bekommen. Grundsätzlich gibt es dafür nur die Möglichkeit der künstlichen Besamung.

**Paarung**

- **Wirtschaftsköniginnen**
  Sind Königinnen aus reinrassigen, gekörten Reinzuchtvölkern ohne Nachweis auf Paarungskontrolle
- **Rassenreinzuchtköniginnen**
  Sind Königinnen aus reinrassigen, gekörten Reinzuchtvölkern, die in Reinzuchtgebieten begattet werden
- **Linienreinzuchtköniginnen**
  Sind Königinnen aus reinrassigen, gekörten Reinzuchtvölkern, die auf Belegstellen oder durch künstliche Besamung begattet werden

## Künstliche Besamung

Die künstliche Besamung wird schon seit geraumer Zeit von Instituten und einigen Imkern durchgeführt. Die Schwierigkeiten liegen derzeit noch in der oft kurzen Lebensdauer künstlich besamter Königinnen. Durch die kontrollierte Paarung können die Zuchtziele, wie Honigleistung, Varroatoleranz und die Rassenreinhaltung, gezielter durchgeführt werden. Diese Vorteile sollte man nicht außer Acht lassen und gegebenenfalls auch nützen.

### Belegstellen und Reinzuchtgebiete

Für die Praxis benötigen wir zur Sicherung der Paarung Belegstellen und Reinzuchtgebiete.

Belegstellen sind Plätze, die von anderen Bienenständen weit entfernt sind und der Aufstellung ausgewählter Königinnen und Drohnenvölker dienen. Eine Paarung mit fremden Drohnen soll verhindert werden. Grundsätzlich unterscheidet man Insel- und Landbelegstellen. Auf Inselbelegstellen sind sehr gute Ergebnisse hinsichtlich der Reinbegattung der Königinnen zu erreichen. Auf einer Landbelegstelle wird man auch in besonders geschützten Lagen nie ausschließliche Reinpaarungen erreichen. Grundsätzlich dürfen Belegstellen nur in abgelegenen, möglichst bienenleeren Gegenden errichtet werden. Eine Belegstelle muss durch ein Schutzgebiet abgesichert werden. Im Schutzgebiet dürfen sich keine Bienenvölker befinden. Das Schutzgebiet soll zwischen 5 und 10 km im Umkreis umfassen. Um Fehlpaarungen

*Belegstelle*

**An eine Belegstelle werden folgende Anforderungen gestellt (aus der Zuchtordnung des Österreichischen Imkerbundes):**

- Bienenfreier Radius von mind. 5 km.
- Mindestens 10 Drohnenvölker, für je 50 gleichzeitig aufgestellte Königinnen sind weitere 5 Drohnenvölker aufzustellen.
- Die Vatervölker müssen aus einer kontrollierten Zucht stammen. Neben der Körung ist ein Leistungsnachweis (Leistungsprüfung) erforderlich.
- Die Seuchenfreiheit der Völker muss jährlich durch Untersuchung der Bienen durch eine staatlich anerkannte Untersuchungsstelle nachgewiesen werden.
- Der Belegstellenbetreiber ist verpflichtet, Krankheiten oder einen Krankheitsverdacht unverzüglich der Bezirksverwaltungsbehörde zu melden.
- Wandervölker dürfen in das Schutzgebiet nicht eingebracht werden.
- Der Landeslandwirtschaftskammer oder einer von ihr beauftragten Imkerorganisation steht das Recht zu, die Belegstelle zu kontrollieren (Rassenreinheit, Gesundheitszustand).
- Der Zuchtreferent des zuständigen Landesbienenzuchtverbandes hat sich jährlich vor der Eröffnung der Belegstelle von der Einhaltung der Bestimmungen zu überzeugen.

**Anforderungen an ein Reinzuchtgebiet (Zuchtordnung des ÖIB)**

Reinzuchtgebiete dienen der wirtschaftlichen Vermehrung von Reinzuchtköniginnen.

- Einverständnis und Zusammenarbeit aller im Reinzuchtgebiet befindlichen Imker.
- Der Anteil der Bienenvölker des Zuchtbetriebes bzw. der Zuchtgruppe muss mind. zwei Drittel betragen.
- Das RZG untersteht der Kontrolle des zuständigen Landesverbandes.
- Im Radius von 10 km müssen alle Bienenstände und die Völkerzahl bekannt sein.
- Ein Radius von 3 km gilt als Paarungsgebiet; ein weiterer Radius zwischen 3 und 6 km gilt als Kontrollgürtel.
- Anschließend an den Kontrollgürtel soll eine Sicherheitszone (reinrassige Carnica) aufgebaut werden.
- Alle Bienenvölker müssen der Carnica-Rasse angehören und gekört sein.
- Im Paarungsgebiet (r = 3 km) müssen mind. 50 % der Völker des Kontrollgürtels aufgestellt werden – mindestens aber 100 Völker. Die Völker des Paarungsgebietes müssen aus einer kontrollierten Zucht (Leistungsprüfung) stammen.
- Im Kontrollgürtel (r = 3–6 km) sollten alle Völker aus einer kontrollierten Zucht (Leistungsprüfung) stammen, mindestens aber 50%.
- Hinsichtlich der Gesundheit und der Rassenreinheit unterliegt das RZG denselben Bestimmungen wie die Belegstelle.

möglichst zu verhindern, muss ein Überangebot an erwünschten Drohnen auf der Belegstelle vorhanden sein. Neben der Anzahl der Drohnenvölker (mindestens zehn) ist auch der Zustand der Drohnenvölker wichtig. In Österreich bedarf es für die Errichtung und den Betrieb einer Belegstelle der Zustimmung der Landesregierung.

Sind alle Anforderungen erfüllt, so erfolgt die Anerkennung durch den ÖIB im Einvernehmen mit dem zuständigen Landesverband.

Die genauen Bestimmungen sind der Zuchtordnung des österreichischen Imkerbundes zu entnehmen.

## Begattung der Königin

Grundsätzlich kann man die Königin zur Begattung am Stand oder auf einer Belegstelle aufstellen. Da die Gefahr der Fehlpaarung am Stand sehr groß ist, ist die Inanspruchnahme einer guten Belegstelle unbedingt zu empfehlen.

Auf der Belegstelle sind die Kästchen so aufzustellen, dass ein Verflug der Königin vermieden wird. Stellt man die Begattungskästchen nicht einzeln, sondern in Gruppen auf, so ist darauf zu achten, dass die Bienen der benachbarten Kästchen nicht in die gleiche Richtung ausfliegen. Etwa zehn Tage nach der Aufstellung der Begattungskästchen ist die Königin begattet.

*Begattung der Königin*

Bei schlechtem Wetter, vor allem bei zu niedrigen Temperaturen, kann es allerdings auch länger dauern. Nach dem letzten Begattungsflug beginnt die Königin mit der Eiablage. Der Begattungserfolg liegt im Durchschnitt bei 70 bis 80 %. Mit der Entnahme der Königin sollte man zumindest so lange warten, bis ein geschlossenes Gelege vorhanden ist.

**Begattung und Drohnensammelplatz**

- Alter der Königin – 5 bis 12 Tage
- Kurze Orientierungsflüge
- Begattungsflüge – zwischen 13 und 17 Uhr – Dauer 20 bis 50 Minuten
- Geschlechtstiere treffen sich auf einem Areal von einem bis neun Hektaren – Drohnensammelplatz
- Drohnensammelplätze werden über die ganze Bienensaison und über Jahre hinaus beibehalten
- Königin wird von einem Drohnenschwarm verfolgt
- Königin wird von bis zu 20 Drohnen begattet
- Eine gefüllte Samenblase enthält etwa 5 Millionen Samenfäden
- Bei der Begattung stirbt der Drohn und erhärteter Schleim und das Zwiebelstück bleiben als Begattungszeichen in der Scheide der Königin stecken
- 12 Stunden nach dem letzten Begattungsflug beginnt die Königin mit dem Eierlegen
- Zwischen 8. und 18. Lebenstag setzt die Eilage ein
- Wenn Königinnen am 21. Tag noch nicht legen, müssen sie ausgeschieden werden

# Koordination von Drohnenzucht und Königinnenzucht – Zuchtplan

Die gezielte Königinnenzucht erfordert eine genaue Planung. Grundsätzlich sollte die Einleitung der Zucht (Zuchtrahmen einhängen) in der zweiten Maihälfte erfolgen. In der Planung sind die nachfolgend aufgezählten ungünstigen Aufzuchtbedingungen (Umwelteinflüsse) zu berücksichtigen:

- Standort mit Pollenmangel
- Standort mit besonders starker Tracht
- Trachtlosigkeit
- Kälteeinbrüche (Einleitung der Zucht erst nach den „Eismännern")

## Prüfung

Bei der Entnahme der Königin aus dem Begattungsvölkchen wird neben dem Gelege der Königin auch sie selbst auf eventuell inzwischen eingetretene körperliche Schäden untersucht. Besonders zu achten ist dabei auf die Beine und den Hinterleib.

Jede Königin soll sofort und dauerhaft gekennzeichnet werden. Die Kennzeichnung erfolgt durch Aufkleben von Kunststoffplättchen oder durch einen Farbpunkt auf den Brustschild. Wird die Kennzeichnung fachgerecht angebracht, so stört sie die Königin nicht. Die Kennzeichnung erleichtert das Auffinden der Königin im Stock. Durch die verschiedenfarbigen Punkte (Jahresfarben) lässt sich das Alter der Königin immer leicht feststellen. Außerdem sieht man sofort, ob die Originalkönigin noch im Stock vorhanden ist. Folgende Jahresfarben sind auf der ganzen Welt üblich:

**Jahresfarben**

- 2019: Grün
- 2020: Blau
- 2021: Weiß
- 2022: Gelb
- 2023: Rot

Beim Zeichnen nimmt man die Königin vorsichtig zwischen Daumen und Zeigefinger an beiden Seiten des Brustpanzers, und zwar so, dass sie den Hinterleib frei bewegen kann. Es empfiehlt sich, das Zeichnen mit Drohnen zu üben.

Ob man zum Zeichnen Kunststoffplättchen oder Lack verwendet, ist gleichgültig. Kunst-

**Zuchtplan**

| Tag | Pflegevolk | Drohnenvolk |
|---|---|---|
| –20 | Reizfüttern | Reizfüttern, spätestens jetzt Drohnenwabe einhängen |
| –9 | Königin über Absperrgitter | |
| 0 | Entweiseln, Pflegeableger erstellen, weiselrichtige Pflegevölker herrichten, Zuchtrahmen einhängen | |
| +5 | Zellen verdeckelt, verschulen | Schlupf der ersten Drohnen |
| +11 | Zellableger, Begattungskästchen mit schlupfreifer Zelle füllen | |
| +12 | Schlupf der Königin, Füllen der Begattungskästchen – Dunkelhaft | Drohnenvölker auf die Belegstelle |
| +15 | Begattungskästchen auf die Belegstelle | Drohnen sind reif |
| +25 | Königinnen sind in Eilage | |

*Gezeichnete Königin*

stoffplättchen sind zusätzlich mit einer Nummer ausgestattet – was bei der Unterscheidung verschiedener Königinnenherkünfte von Vorteil ist (in Stockkarten eintragen).

Der Klebstoff wird am zweckmäßigsten mit einer Zeichennadel aufgetragen. Das Farbplättchen wird mit der Zeichennadel leicht angedrückt.

Bei der Kennzeichnung mit Lack wird der Farbpunkt mit einem Zeichenstift aufgebracht.

Besonders ist darauf zu achten, die Flügelansätze nicht zu verkleben. Wird das Zeichnen bei der Entnahme der begatteten Königin aus dem Begattungsvölkchen durchgeführt, ist jetzt der ideale Zeitpunkt, der Königin einen Flügel zu stutzen (siehe Schwarmverhinderung, S. 121). Diese Maßnahme hat keinen Einfluss auf die Annahme beim Einweiseln der Königin.

Die meisten Königinnen werden unmittelbar nach der Entnahme aus dem Begattungskästchen verkauft bzw. verschickt. Die gebräuchlichen Versandkäfige sind kleine Kunststoffkäfige mit zwei Kammern, die untereinander in Verbindung stehen. Eine Kammer ist für die Königin und ihre Begleitbienen (ca. 10 Bienen) bestimmt, die zweite Kammer wird mit Zuckerteig gefüllt. Der Versandkäfig kann auch zum Zusetzen der Königin verwendet werden.

## Unterbringung von begatteten Königinnen

Am besten verwendet man Königinnen zur Bildung von Ablegern oder Kunstschwärmen (siehe Jungvolkbildung, S. 110). Benötigt man die Königin zum Umweiseln eines Volkes, so wird die alte Königin entfernt. Dann wartet man die Weiselunruhe ab. Zuerst lässt man die Begleitbienen abfliegen. Anschließend wird der Ausgang der Zuckerteigkammer geöffnet und die Königin zugesetzt. Beim Umweiseln von Ertragsvölkern empfiehlt es sich, erst einen Tag nach dem Zusetzen den Ausgang der Zuckerteigkammer zu öffnen (siehe Umweiseln mit Zusatzkäfig, S. 92). Das direkte Umweiseln der Ertragsvölker ist immer ein Risiko. Bei wertvollen Reinzuchtköniginnen ist ein Umweiseln mit Ablegern angebracht.

## Das Zuchtbuch

Ohne genaue Aufzeichnungen ist eine planmäßige Zucht undenkbar. Die Führung eines Zuchtbuches ist unumgänglich. Im Zuchtbuch werden folgende Daten eingetragen:

- Lebensnummer
- Zuchtbuchnummer
- Linie (Königin, Mutter, Vatermutter)
- Belegstelle
- Begattungskästchennummer
- Verwendung der Königin

*Königinnenversand*

# Zuchtverbände

ACA und ZAC sind Vereinigungen von Österreichischen Zucht- und Prüfbetrieben, die sich die Verbesserung der Carnica-Rasse nach populationsgenetischen Grundlagen, vorrangig in Honigleistung und Varroatoleranz, zum Ziel gesetzt haben. Für den Zuchtbetrieb sind sie das Instrument, die eigene Population mit objektiven Mitteln und auf wissenschaftlicher Grundlage zu verbessern.

Nur koordinierte Zuchtprogramme in einer möglichst großen Population haben Erfolgsaussichten (Honigleistung, Varroatoleranzzucht). Das heißt, jedem Imker muss bewusst sein, dass nur in der überbetrieblichen Zusammenarbeit Chancen bestehen, die Zuchtziele zu erreichen. Dabei muss neben den eigenen Bienenvölkern immer die ganze Bienenpopulation (= alle Völker aller Imker) als das genetische Reservoir gesehen werden, aus dem man schöpfen kann. Es ist einsichtig, dass aus der gesamten Bienenpopulation mit Tausenden von Bienenvölkern schneller und leichter diejenigen herauszufinden sind, die den Zuchtzielen entsprechen, als aus den wenigen eigenen Völkern. Jeder Imker trägt somit ganz wesentlich durch seine Mitarbeit zum Erfolg aller bei.

Die Leistungsprüfung und Zuchtwertschätzung auf wissenschaftlicher Grundlage in einer großen Population wird in den nächsten Jahren einen deutlichen Zuchtfortschritt bei den Merkmalen Honigleistung und Varroatoleranz nach sich ziehen.

**Ziele in der Carnicazucht**

- Steigerung der Honigleistung
- Züchterische Bearbeitung des Merkmales „Varroatoleranz"
- Verbesserung der Verhaltensmerkmale Sanftmut, Wabensitz und Schwarmneigung
- Berücksichtigung der Inzucht

### Steigerung der Honigleistung

Da die Honigleistung als wichtigstes Merkmal eines Leistungsprüfvolkes für den Zuchtwert dieses Volkes ausschlaggebend ist, muss der Honigertrag durch exaktes Wiegen möglichst genau erhoben werden. Die noch immer weit verbreitete Praxis, den Honigertrag der Bienenvölker abzuschätzen, ist viel zu ungenau, um mit diesen geschätzten Daten eine sinnvolle Zuchtwertschätzung durchzuführen, und ist daher in der ACA nicht erlaubt.

### Züchterische Bearbeitung des Merkmales „Varroatoleranz"

Der Zuchtwert für das Merkmal Varroatoleranz wird durch die Auszählung des Milbenabfalls im Frühjahr und im Juli sowie durch das Bruthygieneverhalten (50 Puppen werden mit einer Nadel totgestochen und nach 8 Stunden die ausgeräumten Zellen gezählt) ermittelt.

### Verbesserung der Verhaltensmerkmale Sanftmut, Wabensitz und Schwarmneigung

Um diese Daten exakt erfassen zu können, werden eigene Stockkarten verwendet, wo bei jedem Eingriff in das Bienenvolk nach einem subjektiven 4-Punkte-System bewertet wird.

### Berücksichtigung der Inzucht

Grundvoraussetzung dafür ist die Berechnung des Inzuchtkoeffizienten. Diese bereitet aber in der Praxis große Schwierigkeiten, da über die Verwandtschaftsverhältnisse innerhalb einer Bienenpopulation aufgrund sehr mangelhafter und uneinheitlicher Aufzeichnungen der Züchter nur sehr wenig bekannt ist. Beispielsweise ist die Methode der Vergabe der Zuchtbuchnummern vom Züchter für jede von ihm produzierte Königin völlig unzureichend, eine eindeutige Identifizierung dieser Königinnen in einer bestimmten Population zu gewährleisten. Die ACA hat all diese Probleme in den Griff bekommen und ist in der Lage, aus den Stammbäumen die Inzucht für jedes Bienenvolk anzugeben.

# Aus unserem Programm

ISBN 978-3-7020-1400-1

ISBN 978-3-7020-1431-5

ISBN 978-3-7020-1285-4

ISBN 978-3-7020-1301-1

# Aus unserem Programm

ISBN 978-3-7020-1789-7

ISBN 978-3-7020-1349-3

ISBN 978-3-7020-1676-0

ISBN 978-3-7020-1589-3


**Leopold Stocker Verlag**
www.stocker-verlag.com
Graz – Stuttgart